中职中专教育部示范专业项目式规划教材

电子技术基础与技能

罗 伟 主 编

陶文琦 李水平 副主编

科学出版社

北 京

内 容 简 介

"电子技术基础与技能"课程是电子类和计算机类专业的专业基础课。通过本课程的学习，可以掌握与现代电子产品相关的新器件、SMT 新技术、新工艺，还可掌握电工基础、模拟电子技术和数字电子技术的基础知识，为学习微机原理及应用、单片机原理、微机接口技术等后续课程准备必要的知识，也可为以后家用电器和音/视频技术原理与维修以及计算机硬件系统的应用和维护等实际工作打下基础。

本书以六大项目为载体，主要内容包括常用元器件的选用和万用表的检测、收音机的装配、直流稳压电源的制作、红外人体感应开关的制作、八路数显抢答器的制作、十二路回闪灯控制器的制作。

本书可作为各类中高职院校计算机类、电子类及相关专业的教材，也可作为岗位培训教材。

图书在版编目(CIP)数据

电子技术基础与技能/罗伟主编. —北京：科学出版社，2010
（中职中专教育部示范专业项目式规划教材）
ISBN 978-7-03-028278-1

Ⅰ.①电… Ⅱ.①罗… Ⅲ.①电子技术-专业学校-教材 Ⅳ.①TN

中国版本图书馆 CIP 数据核字(2010)第 132737 号

责任编辑：陈砺川/责任校对：王万红
责任印制：吕春珉/封面设计：耕者设计工作室

科学出版社 出版
北京东黄城根北街 16 号
邮政编码：100717
http://www.sciencep.com

铭浩彩色印装有限公司 印刷
科学出版社发行　各地新华书店经销
*

2010 年 8 月第 一 版　　开本：787×1092　1/16
2016 年 11 月第五次印刷　　印张：19
字数：430 000

定价：35.00 元
（如有印装质量问题，我社负责调换　骏杰）

销售部电话 010-62134988　编辑部电话 010-62138017-8020

中职中专教育部示范专业项目式规划教材
编 委 会

主　任　张中洲

顾　问　金国砥　金掌荣　罗兆熊

委　员　（按姓氏拼音字母排序）

鲍加农　葛志凯　龚跃明　楼红霞　鲁晓阳

罗国强　罗　伟　马晓波　邱文祥　邵水寿

舒伟红　王国玉　王奎英　王启洋　吴关兴

严加强　叶云汉　俞　艳　张修达　钟家兴

朱向阳

前　言

　　"电子技术与技能"课程以形成和掌握电子产品制造工艺的基本技术和操作技能为基本目标，密切结合现代电子制造业的 PCB 组装、SMT 岗位、测试技术员、物料采购与准备、品质检验与管理等岗位群的典型工作任务，突出职业工作任务与知识的联系，培养学员工艺知识与技能；养成适应电子企业 6S 规范和 ESD 防护的职业素养。

　　本书遵循"坚持以能力为本位，以就业为导向，以服务学生职业生涯发展为目标"的指导思路和"以学生为教学主体，以培养学生的实际技能为目标，以'必需'、'够用'为度，结合学生的实际情况"的职教改革思路，以项目为载体，结合电路基础和电子技能理论体系，以产品制作及应用带动理论学习为主线。

　　因此，本书选择和组织课程内容的具体措施为：理论精讲，与实际分析、制作电路无关的内容作适当处理；理论教学与实践训练同步进行；明确每堂课的学习目标，在"教中学"和"学中教"；变集中考核为跟踪考核。将"电路"实践性教学环节与"电子技能"相结合，培养学生实践技能、动手能力、理论联系实际能力以及观察、分析和解决实际问题能力。目标是使学生一方面掌握电路理论基础，另一方面又具备电子整机装配知识和能直接从事生产线电子整机装配的基本技能，便于学生适应将来高新电子制造企业高技术岗位。

　　本书选取"常用元器件的选用和万用表的检测"、"收音机的装配"、"直流稳压电源的制作"、"红外人体感应开关的制作"、"八路数显抢答器的制作"、"十二路回闪灯控制器的制作"六个整合项目为载体实施教学。项目内容按照由电子技能到电子技术，从相对单一器件到综合应用的逻辑关系排序。以产品制作带动理论体系，以提高学生学习的兴趣并培养完成工作任务的成就感。同时，引入 Multisim 10.0 仿真软件，充实实践内容，培养计算机应用能力。

　　建议本教材教学总课时为 144 学时，分配可参见下表。

教学课时分配表

项目	理论课时	实践课时	项目	理论课时	实践课时
项目一	20	8	项目四	14	10
项目二	16	12	项目五	14	8
项目三	12	10	项目六	12	8
合计总课时			144		

　　本书由罗伟担任主编，陶文琦、李水平担任副主编，赵绣红、胡建红参加编写。罗伟编写项目一，陶文琦编写项目二和项目三，李水平编写项目四，赵绣红编写项目五，胡建红编写项目六。本书在编写过程中，得到了江西省电子信息技师学院领导的大力支持，在此

表示感谢。

由于编者水平有限，书中难免出现疏漏及缺点，恳请广大读者批评指正。

为方便教学，本书还配有 PPT 电子教学课件及习题答案。有需要的老师，可访问 www.abook.cn 网址下载。意见和建议可发送至邮箱：luow15@163.com。

CONTENTS

目 录

项目一

常用元器件的选用和万用表的检测

快乐向导　　万用表是一种多用途、多量程的仪表，一般能测量直流电压、直流电流、交流电压、交流电流、电阻等，有的万用表还能测量电容、电感和晶体管的 h_{FE} 值等，是电子工程技术领域中不可缺少的仪表。

　　本项目以常用 MF47 型万用表测量原理与技术为例，一方面介绍电路基础知识，另一方面说明用指针式万用表检测常用元器件时的使用方法和技巧。

知识目标

◆ 掌握简单直流电路的分析计算方法（如电流、电位、电压、等效电阻、功率的计算等），熟练掌握电阻串联分压公式、并联分流公式的应用。

◆ 掌握直流电路的基本知识和两个定律（欧姆定律和基尔霍夫定律）。

◆ 掌握电阻器、电容器、电感器、半导体器件等常用元器件的分类和主要参数；理解二极管的伏安特性和三极管的输入/输出特性。

◆ 了解集成电路的基本知识。

◆ 理解常用元器件性能及其在电子产品中的应用特点。

技能目标

◆ 掌握电阻器、电容器、电感器、半导体器件等常用元器件的识别和万用表检测方法。

◆ 了解集成电路的识读方法。

任务一 万用表的测量原理

任务目标

1. 通过万用表测量原理，掌握电子电路的基本知识和两个定律（欧姆定律和基尔霍夫定律）。

2. 掌握万用表的使用及其注意事项。

任务教学方式

教学步骤	时间安排	教学方式（含教学内容、教学手法、如课件、举例等）
阅读教材	课余	自学、查资料、相互讨论
知识讲解	10 课时	万用表的面板认识需结合指针式万用表实物，授课形式主要以投影为主
操作技能	4 课时	用课件来介绍 Multisim 10.0 软件的使用基础知识
评估检测	与课堂教学同步进行	教师与学生共同完成任务的检测与评估，并能对出现的问题进行分析与处理

读一读

知识1 直流电路的基本概念及万用表的检测

1. 电路的概念

（1）电路

电路是电流流通的路径。图 1-1（a）所示手电筒电路即为最简单的电路。**电路一般由电源、负载、中间环节（连接导线和控制器）三部分组成**。电源是把其他形式的能量转变为电能的装置，如干电池、蓄电池和发电机等。负载是把电能转变成其他形式能量的装置，如电灯、扬声器、电动机等利用电能工作的设备。连接电源与负载的金属线称为导线，它把电源产生的电能输送到负载。控制器起到控制电路的接通和断开的作用。图 1-1（b）中电源是一节干电池，电灯即为负载，控制器为电键（或称开关）。

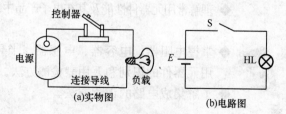

图 1-1 手电筒实物图与电路图

（2）电路图

为简化画图，电路可以用电路图来表示，即将电路中的实物用特定的电路符号来表示。图 1-1（a）可画成图 1-1（b）所示的电原理图。通常所说的电路图，都是指电原理图。

一些常用电气器件的图形符号如表 1-1 所示。

表 1-1 一些常用电气器件的图形符号

图形符号	名称	图形符号	名称	图形符号	名称
	开关		电阻器		接机壳
	电池		电位器		接地
	电容器		电感器		二极管
	三极管		连接导线		不连接导线
	扬声器		熔断器		灯

2. 电流

（1）电流的形成及其方向

电荷的定向移动形成电流。**习惯上规定以正电荷运动的方向为电流方向**。在金属导体中，自由电子运动形成的电流的实际方向与电子运动的方向相反。

（2）电流的数值

电流在数值上等于单位时间内通过导体横截面的电荷量，电流的大小即电流强度，用字母 I 或 i 表示。若在时间 t 内通过导体横截面的电荷量是 Q，则电流 I 就可用下式表示：

$$I = Q/t$$

电流的基本单位是安［培］；电荷量简称电量，单位是为库［仑］（C）。若在 1 秒（s）内通过导体横截面的电荷量为 1C，则电流就是 1A。常用的电流单位还有千安（kA）、毫安（mA）、微安（μA），它们之间的换算关系是：

$$1kA = 10^3 A \qquad 1mA = 10^{-3} A \qquad 1\mu A = 10^{-3} mA = 10^{-6} A$$

电流分直流电流和交流电流两大类。电流方向不随时间而改变的电流叫直流电，简称直流（DC），用大写字母 I 表示。大小与方向都不随时间变化的电流，称为稳恒电流；凡大小和方向都随时间变化的电流，称为交变电流，简称交流（AC），用小写字母 i 表示。

在实际电路的分析和计算中，往往要确定电流的方向。但当电路比较复杂时，某段电路中电流的实际方向往往难以确定，此时可先假定电流的参考方向，然后列方程求解电流，当解出值为正值时，表明电流的实际方向与所假设的参考方向一致。反之，当电流为负值时，就表示电流的实际方向与参考方向相反。

知识链接

指针式万用表的结构

指针式万用表由一个磁电系微安表头，一些附加分流、分压电阻等构成的测量电路，以及一个转换开关等组成，如图1-2所示。

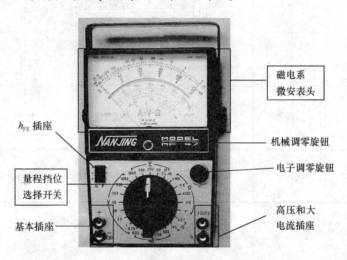

图1-2　MF47型万用表面板

表头起指示被测量对象数值的作用。测量电路是把被测值变换为适合表头工作的电压或电流值。转换开关作用是改变内部测量电路的连接，实现不同挡位的切换或同一挡位不同量程之间的切换。

（3）电流的万用表测量

一个实际电路中的电流大小可以用电流表来测量。测量时必须把电流表串联在电路中，并使电流从电流表正端（万用表红表笔）流入，负端（万用表黑表笔）流出。根据被测电流的大小将量程开关打到合适的直流电流挡位（测量范围），使其大于实际电流的数值，否则可能烧坏电流表。测量原理示意图如图1-3所示，虚线框内为测量直流电流时的内部等效图。

测量直流电流时，首先打开开关 S，将电路断开，再让红表笔接开关一端（红表笔要接在靠近电源正极的一端，也就是高电位处），黑表笔接开关另一端，这时电路中的电流会流进电流表，其途径是：电源的正极→电阻 R→红表笔流入→电流表→黑表笔流出

→灯泡→电源的负极。电路电流越大，流进电流表的电流越大，表针摆动幅度越大，在刻度线上指示电流值也就越大。R_1、R_2 起到替电流表分流的作用。

书本先生的提示

　　在测量大电流时，千万不要在测量过程中拨动量程拨盘开关，以免产生电弧烧坏拨盘开关的触点。①对于 MF47 型万用表，直流电流的测量值由第二条刻度读出。指针指在 1/4～3/4 范围内，读数的误差较小；②注意表的接入方式为串联，不要接成并联，否则容易烧表；③注意表接入的正、负极性。用 5A 挡量程时，表笔应插在"5A"和"一"插孔内。挡位测量线和开关位置的选择如图 1-4 所示。

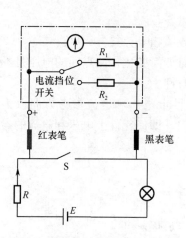

图 1-3　直流电流测量原理示意图

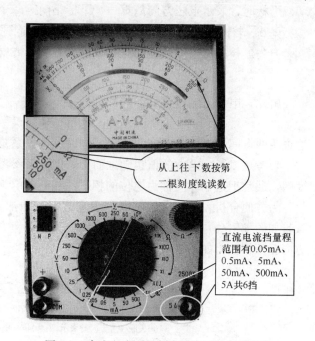

从上往下数按第二根刻度线读数

直流电流挡量程范围有 0.05mA、0.5mA、5mA、50mA、500mA、5A 共 6 挡

图 1-4　直流电流测量刻度线和可选择的挡位

3. 电压和电位

（1）电压

电场力把单位正电荷从 a 点移到 b 点所做的功称为 a、b 两点间的电压，用 U 或 u 表示。

在国际单位制中，电压的单位就是伏［特］（V）。除伏特之外，电压的常用单位还有千伏（kV）、毫伏（mV）、微伏（μV），它们之间的换算关系是：

$$1kV=10^3V \qquad 1mV=10^{-3}V \qquad 1\mu V=10^{-3}mV=10^{-6}V$$

（2）电位

电压又称为电位差，它总是和电路中的两个点有关，电压的方向规定为由高电位端

（"＋"极性）指向低电位端（"－"极性），即为电位降低的方向。计算电位也要先指定一个计算电位的起点，称为零电位。原则上零电位点可以任意指定，但习惯上常规定大地的电位为零。在电路图中，常用符号"⊥"表示参考点。有些设备的机壳虽然不一定真的和大地连接，但有很多元件都要汇集到一个公共点，为了方便起见，可规定这一公共点为零电位。

参考点的电位规定为零，电路中某点与参考点之间的电压就是该点的电位。低于参考点的电位是负电位，高于参考点的电位是正电位。电位的单位也是伏特（V）。

电压和电流一样，不但有大小，而且有方向，即有正有负。在电路图中，常以带箭头的细实线，或采用"＋"、"－"号，或采用双下标表示电压的方向。其中"＋"号表示电压的高电位端，"－"号表示电压的低电位端；当电压参数采用双下标时，表示电压方向从第一个下标指向第二个下标，当 U_{ab} 表示电压方向由 a 指向 b。若遇到电路中某两点间的电压方向不能预先确定时，也可先假定电压的参考方向，再根据所得数值的正负来确定其实际方向。

由此，电压与电位有如下关系：

$$U_{ba}=U_b-U_a=-(U_a-U_b)=-U_{ab}$$

这说明两点间的电压参考方向假定不同时，其关系是数值相等、符号相反。

参考点变了，电位的值也随之而变，但不管参考点如何变化，两点间的电压是不改变的，通常把这一性质称为电位的相对性和电压的绝对性。

为方便分析，常常采用关联的参考方向，即把元件上电压和电流参考方向取为一致，如图1-5（a）所示。当然也可采用非关联参考方向，即使元件上电压和电流的参考方向互不相关，如图1-5（b）所示。

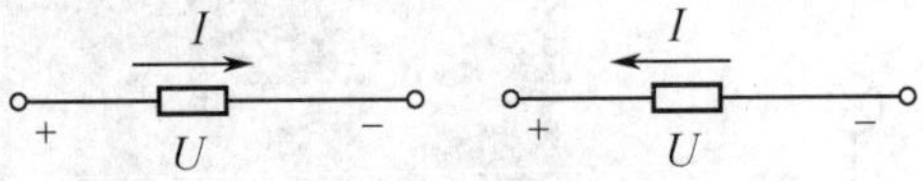

(a)关联参考方向的表示　　(b)非关联参考方向的表示

图1-5　关联与非关联参考方向的表示

（3）万用表直流电压的测量原理

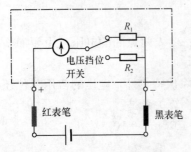

图1-6　直流电压测量原理示意图

电压可用电压表来测量其大小。测量时应将电压表的量程选择开关置于适当的位置上，使电压表的正负极和被测电路电压的极性一致，然后把电压表与被测电路并联，不能串联。

万用表直流电压的测量原理如图1-6所示，虚线框内为测量直流电压时的等效图。

测量时将红表笔接电池的正极（高电位处），黑表笔接电池的负极（低电位处），于是有电流流过电流表。其途径是：电池正极→红表笔流入→电压表→挡位切换开关→降压电阻 R_1→黑表笔流出→电池负极。有电流流过电压表，表针会摆到一定的角度，从而指示电压值的大小。测量的电压越高，要求降压电阻的阻值越大，这样才能有效地保护电压表。挡位测量线和量程开关位置的选择如图 1-7 所示。

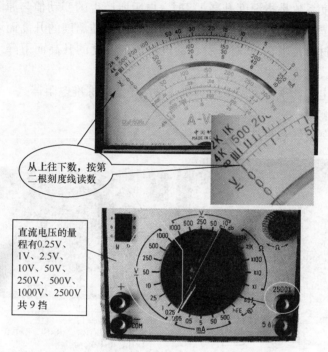

从上往下数，按第二根刻度线读数

直流电压的量程有0.25V、1V、2.5V、10V、50V、250V、500V、1000V、2500V共9挡

图 1-7 直流电压测量刻度线和可选择的挡位

为了减少电压内阻引入的误差，在指针偏转大于或等于最大刻度的 30% 时，尽量选择大量程挡。因为量程越大，分压电阻越大，电压表的等效内阻也越大，对被测电路引入的误差就越小。如果被测电路的内阻很大，就要求电压表的内阻也大，才能使测量精度高。此时需要换用电压灵敏度更高的万用表进行测量。

4. 电阻

(1) 电阻的概念

金属导体中，自由电子在运动中会不断地与金属中的离子和原子相碰撞，使自由电子的运动受到阻碍。**反映导体对电流起阻碍作用大小的物理量称为电阻，用字母 R 表示**。电阻的基本单位是欧姆（Ω）。

当导体两端的电压是 1V，导体内通过的电流是 1A 时，这段导体的电阻就是 1Ω。除欧姆外，常用的电阻单位有千欧（kΩ）和兆欧（MΩ），它们的换算关系是

$$1k\Omega = 10^3\Omega \qquad 1M\Omega = 10^3 k\Omega = 10^6\Omega$$

导体的电阻是客观存在的，它与导体两端有无电压无关，即使没有电压，导体仍然有电阻。

不同的导体材料有不同的电阻率，电阻率的大小反映了各种材料导电性能的好坏。

电阻率越大，表示导电性能越差。通常将电阻率小于 $10^{-6}\Omega\cdot m$ 的材料称为导体，如银、铜、铝等；电阻率大于 $10^7\Omega\cdot m$ 的材料称为绝缘体，如橡胶、陶瓷、塑料等。而电阻率的大小介于导体和绝缘体之间的材料，称为半导体，如锗、硅等。

温度变化时，材料的电阻可能会发生变化。一般采用温度系数反映电阻对温度变化的情况。所谓温度系数是指温度升高 1℃时，电阻所产生的变动值与原阻值的比值，用字母 α 表示，单位是 1/℃。当 $\alpha>0$ 时，材料的电阻值随温度的升高而增加，这类导体称为正温度系数材料；当 $\alpha<0$ 时，材料的电阻值随温度的升高而下降，这类材料称为负温度系数材料。

少数合金的电阻几乎不受温度的影响，常用于制造标准电阻器。

（2）电阻的测量

电阻挡测量刻度线和可选择的挡位如图 1-8 所示。

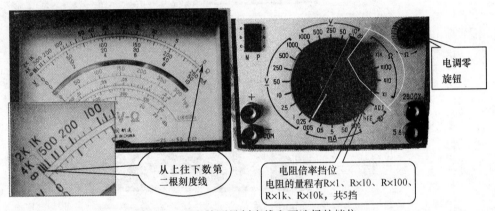

图 1-8　电阻挡测量刻度线和可选择的挡位

测量时应首先观察表针是否在机械零位。如不在零位，用一字螺丝刀小心调整机械零位旋钮使指针回归到零位，这叫做机械调零。

把万用表拨盘开关拨到一个合适的挡位，把两只表笔的金属部分相碰，使表笔短路，调整电调零旋钮（电位器），使指针指示在 0Ω 处。而且每次使用前都要重新调整零位，这叫电子调零。每次选择"倍率"挡位后也要电调零。

测量的电阻值是指针指示的数值乘以倍率。例如，倍率在 R×1k 挡位上，指针指示到 20，则被测电阻是 20×1k＝20kΩ。测量的准确度与万用表所拨挡位的倍率有很大的关系。倍率挡位很大，而被测电阻很小，实测的电阻值会趋于零；倍率挡位很小，被测电阻值很大，实测的电阻值会趋于无穷大。

测量完成后，应注意把拨盘开关拨到交流电压的最大量程或 OFF 位置，千万不要放在电阻挡位，以防再次使用时因误操作，用电阻挡去测量电压或电流而造成万用表表头损坏，或者两支表笔长期短路将内阻电池全部耗尽。

5. 电功与电功率

（1）电功

在导体两端加上电压，导体内就建立了电场。当电流在电路中流动时，电源力和电场力都要做功。电场力所做的功即电路所消耗的电能，单位为焦耳（J）。实际应用中，常以千瓦小时（kWh，俗称"度"）作为电能的单位。

电流做功的过程实际上是电能转化为其他形式能的过程。例如，电流通过电烙铁做功，电能转化为热能。

（2）电功率

电功不能说明电场力所做功的快慢，因为不知道这些功是在多长时间内完成的。所谓电功率是指电场力在单位时间内所做的功，用字母 P 表示，即

$$P=A/t$$

式中，P、A、t 的单位分别为瓦特（W）、焦耳（J）、秒（s）。

在实际工作中，电功率的常用单位还有 kW、mW 等。换算如下：

$$1kW=10^3W \qquad 1mW=10^{-3}W$$

电功率计算公式还可以写成：

$$P=UI=I^2R=U^2/R$$

上式表明，当加在用电器两端的电压一定时，电功率与电阻值成反比。如民用电灯，电压都是 220V，40W 的灯泡要比 25W 的亮，这是由于 40W 的灯泡的电阻是 1210Ω，25W 灯泡的电阻却是 1936Ω。

例 1-1　有一灯泡的额定电压值为 220V，额定功率为 25W，若平均每天使用 8 小时，电价是每度 0.60 元，求每月（以 30 天计）应付的电费。

解：每月用电时间：$8\times30=240h$

每月消耗电能：$A=Pt=0.025\times240=6$ 度

每月应付电费：$0.6\times6=3.6$ 元

（3）电流的热效应

电流通过金属导体时，会使通电导体的温度升高，这就是电流的热效应。

利用电流的热效应可以制作电炉、电烙铁、熔断器等，但电流的热效应会使电气元件和用电设备的温度同样升高，加速元件和绝缘材料的老化、变质，甚至烧坏元件和设备。

为保证电气元件和用电设备的长期安全工作，应规定一个最高工作温度。显然，工作温度取决于发热量，而发热量又由电流、电压或功率决定，因此，对上述 3 个参数应有规定。电气元件和电气设备所允许的最大电流、电压和功率分别叫做额定电流、额定电压和额定功率，如灯泡上标的"220V　40W"即是额定值。电气设备的额定值通常标在一块小金属牌上，附于设备的外壳上，叫做铭牌。

想一想

1. 电路主要由哪几个部分组成？它们的主要功能是什么？

2. 电路中有哪几个基本物理量？

3. 指针式万用表由哪些部件构成？各起什么作用？简述 MF47 型万用表测量电流、电压和电阻的方法。

4. 电压和电位之间有什么区别和联系？若电路中某两点的电位很高，这两点之间的电压是否就很大？

知识 2　欧姆定律

1. 部分电路欧姆定律

图 1-9（a）为不含电源的部分电路。当在电阻 R 两端加上电压 U 时，电阻中就有电流通过。

实验表明：流过电阻器的电流 I，与电阻两端的电压 U 成正比，与电阻 R 成反比，这个结论叫做欧姆定律。用 I 表示通过导体的电流，U 表示导体两端的电压，R 表示电阻，在电压与电流的参考方向一致的条件下，欧姆定律可以用如下的数学表达式表示：

$$I=U/R \text{ 或 } U=IR$$

如果以电压为横坐标，电流为纵坐标，可画出电阻的 U-I 关系曲线，称为电阻元件的伏安特性曲线，如图 1-9（b）所示。

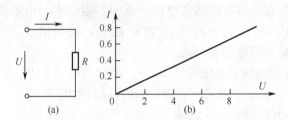

图 1-9　不含电源电路及其伏安特性曲线

电阻元件的伏安特性曲线是直线时，称为线性电阻。线性电阻的电阻值 R 可以认为是不变的常数，直线斜率的倒数表示该电阻元件的电阻值。如果不是直线，则称为非线性电阻。通常所说的电阻都是指线性电阻。全部由线性元件构成的电路叫做线性电路。**欧姆定律只适用于线性电阻元件，而不适用于非线性元件。**

2. 全电路欧姆定律

全电路是指含有电源的闭合电路，如图 1-10 所示。电源内部的电路称为内电路，电源以外的电路称为外电路。图中的点划线框内代表一个电源，用字母 G 表示，电源的内部一般都是有电阻的，此电阻称为内电阻（以下称内阻），用 R_0 表示。

当开关 K 闭合时，负载 R 上就有电流流过，这是因为电阻两端有了电压 U 的缘故。电压 U 是电动势 E 产生的，它既是电阻两端的电压，又是电源的端电压。

下面讨论 E 与 U 的关系。开关 K 断开时，电源的端电压在数值上等于电源的电动势（方向是相反的）。当 K 闭合后，如果用电压表测量电阻两端的电压便会发现，所测数值比开路电压小，或者说，闭合电路中电源的端电压小于电源的电动势，其原因是电流流过电源内部时，在内阻上产生了电压降，$U_0=IR_0$。可见电路闭合时端电压 U 应该等于电源电动势减去电源内部压降 U_0，即

$$U=E-U_0$$

把 $U_0=IR_0$ 和 $U=IR$ 代入上式可得

$$I=\frac{E}{R+R_0}$$

上式表明：在一个闭合电路中，电流与电源的电动势成正比，与电路中的内阻与外电阻之和成反比。这个规律称为全电路欧姆定律。

若将全电路欧姆定律写成 $U=E-IR_0$ 的形式，则此式可以看成是电源的端电压 U 与输出电流 I 之间的关系。如果用纵坐标表示电源的端电压 U，横坐标表示电源的输出电流 I，则电压与电流的关系曲线称为电源的外特性曲线。当电源内阻 R_0 为常数时，外特性曲线为一向下倾斜的直线，如图 1-11 所示。

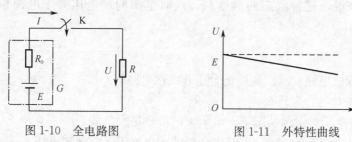

图 1-10　全电路图　　　　　图 1-11　外特性曲线

当 $I=0$ 时，即电源空载，此时 $U=E$，电源端电压最大。随着输出电流 I 的增加，电源端电压按直线规律下降。人们通常把流过大电流的负载称为大负载，而把通过小电流的负载称为小负载。这样，根据外特性曲线可以看出：当电源接大负载时，端电压将下降很多；当电源接小负载时，端电压将有较小的下降。

电源端电压的高低不但与负载有密切关系，而且与电源的内阻大小有关。在负载电流不变的情况下，内阻减小，端电压的下降减小；内阻增大，端电压的下降增大。当内阻为零时，也就是在理想情形下（这时的电源称为理想电源），端电压不再随电流变化，如图 1-11 的虚线所示。

3. 电路的三种状态

电路的状态有通路、短路和断路（又叫开路）三种状态。

（1）通路状态

电路各部分连接成闭合回路，有负载电流通过时，称为通路状态，如图 1-12（a）所示。根据负载电流的大小可分为满载、轻载、过载三种情况。负载在额定功率下的工作状态叫做额定工作状态或满载；低于额定功率的工作状态叫做轻载；高于额定功率的工作状态叫做过载或超载。由于过载易烧坏电器，所以一般情况下不允许出现过载。

（2）短路状态

当电路中本不该相连的两点连在一起时，就称为短路。在图 1-12（b）所示的电路中，当电源的两端 a 和 b 由于某种原因而连在一起时，电源则被短路。电源短路时，外电路的电阻可视为零，在电流的回路中仅有很小的电源内阻，此时的电流很大，称为短路电流。短路电流会使电源烧毁，必须严加防止。

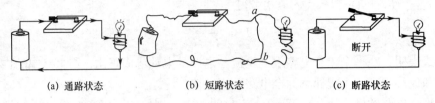

(a) 通路状态   (b) 短路状态   (c) 断路状态

图 1-12 电路的三种状态

（3）断路状态

断路就是电源两端或电路某处断开，电路中没有电流通过，电源不向负载输送电能。对于电源来说，这种状态叫做空载，这时电源的端电压等于电源电动势 E，如图 1-12（c)所示。

想一想

1. 什么叫线性电路？欧姆定律适合于非线性电路吗？

2. 下列说法对吗？为什么？

（1）在电源电压一定的情况下，电阻大的负载是大负载。

（2）当电源的内阻为零时，电源电动势的大小就等于电源端电压。

（3）当电路开路时，电源电动势的大小就等于电源端电压。

（4）在通路状态下，负载电阻变大，端电压就下降。

（5）在短路状态下，内电压等于零。

（6）220V、40W 的电灯泡，接在 110V 的电路上，功率还是 40W。

（7）把 25W、220V 的灯泡接在 1000W、220V 的发电机上时，灯泡会烧坏。

做一做

实训 1 万用表测电流、电压和电阻

1. 实训目的

1）熟悉 Multisim 10.0 仿真软件工作窗口和环境。

2）通过仿真掌握万用表量程挡位的选择和使用方法。

2. 实训步骤和操作

（1）电路的创建和基本功能的测试

双击 EWB（Multisim 10.0）仿真软件快捷键，进入 Multisim 10.0 工作界面。搭建发光二极管测试仿真电路，如图 1-13 所示。其中电阻、开关、发光二极管全部在基本（Basic）元件库中选取。用空格键（Space）去控制开关。按快捷键 F5 或单击仿真开关 ▭▭▭ 或单击仿真按钮 ▷ （下同）进行仿真。

（2）直流电流和交流电压的万用表测量电路的创建

搭建和连接直流电流、交流电压、电阻的万用表测量电路，如图 1-14 所示。

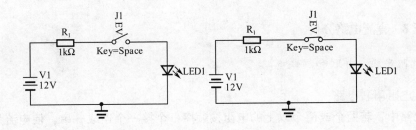

图 1-13 开关闭合前后发光二极管的变化

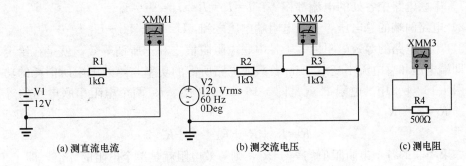

图 1-14 测电流、测电压、测电阻的仿真电路

（3）测电流、测电压、测电阻电路的仿真测试

双击万用表图标，打开万用表面板，将各项参数调整到合适的位置，这样出现如图 1-15 所示的测试结果。

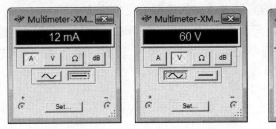

图 1-15 仿真结果

3. 实训结果及分析

1）测电流时，若将万用表并接于被测电路两端；测电压时，若将万用表串接于电路中，仿真结果如何？

2）若测交流电压时，万用表面板中选项设置错误（处于直流电压挡位），那么面板中读数会改变吗？为什么？

知识3　直流电路分析

1. 电阻串联、并联和混联电路

（1）电阻串联电路

在电路中，若两个或两个以上的电阻按顺序一个接一个连成一串，使电流只有一条通路的连接方式称为电阻的串联。图 1-16 所示为 R_1、R_2 两个电阻的串联。

电阻串联电路具有以下特点。

1）串联电路中各处的电流都相等：$I = I_1 = I_2 = I_3 = \cdots = I_n$。

2）电路两端的总电压等于各电阻端电压之和：$U = U_1 + U_2 + U_3 + \cdots + U_n$。

3）串联电路的等效电阻值等于各串联电阻阻值之和。所谓等效，就是在给定条件下（即端电压和总电流不变），实际负载或电路所需的功率与等效电阻所消耗的功率相等。图 1-16（b）中的电阻 R 就是图 1-16（a）中 R_1、R_2 两个电阻串联电路的等效电阻，即 $R = R_1 + R_2$。

$$R = R_1 + R_2 + R_3 + \cdots + R_n$$

如果串联的各个电阻阻值均等于 R_0，则等效电阻就是单个电阻的 n 倍，即

$$R = nR_0$$

4）串联电路各电阻上的电压分配与它的阻值成正比。

下面给出两个电阻串联的分压公式：

$$U_1 = \frac{R_1}{R_1 + R_2}U, \quad U_2 = \frac{R_2}{R_1 + R_2}U$$

串联电路应用——万用表的直流电压测量原理可见例 1-2。

例 1-2　设万用表有一只微安表头，其内阻 $r_g = 1\text{k}\Omega$，满刻度偏转电流（即允许流过的最大电流）$I_g = 100\mu\text{A}$。若要把它改装成量程为 15V 的电压表，如图 1-17 所示，应串联多大的分压电阻 R？

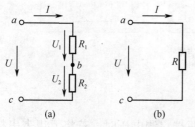

图 1-16　电阻的串联及其等效电路

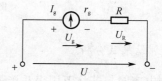

图 1-17　微安表改装电压表示例

解：因为分压电阻 R 与表头串联，所以允许通过 R 的最大电流也是 $100\mu\text{A}$，故有

$$I_g = \frac{U_R}{R} = \frac{U - I_g r_g}{R}$$

$$R = \frac{U - I_g r_g}{I_g} = \frac{15 - 100 \times 10^{-6} \times 10^3}{100 \times 10^{-6}} = 149\Omega$$

（2）电阻并联电路

将两个或两个以上的电阻一端连在一起，另一端也连在一起，使每一电阻两端都承受相同电压的作用，这种连接方式叫做并联。图 1-18 所示为两个电阻的并联电路。

电阻并联电路具有以下一些特点。

1）电路中各支路两端的电压相等，且等于电路两端的电压：$U=U_1=U_2=U_3=\cdots=U_n$。

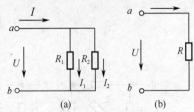

2）电路中的总电流等于各支路电流之和：$I=I_1+I_2+I_3+\cdots+I_n$。

3）并联电路的总电阻（等效电阻）的倒数，等于各并联电阻的倒数之和：

图 1-18　电阻并联及其等效电路

$$\frac{1}{R}=\frac{1}{R_1}+\frac{1}{R_2}+\frac{1}{R_3}+\cdots+\frac{1}{R_n}$$

在并联电路的计算中，经常遇到两个电阻并联的情况，根据上式可得出两个电阻并联的公式如下（公式中的"//"是并联符号）：

$$R=R_1 \,/\!/\, R_2=\frac{R_1R_2}{R_1+R_2}$$

若并联电路中的电阻均为 R_0，且有 n 个，则等效电阻为：$R=R_0/n$。

4）在电阻并联电路中，任一支路分配的电流与该支路的电阻值成反比。

两个电阻并联时的分流公式为

$$I_1=\frac{R_2}{R_1+R_2}I, \quad I_2=\frac{R_1}{R_1+R_2}I$$

这里，以万用表的直流电流测量电路的改装为例，讲解并联电路的应用。

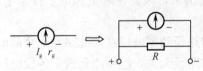

图 1-19　电流挡量程的扩展

改装前，量程 $I=I_g$，不能测量较大的电流。改装后，量程 $I=\left(1+\dfrac{r_g}{R}\right)\times I_g$，可以根据量程挡的需要并联不同阻值的分流电阻 R（R 一般小于 r_g），如图 1-19 所示。

（3）电阻混联电路

电路中既有电阻的串联，又有电阻的并联，这种连接方式叫做电阻的混联。混联电路的计算比单纯的串联、并联电路复杂，但只要掌握了串联电路、并联电路的分析方法及特点，按串联与并联的计算方法，一步一步地把电路简化，就可求出总的等效电阻。但是，在有些混联电路里，往往不易一下子就看清各电阻之间的连接关系，难于下手分析，这时就要根据电路的具体结构，按照串联和并联电路的定义和性质，进行电路的等效变换，使其电阻之间的关系一目了然，而后进行计算。

例 1-3　在图 1-20（a）中，已知 $R_1=R_2=R_3=R_4=R_5=1\Omega$，求 a、b 间的等效电阻为多少欧？

解：由图 1-20（a）知 R_3 与 R_4 串联，所以 $R'=R_3+R_4=1+1=2\Omega$。

作图 1-20（b），由图可知 R_5 与 R' 并联，所以 $R''=R_5 \,/\!/\, R'=\dfrac{1\times2}{1+2}=\dfrac{2}{3}\Omega$。

作图 1-20（c），由图可知 R_2 与 R'' 串联，所以 $R'''=R_2+R''=1+\dfrac{2}{3}=\dfrac{5}{3}\Omega$。

作图 1-20（d），由图可知 R_1 与 R''' 并联，所以 a、b 间的等效电阻为

$$R_{ab}=\frac{1\times\dfrac{5}{3}}{1+\dfrac{5}{3}}=\frac{5}{8}\Omega$$

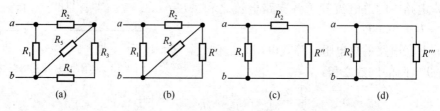

图 1-20　例 3 题图

混联电路计算的一般步骤如下。

1）把串联的电阻和并联的电阻分别用等效电阻代替，逐步简化电路，最终求出电路总的等效电阻。

2）由总等效电阻和电路的端电压计算电路的总电流。

3）根据电阻串联的分压关系和电阻并联的分流关系，求出各电阻上的电压、电流及功率。

2. 电路中各点电位的计算

电路的工作状态通过电路中各点的电位可以反映出来，因此在电工和电子技术中，经常要用到电位的计算。

要计算电路中某点电位，可从这一点通过一定的路径到零电位点，此路径上全部电压的代数和即等于该点的电位。该点的电位与选择的路径无关，但要注意确定各段电压的正负号。因为电流从高电位流向低电位，所以对于电阻两端电压如果在绕行过程中是从高端到低端，则此电压取正值，反之取负值；对于电源电动势的极性则是直接给出的，即正极电位高于负极电位。

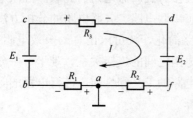

图 1-21　例 1-4 题图

例 1-4　如图 1-21 所示，已知 $E_1=45V$，$E_2=12V$，电源内阻可忽略不计，$R_1=5\Omega$，$R_2=4\Omega$，$R_3=2\Omega$，求 b、c、d 三点电位。

解：选择 a 点为零电位点，回路中的电流参考方向及各电阻两端电压的极性如图 1-21 中所示。

由 $E=E_1-E_2=45-12=33V$ 和全电路欧姆定律得

$$I=\frac{E}{R_1+R_2+R_3}=\frac{33}{5+4+2}=2A$$

故 $U_b=-IR_1=3\times5=-15V$，

或　$U_b = -E_1 + IR_3 + E_2 + IR_2 = -45 + 3 \times 2 + 12 + 3 \times 4 = -15V$。

$U_c = E_1 - IR_1 = 45 - 3 \times 5 = 30V$，

或　$U_c = IR_3 + E_2 + IR_2 = 3 \times 2 + 12 + 3 \times 4 = 30V$。

$U_d = E_2 + IR_2 = 12 + 3 \times 4 = 24V$，

或　$U_d = -IR_3 + E_1 + IR_1 = -3 \times 2 + 45 - 3 \times 5 = 24V$。

此例说明，电位计算结果与所选择的绕行路径无关。

想一想

1. 电阻的串、并联电路都有哪些性质？

2. 两个电阻并联，其中 $R_1 = 300\Omega$，通过电流 I_1 为 0.2A，通过整个并联电路的电流 I 为 0.8A，求 R_2 和通过电流 I_2。

读一读

知识4　直流电和交流电

1. 直流电

直流电是指方向始终固定不变的电压或电流。

能产生直流电的电源称为直流电源，常见的干电池、蓄电池和直流发电机等都是直流电源。直流电源用图 1-22（a）所示的符号表示。直流电的电流方向总是由电源正极通过电源外电路流向电源负极，如图 1-22（b）所示，电流始终从直流电源正极流出，经电阻、灯泡流到电源负极。

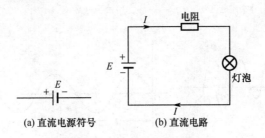

(a) 直流电源符号　　　(b) 直流电路

图 1-22　直流电符号及电路

直流电又分为稳恒直流电和脉动直流电，如图 1-23 所示。

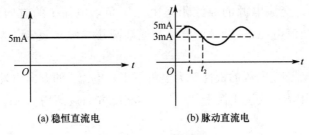

(a) 稳恒直流电　　　(b) 脉动直流电

图 1-23　两种直流电

1) 稳恒直流电是指方向固定不变、大小也不变的直流电。图 1-23 (a) 中用直线表示电流的大小不变（始终为 5mA\），且直线始终在横坐标（t 轴）上方，表示电流的方向始终不变。

2) 脉动直流电是指方向固定不变，但大小随时间变化的直流电。图 1-23 (b) 中的曲线表示，脉动直流电的电流 I 大小随时间作波动变化（t_1 时刻电流为 5mA，在 t_2 时刻电流变为 3mA，图中用曲线表示），方向固定不变（电流方向始终从电源正极经外电路流向电源负极，图中的曲线始终在 t 轴上方表示方向不变）。

2. 交流电

交流电是指方向和大小都随时间作周期性变化的电压或电流。交流电符号及其电流指向如图 1-24 所示。下面以图 1-24 (b) 所示的交流电路来说明图 1-24 (d) 所示的一种特殊交流电——正弦交流电的波形。

在 $0 \sim t_1$ 这段时间内，交流电源的极性是上正下负，电流 I 的方向是由交流电源上"+"→电阻 R→交流电源下"−"，并且电流 i 逐渐增大（波形逐渐上升），t_1 时刻电流达到最大值。

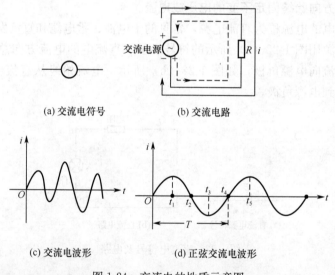

(a) 交流电符号   (b) 交流电路

(c) 交流电波形   (d) 正弦交流电波形

图 1-24　交流电的性质示意图

在 $t_1 \sim t_2$ 期间，交流电源的极性仍是上正下负，电流 i 的方向仍是交流电源上"+"→电阻 R→交流电源下"−"，电流 i 逐渐减小（波形逐渐下降），t_2 时刻电流为 0。

在 $t_2 \sim t_3$ 期间，交流电源的极性变为上负下正，电流 i 的方向也发生改变，由交流电源下"+"→电阻 R→交流电源上"−"，电流反方向逐渐增大，t_3 时刻反方向的电流达到最大值。

在 $t_3 \sim t_4$ 期间，交流电源的极性为上负下正，电流 i 仍是反方向，由交流电源下"+"→电阻 R→交流电源上"−"，电流反方向逐渐减小，t_4 时刻电流又变为 0。

t_4 时刻以后，电流 i 大小和方向变化与 $0 \sim t_4$ 期间变化相同。由此可以看出，交流电的大小和方向都随时间变化而变化。

下面介绍几个正弦交流电的常用参数。

1）周期。从图 1-24（d）可以看出，交流电变化过程是不断重复的，将交流电重复变化一次所需的时间称为周期，周期用 T 表示，单位是 s。

2）频率。交流电每秒钟内重复变化的次数称为频率，频率用 f 来表示，它是周期的倒数，即

$$f = \frac{1}{T}$$

频率的单位是赫兹（Hz），如果图 1-24（d）所示交流电表示的是市电（日常生活用的 220V 交流电），频率 $f = 50\text{Hz}$，说明在 1s 内交流电能重复 $0 \sim t_4$ 这个过程 50 次，其周期 $T = 0.02\text{s}$。交流电变化越快（即交流电频率越高），变化一次所需要的时间越短（即周期越短）。

3）瞬时值。交流电在某一时刻的值称为瞬时值，用小写字母 e、u、i 表示交变电动势、交流电压、交流电流。图 1-25 所示为 50Hz 市电的波形，它在 t_1 时刻的瞬时值为 $220\sqrt{2}$（约为311V，该值为最大瞬时值 U_m），在 t_2 时刻瞬时值为 0V（最小瞬时值）。最大瞬时值叫最大值，也称振幅或峰值。电压的最低值到最高值称为峰—峰值，用 $U_\text{P-P}$ 表示，$U_\text{P-P} = 2U_\text{m}$。

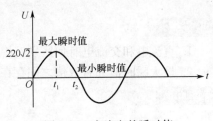

图 1-25　交流电的瞬时值

4）有效值。正弦量的有效值是根据电流的热效应来规定的，如图 1-26 所示。

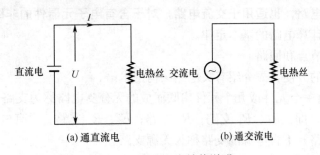

(a) 通直流电　　　　(b) 通交流电

图 1-26　交流电有效值说明

图 1-26 中两个电路使用的电热丝完全一样，现分别给电热丝通交流电和直流电，如果两电路通电时间相同，并且电热丝发出热量也相同，对电热丝来说，这里的交流电和直流电是等效的，将图 1-26（a）中直流电的电压值或电流值称为图 1-26（b）中交流电的有效电压值或有效电流值。因此，如果交流电与某直流电的做功效果相同，就将该直流电的各项数值（如电流值、电压值）分别称为交流电的相应各项有效值。

没有特别说明时，交流电的大小通常是指有效值，测量仪表的测量值一般也是有效值。

正弦交流电的有效值与瞬时最大值的关系是：最大瞬时值＝$\sqrt{2}$·有效值。

这样，就有 U（有效值）＝$0.707U_m$（最大值）。类推等式有 $E = 0.707E_m$，$I = 0.707I_m$。

书本先生的提示

平 均 值

交流电压的表征除了有效值和最大值外，还有平均值。平均值简称为均值，是指波形中的直流成分，所以纯交流电压的平均值为零。为了更好地表征交流电压的大小，交流电压的平均值特指交流电压经过均值检波后波形的平均值。如无特别说明，纯交流电压的平均值均为全波平均值$\overline{U}$。对正弦波而言，$\overline{U} = 0.637U_m$。

想一想

1. 直流电和交流电有何区别？稳恒直流电和脉动直流电又有何区别？
2. 最大瞬时值和有效值之间存在何种关系？

读一读

知识5　基尔霍夫定律

不能用电阻的串、并联方法简化的直流电路称为复杂直流电路。计算复杂电路的方法很多，但它们的依据是电路的两个基本定律：欧姆定律和基尔霍夫定律。**基尔霍夫定律既适用于直流电路，也适用于交流电路，对于含有电子元器件的非线性电路也适用。**因此，它是分析计算电路的基本定律。

（1）支路、节点和回路

为讨论问题的方便，先介绍有关电路结构的术语。

1）支路。由一个元件或几个元件串联而成的无分支电路称为支路。图1-27所示电路中有三条支路，即：E_1、R_1 支路；R_3 支路；E_2、R_2 支路。含有电源的支路称为有源支路或含源支路，不含电源的支路称为无源支路。

2）节点。3个或3个以上支路的汇交点叫做节点，在图1-27中，a、b 为节点。

3）回路。电路中任意一个闭合路径称为回路。图1-27中有3个回路：$abca$ 回路、$abda$ 回路和 $acbda$ 回路。若在每次所选用的回路中，至少包含一个未曾选用过的新支路时，则这些回路称为独立回路。如在上述3个回路中任选两个，则第三个回路就不是独立的。最简单的回路称为网孔。

（2）基尔霍夫第一定律（KCL），也叫做节点电流定律

定义：流入一个节点的电流之和恒等于流出这个节点的

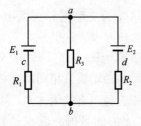

图1-27　复杂直流电路

电流之和，即

$$\sum I_入 = \sum I_出$$

基尔霍夫第一定律是由电流的连续性原理推出的，即在电路的任一节点上，不可能发生电荷的积累和间断。图 1-28 所示为 5 条支路汇合于一个节点，由上式得

$$I_1 + I_4 = I_2 + I_3 + I_5$$

如果规定流入节点的电流为正，流出节点的电流为负，则**基尔霍夫第一定律又可以表述为：流过任意一个节点的电流的代数和等于零，即 $\sum I = 0$。**

基尔霍夫电流定律不仅适应于节点，也可以推广应用于任意假定的封闭面（也称为广义节点）。如图 1-29 所示的电路，假定一个封闭面 S 把电阻 R_3、R_4 及 R_5 所构成的三角形全部包围起来，则流进封闭面 S 的电流应等于从封闭面 S 流出的电流，即有

$$I_1 + I_2 = I_3$$

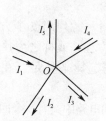

图 1-28　节点电流

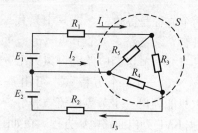

图 1-29　封闭面电流

（3）基尔霍夫第二定律（KVL），也叫做回路电压定律

定义：对任一闭合回路，各段电压的代数和等于零，即

$$\sum U = 0$$

在运用上式时，关键是确定各元件上电压的正、负号。如图 1-30 所示，首先依次标出各元件上的电压 U_1、U_2、U_3、U_4 的参考方向，然后对于每一个回路规定一个绕行方向，并用虚线与箭头表示。如果电压的参考方向与回路绕行方向一致，则取正号，如图 1-30 中的 U_2、U_3；如果电压的参考方向与回路绕行方向相反，则取负号，如图 1-30 中的 U_1、U_4。正、负号确定后，便可根据基尔霍夫第二定律列出方程：

$$-U_1 + U_2 + U_3 - U_4 = 0$$

由 $U_1 = E_1$，$U_2 = E_2$，$U_3 = I_1 R_1$，$U_4 = I_2 R_2$，得 $I_1 R_1 - I_2 R_2 = E_1 - E_2$。

在列方程式时，回路绕行方向可以任意选择，但一经选定后就不能中途改变。

（4）支路电流法

对于一个复杂电路，先假设各支路的电流方向，再根据基尔霍夫定律列出方程式来求解支路电流的方法叫支路电流法。下面以图 1-31 为例，具体说明支路电流法的应用。

1）标出电流方向。在图中标出未知电流的参考方向和回路方向，并标出各个电阻元件上电压的正、负极。回路方向可以任意假设，对于具有两个以上电动势的回路，通常取电动势大的方向为回路方向。电流方向也可参照此法来假设。

电路中有几条支路，就有几个未知量。该电路中共有三条支路，可设有 3 个未知量 I_1、I_2、I_3。设支路数用 b 表示，则 $b = 3$。

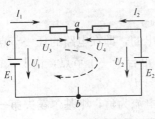

图 1-30　回路电压

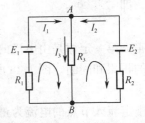

图 1-31　支路电流法

2）根据 KCL 列出节点电流方程。电路中有 A、B 两个节点，设节点数用 n 表示，则 $n=2$。按节点电流流入为正、流出为负的规定，有如下关系式：

节点 A：　　　　　　　　$I_1 + I_2 - I_3 = 0$
节点 B：　　　　　　　　$-I_1 - I_2 + I_3 = 0$

显然，这两个方程是等价的，即其中只有一个独立方程。

一个具有 b 条支路，n 个节点（$b > n$）的复杂电路，需列出 b 个方程式来联立求解。一个具有 n 个节点的电路，可以列出 $n-1$ 个独立方程，或称之为独立的电流方程。还缺少的 $b-(n-1)$ 个方程式，可由基尔霍夫电压定律来补足。在该电路中因为 $n=2$，所以只能列出一个节点电流方程。

3）根据 KVL 列出回路电压方程。在如图 1-31 所示的电路中共有 3 个回路，按照 KVL，虽可列出 3 个电压方程，但其中仅有两个方程是独立的。此电路图中有 3 个未知电流，通常，由 KVL 可列出 $b-(n-1)$ 个独立回路电压方程。由 KCL、KVL 刚好列出以下 3 个独立方程：

$$\begin{cases} I_1 + I_2 - I_3 = 0 \\ I_1 R_1 + I_3 R_3 = E_1 \\ -I_2 R_2 - I_3 R_3 = -E_2 \end{cases}$$

4）代入。代入已知量，解联立方程组求出各支路电流。

分析和解决复杂直流电路的问题的方法除了有基尔霍夫定律外，还有叠加原理和戴维南定理等，这里不再叙述。

想一想

1. 一个具有 b 条支路，n 个节点（$b > n$）的复杂电路，用支路电流法求解时，需列出＿＿＿＿＿个方程式来联立求解，其中＿＿＿＿＿个为节点电流方程式，＿＿＿＿＿个为回路电压方程式。

2. 在列回路电压方程式时，如果电压的参考方向与回路绕行方向一致，则取＿＿＿＿＿号；如果电压的参考方向与回路绕行方向相反，则取＿＿＿＿＿号。

做一做

实训 2　电阻的串/并联电路测试

1. 实训目的

1）进一步熟悉串并联电路的性质；学会选择合适量程用万用表去检测电压和电流。

2) 验证基尔霍夫电压和电流定律。

2. 实训步骤和操作

(1) 电阻串、并联电路的创建

双击 EWB（Multisim 10.0）仿真软件快捷键，进入 Multisim 10.0 工作界面，搭建和连接电阻串、并联电路仿真测试电路，如图 1-32 所示。

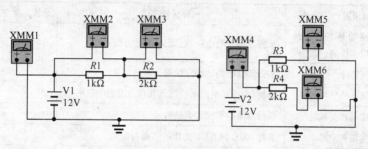

图 1-32 串并联仿真电路

(2) 电阻串、并联电路的仿真测试

按快捷键 F5 或单击仿真开关 ![开关] 或单击仿真按钮 ▶ ，双击万用表图标，打开各个万用表面板，各项参数调整到合适的位置，这样出现如图 1-33 所示的测试结果。

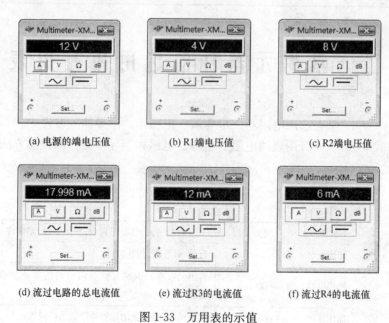

(a) 电源的端电压值   (b) R1端电压值   (c) R2端电压值

(d) 流过电路的总电流值   (e) 流过R3的电流值   (f) 流过R4的电流值

图 1-33 万用表的示值

3. 实训结果及分析

1) 电压表 XMM1 与 XMM2、XMM3 的示值之间存在着怎样关系？它们之间是否符合基尔霍夫电压定律?

2）电流表 XMM4 与 XMM5、XMM6 的示值之间存在着怎样关系? 它们之间是否符合基尔霍夫电流定律?

评一评

任务检测与评估

检测项目		评分标准	分值	学生自评	教师评估
任务知识内容	电路的基本概念及万用表检测	掌握万用表测电压、电流、电阻的方法	10		
	欧姆定律	掌握部分电路欧姆定律的实质与含义	20		
	直流电路分析	掌握串、并联电路的性质及其在万用表中应用	20		
	直流电和交流电	掌握直流电和交流电的特点	10		
	基尔霍夫定律	掌握 KCL 和 KVL 定律的实质与含义	10		
任务操作技能	万用表测电压、电流和电阻	学会用万用表测电压、电流和电阻	10		
	电阻的串联、并联电路测试	学会验证基尔霍夫定律的方法	10		
	安全操作	安全用电、按章操作,遵守实训室管理制度	5		
	现场管理	按 6S 企业管理体系要求、进行现场管理	5		

任务二 常用元器件的选用和万用表检测

1. 学会选用电阻器、电容器、电感器、半导体等器件。
2. 掌握万用表的电阻、电容、电感和半导体器件的检测方法与技巧。

教学步骤	时间安排	教学方式(含教学内容、教学手段,如课件、举例等)
阅读教材	课余	自学、查资料、相互讨论
知识讲解	10 课时	常用元器件的识别与检测内容均用实物加投影方式进行授课
操作技能	4 课时	实训前,将要识读的元器件用袋装好或固定在一块实训板上
评估检测	与课堂教学同步进行	教师与学生共同完成任务的检测与评估,并能对出现的问题进行分析与处理

读一读

知识 1 电阻器的识读与万用表检测

电阻器简称"电阻"，它是家用电器以及其他电子设备中应用十分广泛的元件。电阻器利用它自身消耗电能的特性，在家用电器电路中起降压、分压、限流、向各种电子元件提供必要的工作条件（电压或电流）等几种功能。

1. 电阻器的命名及分类

电阻型号的命名方法如图 1-34 所示。国产电阻器的型号由四部分组成（不适用敏感电阻）。

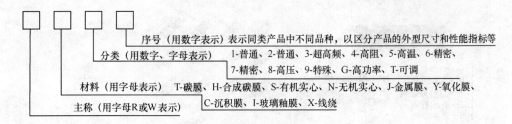

序号（用数字表示）表示同类产品中不同品种，以区分产品的外型尺寸和性能指标等

分类（用数字、字母表示） 1-普通、2-普通、3-超高频、4-高阻、5-高温、6-精密、7-精密、8-高压、9-特殊、G-高功率、T-可调

材料（用字母表示） T-碳膜、H-合成碳膜、S-有机实心、N-无机实心、J-金属膜、Y-氧化膜、C-沉积膜、I-玻璃釉膜、X-线绕

主称（用字母R或W表示）

图 1-34　电阻器的型号命名方法

制造电阻器的材料很多，有碳质电阻（如碳膜电阻 RT），金属材料电阻（如金属膜 RJ、金属氧化膜电阻 RY 和金属线绕电阻 RX 等）和敏感材料电阻器（如正或负温度系数热敏电阻 MZ、压敏电阻 MY 等）等。

电阻所用材料与其特点如表 1-2 所示。电位器使用材料与标志符号如表 1-3 所示。

表 1-2　电阻所用材料与其特点

种　类	特　点
碳膜电阻 RT	稳定性较高，噪声也比较低
金属膜 RJ 和金属氧化膜 RY	噪声低，耐高温，体积小，稳定性和精密度高等
实心碳质电阻	成本低，阻值范围广，容易制作等，但阻值稳定性差，噪声和温度系数大
绕线电阻 RX	有固定和可调式两种。特点是稳定、耐热性能好、噪声小、误差范围小。一般在功率和电流较大的低频交流和直流电路中作降压、分压、负载等用途。额定功率大都在 1W 以上
贴片电阻 RL	常用在高集成度的电路板上。体积很小，分布电感、分布电容都较小，适合在高频电路中使用

表 1-3　电位器使用材料与标志符号

类别	碳膜电位器	合成碳膜电位器	线绕电位器	有机实心电位器	玻璃釉电位器
标志符号	WT	XTH（WH）	WX	WS	WI

按电阻器结构形式的不同，电阻大致可分固定电阻和可变电阻（包括电位器）两大类。固定电阻器按结构分，有插脚式和贴片式。

固定电阻器和可变电阻的实物外形分别如图 1-35、图 1-36 所示。电位器按结构可分为单圈、多圈；单联、双联；带开；锁紧和非锁紧电位器。按调节方式可分为旋转式、直滑式。在旋转式电位器中，按照电位器的阻值与旋转角度的关系可分为直线式、指数式、对数式。

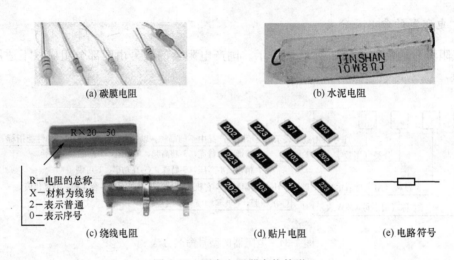

(a) 碳膜电阻   (b) 水泥电阻

R—电阻的总称
X—材料为线绕
2—表示普通
0—表示序号

(c) 绕线电阻   (d) 贴片电阻   (e) 电路符号

图 1-35   固定电阻器实物外形

(a) 普通可调电阻 (b) 音响电位器 (c) 小型音量电位器 (d) 精密可调电阻   (e) 电路符号

图 1-36   各类可变电阻

要正确使用电阻器，首先要掌握电阻器的主要参数。

2. 电阻器的主要参数

(1) 标称阻值

一个合格的电阻器都标有阻值，此值就是这个电阻器的标称电阻值。

工厂生产许多阻值的电阻，但电阻产品的阻值不是连续分布的，也就是说，不是任何阻值都有产品，而是按标准系列生产，每个阻抗元件有一个标称阻值。如 E6、E12、E24、E48、E96、E196 等。常用标称阻值系列和允许偏差如表 1-4 所示。

表 1-4　常用标称阻值系列和允许偏差

阻值系列	允许偏差	偏差等级	标称值
E24	±5%	Ⅰ	1.0, 1.1, 1.2, 1.3, 1.5, 1.6, 1.8, 2.0, 2.2, 2.4, 2.7, 3.0, 3.3, 3.6, 3.9, 4.3, 4.7, 5.1, 5.6, 6.2, 6.8, 7.5, 8.2, 9.1
E12	±10%	Ⅱ	1.0, 1.2, 1.5, 1.8, 2.2, 2.7, 3.3, 3.9, 4.7, 5.6, 6.8, 8.2
E6	±20%	Ⅲ	1.0, 1.5, 2.2, 3.3, 4.7, 6.8

（2）精度（也就是偏差要求）

精度是指电阻器的实际阻值与标称电阻值之间所允许的最大偏差范围，一般通用电阻器规定有三级精度。Ⅰ级精度，偏差为±5%，用 J 表示（偏差的文字符号）；Ⅱ级精度偏差为±10%，用 K 表示；Ⅲ级精度偏差为±20%，用 M 表示。当然电阻器也有其他一些精度要求，精密电阻器，精度等级可达到 0.001%。

（3）额定功率

额定功率是电阻器很重要的一个参数，是指在一定的环境温度下，电阻器所允许消耗的最大功率，实质上是指它在正常工作条件下，向周围空间散发出的热量。这种热量是电子在电阻器中运动受重叠阻碍而产生的，如果散热不良会使电阻变质，引起电路工作状态失常，甚至烧毁电阻器。因此使用电阻器时，不要超过其额定功率。一般地说，额定功率的单位用瓦（W）表示，超过 2W 以上的电阻称为大功率电阻。

线绕电阻器的系列额定功率为 3W、4W、8W、10W、16W、25W、40W、50W、75W、100W、150W、250W、500W。非线绕电阻器额定功率为 0.05W、0.125W、0.25W、0.5W、1W、2W、5W。电阻的功率标识如图 1-37 所示。

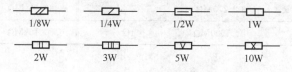

图 1-37　电阻的功率标识

要准确识读电阻器上标明的主要参数，就必须认识电阻器参数的有关标志方法。

3. 电阻器的标志方法

标志方法分为直标法、文字符号标志法、数码字标志法和色环标志法 4 种情况。

（1）直标法

电阻器的直标法是指电阻器表面直接标明主要参数的方法，比较容易识别。在一些体积较大的电阻器表面，直接用阿拉伯数字和单位符号标注出标称阻值，有的还直接用百分数标出允许偏差，如图 1-38 所示。

（2）文字符号法

一般是用单位的文字符号（Ω用 R 表示，kΩ用 k 表示，MΩ用 M 表示）和数字按一定规律组合排列来表示主要参数的方法，如图 1-39 所示。其允许偏差也是用字母表示的。单位文字符号前面的数表示阻值的整数部分，文字符号后面的表示阻值的小数部

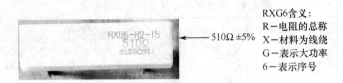

图 1-38　直标法

分，文字符号表示小数点和单位。文字符号法示例如表 1-5 所示。

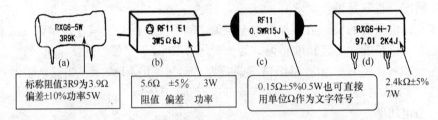

图 1-39　文字符号法

表 1-5　文字符号法示例

电阻值	字母数字混标法	电阻值	字母数字混标法	电阻值	字母数字混标法
0.1Ω	R10	5.6kΩ	5k6	3300MΩ	3G3
0.56Ω	R56	560kΩ	560k	56000MΩ	56G
1Ω	1R0	1MΩ	1M	10^5 MΩ	100G
5.6Ω	5R6	6.8MΩ	6M8	10^6 MΩ	1T
330Ω	330R	270MΩ	270M	3.3×10^6 MΩ	3T3
1kΩ	1k	1000MΩ	1G	6.8×10^6 MΩ	6T8

（3）数码法

用三位数表示电阻值的方法为数码法。

数码法的解法：前面的两位数为有效值，第三位数为零的个数（或倍率 10^n）。

例 1-5　"471" 为 470Ω 或 $47 \times 10^1 = 47 \times 10 = 470\Omega$。

"103" 为 10000Ω＝10kΩ 或 $10 \times 1000 = 10000 = 10$kΩ。

目前在许多微调电位器上常采用两位数标志，如图 1-40 所示。

前面的第一位数为有效值，第二位数为零的个数
例：32为300Ω　　53为5000Ω＝5kΩ

图 1-40　数码法示例

说明：电位器的标称阻值为两固定引脚（片）间的阻值

（4）色环法

由于电视机等电子产品越来越向规模化、机械化、大批量的生产发展，色环电阻就是由此而产生的一种适合现代化生产的电子产品，因为色环所表示的元器件参数可以不分安装地方和方向，从任何角度都能观察和看清，所以色环电阻是目前使用最多的一种电阻元件。用色环表示元件主要参数的方法如图 1-41 所示。

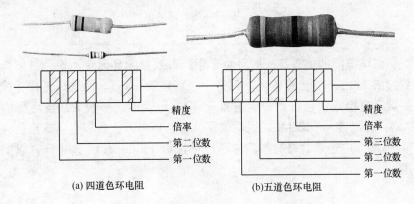

(a) 四道色环电阻　　　(b) 五道色环电阻

图 1-41　色环电阻及色环表示法

色环电阻目前一般为 4 色环电阻（普通电阻）和 5 色环电阻（精密电阻）。

色环的颜色为黑、棕、红、橙、黄、绿、蓝、紫、灰、白，分别代表数字 0～9。金色，没有有效值，只表示乘 10^{-1}（为 0.1）或允许精度误差 5%，银色只表示乘 10^{-2}（为 0.01）或允许精度误差 10%。颜色与其所对应的数值如表 1-6 所示。

表 1-6　色环表示法颜色的意义

颜色	有效数字	倍率（乘数）	允许偏差（精度）
黑	0	10^0	
棕	1	10^1	±1%
红	2	10^2	±2%
橙	3	10^3	
黄	4	10^4	
绿	5	10^5	±0.5%
蓝	6	10^6	±0.25%
紫	7	10^7	±0.1%
灰	8	10^8	
白	9	10^9	
金		10^{-1}	±5%
银		10^{-2}	±10%
无色			±20%

色环电阻最后一条色环的识别一般可从 4 个方面着手，识读要诀如图 1-42 所示。

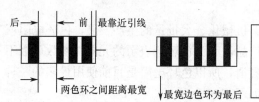

第1条：	最靠近电阻引线一边的色环为第一色环
第2条：	金、银、黑等色环不可能为第一色环
第3条：	两条色环之间距离最宽的边环为最后条色环
第4条：	最宽的边色环为最后一条色环

图 1-42 最后一条色环的识别

总之，四环电阻的偏差环一般是金或银；有效数字环无金、银色（解释：若从某端环数起第1、2环有金或银色，则另一端环是第一环）。偏差环无橙、黄色（解释：若某端环是橙或黄色，则一定是第一环）。识读时，一般成品电阻器的阻值不大于 22MΩ，若识读大于 22MΩ，说明读反。五色环中，大多以金色或银色为倒数第二个环。当然，应注意的是有些厂家不严格按第1、2、3、4条生产，以上各条应综合考虑。

色环电阻颜色的判别，色彩说来简单，但是由于颜色的调配不是十分的精确，形成某一种色彩有很大差别，红色有深红色和一般红色，紫色偏差更大，有偏蓝色和偏红色的紫色等，除了认真对颜色加以比较和判别外，电阻器的标称阻值系列标准（E24、E12 或 E6）是色环电阻颜色判断的一种很重要的方法。

4. 电阻器的万用表检测

由于万用表欧姆挡刻度的非线性关系，它的中间一段分度较为精细，因此应使指针指示值尽可能落在刻度的中段位置，即全刻度起始的 20%～80% 弧度范围内，以便测量更准确。

如图 1-43 所示，检查电位器时，首先要转动旋柄，看看旋柄转动是否平滑，开关是否灵活，开关通、断时"喀哒"声是否清脆，并听一听电位器内部接触点和电阻体摩擦的声音，如有"沙沙"声，说明质量不好。用万用表检测时，先根据被测电位器阻值的大小，也应选择好万用表的合适电阻挡位。

书本先生的提示

测量较大电阻时，双手不要同时接触被测电阻的两端，否则人体电阻会与被测电阻并联，测量电阻数值低于实际电阻数值，导致测量结果不准确，如图 1-44 所示。如果要测量电路上的电阻时，一定要将电路的电源切断，否则不但测量结果不准确，还可能因为大电流通过表头导致表头损坏。同时，还需将被测电阻的一端从电路上断开，再进行测量，否则测得的是电路在被测两点间的总电阻。

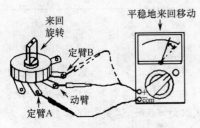

图 1-43　万用表测电位器示意图　　　　图 1-44　双手不能同时触碰示意图

想一想

1. 电阻器的主要参数有哪些？电阻器的阻值标志方法有哪几种？
2. 万用表检测电阻器时应注意哪些事项？

知识链接

特　殊　电　阻

特殊电阻有敏感电阻、熔断电阻器（保险电阻）和可调电阻器，其外形如图 1-45 所示。敏感电阻又有热敏 MZ/MF、湿敏 MS、光敏 MG、压敏 MY、力敏 ML、磁敏 MC 和气敏 MQ 等。

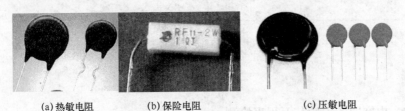

(a)热敏电阻　　　　(b)保险电阻　　　　(c)压敏电阻

图 1-45　各类特殊电阻外形

各类特殊电阻电路符号如图 1-46 所示。万用表检测正温度系数热敏电阻（PTC）和负温度系数热敏电阻（NTC）时，用 $R×1$ 挡。常温（接近 25℃）下，所测值与标称值相比，相差 $±2Ω$ 内即为正常。加温检测时，将一热源（如电烙铁，不能直接接触）靠近 PTC，同时用万用表检测其电阻值是否随温度升高而增大。若阻值无变化，说明其性能变劣，不能继续使用。

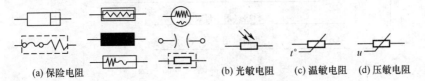

(a)保险电阻　　　(b)光敏电阻　(c)温敏电阻　(d)压敏电阻

图 1-46　各类特殊电阻电路符号

用万用表的 $R×1k$ 挡测量压敏电阻两引脚之间的正反向电阻，应均为无穷大。否则，说明漏电流大。若所测电阻很小，说明压敏电阻已损坏。

知识链接

特 殊 电 阻

光敏电阻是无结半导体器件，光照强度越强，电阻越小。其光照强度与电阻之间的关系曲线如图 1-47 所示。可以用万用表直接检测其亮阻和暗阻。其方法是：将万用表置于 $R \times 1k$ 挡，置光敏电阻于距 25W 白炽灯 50cm 远处。（其照度约为 100lx），直接测量光敏电阻的亮阻；再在完全黑暗的条件下直接测量光敏电阻的暗阻。如果亮阻为数千欧至数十欧，暗阻为数兆欧至几十兆欧，则说明光敏电阻质量良好。

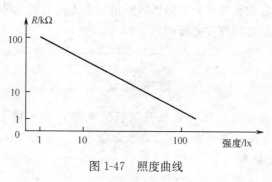

图 1-47　照度曲线

读一读

知识 2　电容器的识读与万用表检测

电容器是用来储存电荷（电能）的元件，它由两块金属片（金属电极）和中间的绝缘材料（电介质）构成，两个电极板在单位电压的作用下，每一极板上所储存的电荷量，叫做该电容器的容量，简称为电容。电容器的型号命名法如图 1-48 所示。

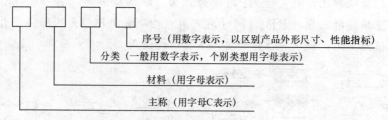

图 1-48　电容器的型号命名法

电容器在电路中具有阻止直流电流通过，而允许交流电流通过的特点。它常用于调谐回路、交流耦合电路、滤波电路、隔直流电路、交流或脉冲旁路等电路中。电容器一般用文字符号 C 来表示。表 1-7 为电容器的类别和型号标志对应表。电容器型号命名示例如图 1-49 所示。

表 1-7 电容器的类别和型号标志对应表

第一部分	主称	C：电容			
第二部分	介质材料	Z：纸介	Y：云母	C：瓷介	D：电解	T：低频瓷介
第三部分	形状结构	1/T：筒形	2/G：管形	Y：圆片形	3、4/M：密封
		X：小型	L：立式矩形		
第四部分	序号	对主称、材料特征相同，仅尺寸性能指标略有差别，但基本上不影响互换的产品给同一序号，若尺寸、性能指标的差别已明显影响互换，则在序号后面用大写字母予以区别			

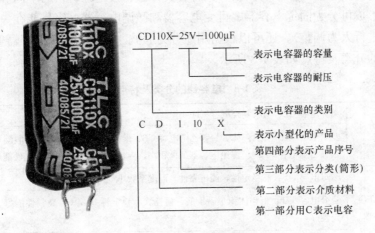

CD110X—25V—1000μF

表示电容器的容量

表示电容器的耐压

表示电容器的类别

C D 1 10 X

表示小型化的产品

第四部分表示产品序号

第三部分表示分类(筒形)

第二部分表示介质材料

第一部分用C表示电容

图 1-49 电容器型号命名示例

1. 电容器的种类

由于电子、电气设备的不同，对电容器的各种规格和种类要求也不一样，为适应不同性能的需要，各生产厂研制开发了许多种类的电容器。常见电容实物外形如图 1-50 所示。

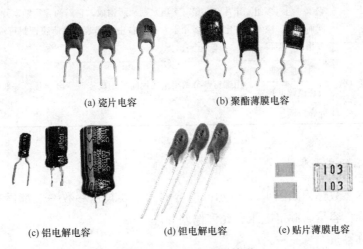

(a) 瓷片电容

(b) 聚酯薄膜电容

(c) 铝电解电容

(d) 钽电解电容

(e) 贴片薄膜电容

图 1-50 常见电容实物外形

(a) 无极性　(b) 有极性　(c) (d) (e)
中国国家标准　　　世界其他标准

图 1-51　电容器电路符号

图 1-51（a）所示为最常用的一般电容器电路符号，这种电容器的两根引脚没有正负之分，在电子电路中这种电容器的容量较小，一般为小于 $1\mu F$。图 1-51（b）所示为我国目前国标规定的有极性电容器的电路符号。在电子电路中，容量大于（等于）$1\mu F$ 的电容器采用电解电容。图中用＋号表示正极性引脚。有极性电容器要求正极引脚接电路中的高电位，负极接低电位。

电容器的种类很多，一般可归纳为两种分类方法：按绝缘材料的不同和结构形成分类。按结构形成可分为固定电容器、可变电容器和微调电容器（容量能在一定范围和较小的范围内进行人为调整）。还可以根据用途分为滤波、耦合和旁路电容器等。

电容器的分类及特点如表 1-8 所示。

表 1-8　电容器的分类及特点

固定电容器	有机介质电容器	纸介电容 CZ、薄膜复合电容 CH
		塑料电容（涤纶电容 CL、聚苯乙烯电容 CB、聚丙烯电容 CBB、聚碳酸酯电容 CLS、聚四氟乙烯电容 CBF）。涤纶电容器的体积小，容量范围大，耐热、耐潮性能好
	无机介质电容器	云母电容 CY：高稳定性，高可靠性，温度系数小
		瓷介电容/CT：低频体积小、价廉、损耗大、稳定性差；/CC 高频性能好、损耗小、稳定性好
		玻璃釉电容 CI：稳定性好、损耗小耐高温（200℃）；玻璃膜电容 CO
	电解电容器	铝电解电容 CD　容量大，有固定的极性，漏电和损耗大，宜用于电源滤波电路中
		钽电解电容 CA　体积小，容量大，性能稳定，寿命长，绝缘电阻大，温度特性好
		铌电解电容 CN　主要用于温度变化范围大，对频率特性要求高，对产品稳定性、可靠性要求严格的电路中，但价格偏高
可调电容器	密封可变	它由一组（多组）定片和一组（多组）动片所构成。它们的容量随动片组转动的角度不同而改变。空气可变电容器多用于大型设备中，聚苯乙烯薄膜密封可变电容器体积小，多用于小型设备中
	空气可变	
	半可变（微调）电容器	塑料薄膜微调 / 线绕微调电容器 / 瓷介微调　用螺钉调节两组金属片间的距离来改变电容量。一般用于振荡或补偿电路中

2. 电容器的主要参数

电容器的参数标识如图 1-52 所示。电容器的主要技术参数一般都标在电容器的表面上，包括标称容量、额定电压、允许偏差等。

（1）标称容量

电容器表面一般标明了电容器的标称容量，它反映电容器外加电压后储存电荷的能

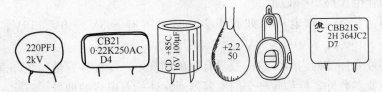

图 1-52　各类电容器参数标识

力。在电压不变的条件下，电容器储存电荷的多少决定这个电容器电容量的大小。固定电容器标称容量系列如表 1-9 所示。

电容器的标称电容量用单位法拉（F）表示，但在实际中，法拉（F）是很大的单位，所以电容器的单位常用微法（μF）、纳法（nF）和皮法（pF）。

换算关系：$1F = 10^6 \mu F = 10^9 nF = 10^{12} pF$。

表 1-9　固定电容器标称容量系列

标称值系列	允许偏差	标称容量系列
E24	±4%～5%	1.0，1.1，1.2，1.3，1.5，1.6，1.8，2.0，2.2，2.4，2.7，3.0，3.3，3.6，3.9，4.3，4.7，5.1，5.6，6.2，6.8，7.5，8.2，9.1
E12	±10%	1.0，1.2，1.5，1.8，2.2，2.7，3.3，3.9，4.7，5.6，6.8，8.2
E6	±20%	1.0，1.5，2.2，3.3，4.7，6.8

（2）允许偏差（精度）

同样用百分比来表示。一般偏差要求有对称性和不对称性偏差两大类。精密的电容器偏差能达到 0.001%。常用的非对称性偏差是 Z 为 +80%～-20%，也就是正偏差大于负偏差要求，普遍采用的允许偏差还是 Ⅰ、Ⅱ、Ⅲ 共 3 个精度要求。也就是用 J 表示一级偏差为 ±5%、K 表示二级偏差为 ±10%、M 表示三级偏差为 ±20% 等来表示。另外一般电容的容量在 10pF 以下时用绝对偏差表示精度。绝对偏差符号是用 B 代表 ±0.1%pF，C 代表 ±0.2%pF，D 代表 ±0.5%pF，F 代表 ±1%pF。表 1-10 为电容器偏差标志符号对照表。

表 1-10　电容器偏差标志符号对照表

偏差	+100%～0	+100%-10%	+50%～-10%	+30%～-10%	+50%～-20%	+80%～-20%
字母	H	R	T	Q	S	Z

（3）额定电压

额定工作电压是指在规定的环境温度下，电容器可连续长期工作所能承受的最高电压值。通常也称为耐压值，用伏（V）表示。电容的额定电压一般是指直流工作电压，也有少数品种标以交流额定电压（V）。

在实际使用中，电容器承受的工作电压不能超过额定工作电压，否则电容器内部的绝缘材料将被击穿，导致短路。为了避免因电容器击穿造成电路故障，在选用电容器的额定电压时应高于电路中的实际工作电压，并应有足够的余量，一般选择电容器的额定电压应比工作电压高 10%以上。

电容器的额定工作电压系列有很多，常见的有 6.3V、10V、16V、25V、50V、63V、100V、160V、250V、400V、1600V、2000V 等。

电容器外壳标注的内容多少一般没有明确的规定，除标称容量、允许偏差及额定电压这三项主要参数外，标称较齐全的电容器通常还标有电容的型号、商标、工作温度及制造日期等。要想正确地识别电容器的主要参数，就必须掌握电容器参数的标志方法。

3. 标志方法

（1）直标法

它与电阻器的直标法类似，直接标明电容器的容量及单位，甚至偏差及耐压，识别比较容易，如图 1-53 （a）所示。但是很大部分电容器的表面上，没有标明单位，而只有数字标志，这些数字一般标志为整数和小数两种形式。

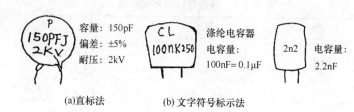

图 1-53　电容器的直标法和文字符号标示法

1）当电容器表面标明的是整数（而这些整数是 1 位整数、2 位整数或 4 位整数）并且在数字的后面没有单位符号时，其单位为 pF，如图 1-54 （a）、（b）、（c）所示。

2）当电容器标明的数字是小数时（2～4 位数的小数），其单位为 μF，如图 1-54 （d）所示。

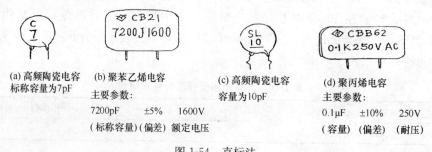

图 1-54　直标法

（2）文字符号标志法

用单位的文字符号（pF 的单位文字符号为 p，nF 文字符号为 n，μF 的单位文字符号为 μ）和数字按一定规律排列来表示标称容量的方法，称为文字符号法，如图 1-53 （b）所示。

单位文字符号（p、n、μ）前面的数为整数部分，单位文字符号后面的数为小数部分，单位文字符号（p、μ）表示小数点和单位，如表 1-11 所示。

例如：82p 表示 82pF，$4\mu 7$ 表示 $4.7\mu F$，3p3 表示 3.3pF。

表 1-11　电容器文字符号法示例

电容量	标注方法	电容量	标注方法
0.1pF	p1	$1\mu F$	1μ
0.56pF	p56	$5.6\mu F$	$5\mu 6$
1pF	1p	$33\mu F$	33μ
5.6pF	5p6	$560\mu F$	560μ
100pF	100p	$1000\mu F$	1m
1000pF	1n	$5600\mu F$	5m6
3300pF	3n3	$33\times 10^3 \mu F$	33m

（3）数码标志法

用数字表示主要参数的方法。前面的两位数为有效值，第三位数为零的个数（或倍率 10^n），如图 1-55 所示。

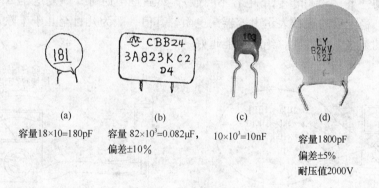

(a)　　　　　　(b)　　　　　　(c)　　　　　　(d)

容量18×10=180pF　容量 $82\times 10^3=0.082\mu F$，　$10\times 10^3=10nF$　　容量1800pF
　　　　　　　偏差±10%　　　　　　　　　　　　　　　　偏差±5%
　　　　　　　　　　　　　　　　　　　　　　　　　　　　耐压值2000V

图 1-55　数码标志法示例

（4）色标法

电容器的色标法原则上与电阻器的色标法相同。顺着引线方向，第一、二环表示有效值，第三环表示倍乘。个别也用色标法表示电解电容的工作电压，如棕色表示 6.3V、红色表示 10V、灰色表示 16V，色点一般标在正极一边，目前，电容器的色标法使用很少。

电容器的标志方法中，还存在一些易混淆的标志，如图 1-56 所示。

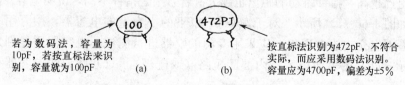

若为数码法，容量为　　　　　　　　按直标法识别为472pF，不符合
10pF，若按直标法来识　　　　　　　实际，而应采用数码法识别。
别，容量就为100pF　　(a)　　(b)　容量应为4700pF，偏差为±5%

图 1-56　极易混淆的标识

微调电容器主要在早期收音机或电子仪器设备中使用，一般标志方法是容器的容量调整范围，如图 1-57（a）所示。

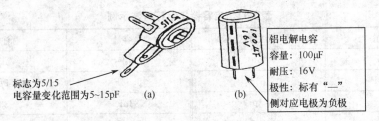

标志为5/15
电容量变化范围为5~15pF　　　（a）　　　　　（b）

铝电解电容
容量：100μF
耐压：16V
极性：标有"—"
侧对应电极为负极

图 1-57　电容标注示例

4. 电容器的万用表简单测试

电容器的常见故障是击穿短路、断路、漏电、容量变小、变质失效及破损。对电容器内部质量的好坏，可以用仪器检查。常用的仪器有万用表、数字电容表、电桥等。

（1）固定电容器漏电阻的判别

测量挡位选择如图 1-58 所示。用万用表表笔接触电容器的两极，表头指针应向顺时针方向跳动一下（5000pF 以下电容不明显），然后逐渐逆时针恢复退至 $R=\infty$ 处。如果不能复原，稳定后的读数表示电容器漏电阻，其值一般为几百至几千千欧，阻值越大表示电容器的绝缘电阻越大，绝缘性能越好。

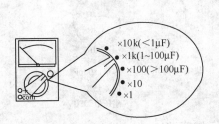

×10k(<1μF)
×1k(1~100μF)
×100(>100μF)
×10
×1

图 1-58　万用表测电容器挡位选择

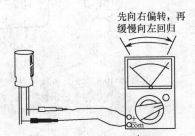

先向右偏转，再缓慢向左回归

图 1-59　万用表测电容器示意图

（2）电容器容量的判别

5000pF 以上的电容器，可用万用表粗略判别其容量大小。万用表测电容器示意图如图 1-59 所示。用表笔接触电容器两极时，表头指针应先一跳，再逐渐复原。将两表笔对调，表头指针又是一跳，且跳得更高而又逐渐复原。电容器容量越大，指针跳动越大，复原的速度越慢。根据指针跳动的大小可粗略判断电容器容量的大小。同时，所用万用表电阻挡越高，指针跳动的距离也越大。若万用表指针不动，说明电容器内部断路或失效，如图 1-60（a）所示。对于 5000pF 以下的小容量的电容器，用万用表的最高电阻挡已看不出充、放电现象，应采用专门的仪器进行测试。电容器质量判别方法见图 1-60所示。（b）图表明电容器内部已短路（或碰极），（c）图说明电容器存在漏电现象。

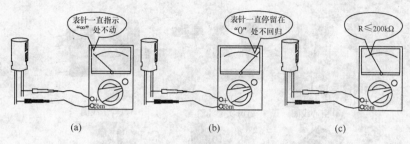

图 1-60   电容器质量判别示意图

（3）电解电容器极性的判别

根据电解电容器正接时漏电小、反接时漏电大的特性可判别其极性。测试时，先用万用表测一下电解电容器漏电阻值，再将两表笔对调，测一下对调后的阻值，两次测试中漏电阻大的一次，黑表笔接的是正极，红表笔接的是负极。

（4）可变电容器的检测

对可变电容器主要是测其是否发生碰片短路现象。方法是用万用表的电阻挡 R×1 测量动片与定片之间的绝缘电阻，即用红、黑表笔接触动片、定片，然后慢慢旋转动片，如转到某一位置时，阻值为零，表明有碰片现象，若排除不了，应予以更换。

5．电容器的代用原则

使用电解电容器时，要注意正负极不要接反。代用时，一般要保证电容器的容量、耐压、耐温基本相同，稍大容量的可以代替稍小容量的。在高频电路中的电容，替换时一定要考虑频率特性应满足电路的频率要求。不能用有极性电解电容代替无极性电解电容。

想一想

1．电容器有哪些主要参数？其参数标识方法有哪些？
2．简述用万用表对电容器简单测试的步骤与过程。

读一读

知识 3   电感器的识读与万用表检测

电感器一般是由线圈构成的元器件，它是一种依靠线圈本身的自感作用或线圈之间的互感作用，也就是根据电磁感应的原理而工作的，所以电感器也称为线圈或电感线圈。电感器用符号 L 表示。图 1-61 为各类电感实物外形。

电感器是一种非线性元件，可以储存磁能。由于通过电感的电流值不能突变，所以，电感对直流电流短路，对突变的电流呈高阻态。电感器在电路中的基本用途有 LC 滤波器、LC 振荡器、扼流圈、变压器、继电器、交流负载、调谐、补偿、偏转等。

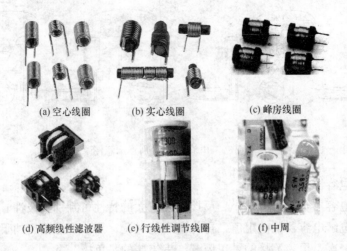

(a) 空心线圈   (b) 实心线圈   (c) 峰房线圈

(d) 高频线性滤波器   (e) 行线性调节线圈   (f) 中周

图 1-61　各类电感实物外形

1. 电感器的分类和型号命名方法

1）按结构分为空心电感线圈 　⁓⁓⁓⁓⁓ 、磁心电感线圈 　⁓⁓⁓⁓⁓ 、铁心线

圈 　⁓⁓⁓⁓⁓ 和铜心线圈 　⁓⁓⁓⁓⁓ 　。电子整机中的常见电感器如图 1-62 所示。

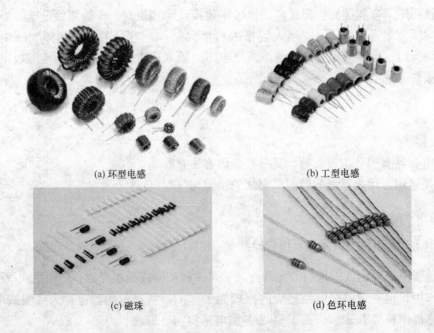

(a) 环型电感   (b) 工型电感

(c) 磁珠   (d) 色环电感

图 1-62　电子整机中的常见电感器

2）按工作频率分为高频电感、中频电感和低频电感。

3）按用途可分为振荡线圈、阻流圈、偏转线圈、行线性调整线圈、行输出（回扫）变压器、电流变压器，还包括音频滤波器和高频滤波器等电感线圈。

4）按绕线结构分类。①单层线圈：这种线圈电感量小，通常用在高频电路中，要求它的骨架具有良好的高频特性，介质损耗小；②多层线圈：多层线圈可以增大电感量，但线圈的分布电容也随之增大；③峰房线圈：峰房线圈在绕制时导线不断以一定的偏转角在骨架上偏转绕向，这样可大大减小线圈的分布电容。

5）按外形分类：空心线圈与实心线圈。

6）按工作性质分类：高频电感器（各种天线线圈、振荡线圈）和低频电感器（各种扼流圈、滤波线圈等）。

7）按封装形式分类：普通电感器、色环电感器、环氧树脂电感器、贴片电感器等。

8）按电感量是否能变化分类：固定电感器和可调电感器。

总之，电感器可简单分为两大类：一是固定电感，应用自感现象的电感线圈，如图 1-63（a）所示，二是应用互感现象的变压器，如图 1-63（b）、（c）所示，包括可变电感、微调电感器和各种不同的变压器。

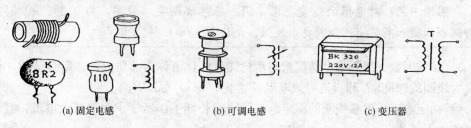

(a) 固定电感   (b) 可调电感   (c) 变压器

图 1-63   固定电感和可调电感

电感器的型号命名方法如图 1-64 所示。变压器型号命名方法如图 1-65 所示。

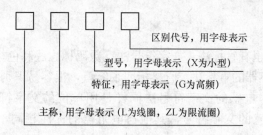

区别代号，用字母表示

型号，用字母表示（X为小型）

特征，用字母表示（G为高频）

主称，用字母表示（L为线圈，ZL为限流圈）

图 1-64   电感线圈型号命名

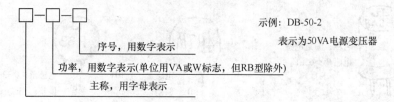

示例：DB-50-2
表示为50VA电源变压器

序号，用数字表示

功率，用数字表示(单位用VA或W标志，但RB型除外)

主称，用字母表示

图 1-65   变压器型号命名

2. 电感器的主要技术参数

1）标称电感量 L。电感量 L 也称为自感系数，是表示电感线圈自感应能力的一种物理量。当通过某一面积的磁感线数（线圈的磁通）发生变化时，线圈中便会产生感应电势，这是电磁感应现象。当线圈中通过变化的电流时，线圈产生变化的磁通，线圈两端便产生感应电势，这便是自感现象。

电感线圈的圈数越多，线圈直径越大，电感量也就越大，并且电感量的大小与导磁材料也有一定的关系。

电感量 L 的单位为亨利（H），简称为亨，但亨（H）是较大的单位，所以常用微亨（μH）和毫亨（mH）来作电感的单位，其换算关系为 $1H = 1 \times 10^3 mH = 1 \times 10^6 \mu H$，$1000 \mu H = 1mH$。电子技术中常用微亨（$\mu$H）这个单位。

2）精度要求（偏差）用百分比（％）表示。电感器的偏差要求，一般用Ⅰ、Ⅱ、Ⅲ这 3 个等级，同样用文字符号 J 表示±5％，K 表示±10％，M 表示±20％。

> ☀ 注意
>
> 　　用途不同，对电感的精度要求不同：振荡线圈要求较高，为 0.2％～0.5％，对耦合线圈和高频扼流线圈要求较低，允许 10％～15％。

3）品质因数。线圈中存储能量与消耗能量的比值称为品质因数，用 Q 表示，通常定义为线圈的感抗 ωL 和直流等效电阻 R 之比，即 $Q = \omega L / R$。

4）额定电流。电感线圈的额定电流指线圈长期工作所能承受的最大电流，其值与材料和加工工艺有关。

5）分布电容。线圈的匝间、线圈与底座之间均存在分布电容。它影响着线圈的有效电感量及其稳定性，并使线圈的损耗增大，质量降低，一般总希望分布电容尽可能小。

3. 标志方法

电感的标志方法也有直标法、文字符号法、数码标志法和色标法等几种。

1）直标法。电感器的直标法，直接标明了容量，很容易识别，如图 1-66 所示。

2）文字符号法。电感的文字符号法同样是用单位的文字符号表示，当其单位为 μH 时，用 R 作为电感的文字符号，其他与电阻器的标注相同，单位用 μH 表示，如图 1-67 所示。

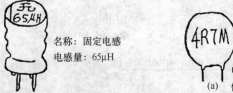

图 1-66　直标法示意图

图 1-67　文字符号法示意图

3）数码标志法。电感的数码标志法与电阻器一样，前面的两位数为有效数，第三位数为零的个数或倍率（10^n），单位为 μH，如图 1-68 所示。

名称：固定电感

电感量：22μH

或$22×10^0=22×1μH$

偏差：±5%

电感量为6800μH

或$68×10^2=68×100$

$=6800μH$

$=6.8mH$

偏差：±10%

图 1-68　数码标志法

4）色标法。电感器的色标法多数采用色环标志法，色环代表的数和判断方向同电阻，如图 1-69 所示。色环电感中前面两条色环代表的数为有效值，第三条色环代表的数为零的个数或倍率（10^n）。

名称：色环电感

电感量2.7μH

或$27×10^{-1}$

$=2.7×0.1$

$=2.7μH$

红紫金

(a) 3色环电感

也可用无色表示偏差要求，无色为±20%

棕灰黑银

(b) 4色环电感

图 1-69　色标法示意图

4. 电感器的万用表简单测试

使用万用表可以对电感器的好坏进行简单测试，其方法是用万用表的欧姆挡测试电感线圈的直流电阻值，若所测得电阻与估计数值偏差不大，则说明电感器是好的，若测得电阻值为∞，则说明电感线圈内部断路，若测得直流电阻值远小于估计值，则说明被测线圈内部匝间击穿短路，不能使用。要想测出电感线圈的准确电感量，则必须使用万用电桥、高频 Q 表或数字式电感电容表一类的仪器。

想一想

1. 电感器有哪些主要参数？电感器的参数标志方法有哪些？
2. 电感器的标称电感量有几种标注方式？

做一做

实训 1　电阻、电容与电感器的识读与检测

1. 实训目的

1）了解电阻、电容以及电感器的相关知识。
2）掌握用万用表检测电阻、电容、电感器的方法。

2. 所需仪器和材料

MF47 型万用表一块、不同型号的电阻、电容及电感器若干。

3. 实训内容和步骤

1）电阻的识读与万用表检测。取不同色环的四环和五环电阻各 10 只，识读色环并

把色环颜色、标称阻值和万用表所测结果等参数记入表 1-12 中。

表 1-12 识读与测量色环电阻结果

识读电阻器			万用表检测电阻		
从左到右各色环颜色	标称阻值	标称功率	万用表挡位	所测阻值	阻值是否在误差范围之内

*注：要求达到测量快速准确，区分正确。学生之间可相互交换电阻，反复练习识别速度。

  2）电容器容量的识读与万用表检测。选用不同标称容量的各类电容器 10 只，识读电容的容量和耐压值等参数，并用万用表进行电容器的质量判别，把各项结果填入表 1-13 中。

表 1-13 识读电容器参数和检测电容器数据

识读电容器			万用检测电容器	
标称容量	额定工作电压	所用绝缘材料分类	万用表所用挡位	检测结果

*注：万用表的电容器质量判别是检测电容充放电情形和漏电阻，结果可填"是否合格"。

  3）电感器的识别和检测。识读多个电感器外形及型号含义。用万用表测量电感器的线圈内阻，将结果填入表 1-14 中。

表 1-14 电感器的识读与万用表的检测结果

标志方法	标称电感量	精 度	电感器的内阻粗测值

4. 实训报告

整理各项实训记录。检查在每项检测过程中，挡位选取是否正确无误。

议一议

1. 测量电阻阻值时，若不注意电子调零，会发生何种情形？
2. 电容器的漏电阻与电容器的容量及质量有何关联性？

读一读

知识 4   二极管的识读与万用表检测

1. 半导体基本知识

导电能力介于导体和绝缘体之间的物质称半导体，半导体除了在导电能力方面与导体和绝缘体不同外，还具有导电能力受温度、杂质、光照等影响很大的特性。当半导体受到外界热或光照时，其导电能力将发生显著变化；在纯净的半导体中掺入微量的杂质，其电阻率会显著减小。半导体之所以具有这些特性，是由于它的原子结构不同于其他物质的缘故。

半导体理论证实，在半导体中存在两种导电的带电物体：一种是带负电的自由电子（有时简称为电子），另一种是带正电的空穴，它们在外电场的作用下都有定向移动的效应，都能运载电荷形成电流，通常称为载流子，如图 1-70 所示。这种导电方式是半导体导电的本质，也是与金属导电的本质区别。金属导体内载流子只有一种，就是自由电子，但数目很多，远远超过半导体中载流子的数量，所以金属导体的导电性能比半导体好。

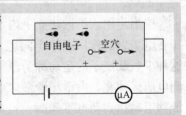

图 1-70   半导体的两种载流子

（1）半导体的分类
半导体根据内部两种载流子数量分布情况，分为以下三种类型。
1）本征半导体。纯净的半导体（或单晶体）即叫本征半导体。其内部空穴的数量和自由电子数量相等。例如，硅单晶体、锗单晶体。
2）N 型半导体。又称为电子型半导体，其内部自由电子数量多于空穴数量，即自由电子是多数载流子，而空穴是少数载流子。例如，在硅单晶体中，加入微量 5 价磷元素，可得到 N 型硅。

3）P 型半导体。又称空穴型半导体，其内部空穴数量多于自由电子数量，即空穴是多数载流子，自由电子是少数载流子。例如，在硅单晶体中加入微量的 3 价硼元素，可得到 P 型硅。

（2）PN 结的形成

把 P 型半导体和 N 型半导体用一定的工艺结合在一起，它们在交界面会形成一特殊薄层，称为 PN 结。PN 结是构成各种半导体器件的基础。

当 P 型半导体和 N 型半导体结合在一起时，由于两部分半导体中电子和空穴的浓度相差很大，在两种半导体的结合面上，存在着扩散与漂移两种运动。P 区的多数载流子空穴向空穴很少的 N 区扩散，与 N 区的多数载流子电子复合；同样，N 区的多数载流子电子也必然向电子很少的 P 区扩散，如图 1-71（a）所示。这种由于载流子浓度差而形成的定向运动称为扩散运动。其结果是，在交界面 P 区一侧由于流走了空穴，剩下负离子，因而形成带负电荷的薄层；同时，在交界面的 N 区一侧由于流走了电子，剩下正离子，因而形成带正电荷的薄层。于是，在交界面的两侧形成了一个空间电荷区，称为 PN 结，如图 1-71（b）所示。

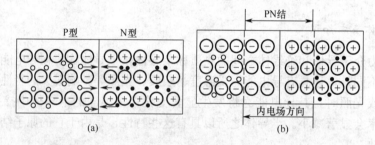

图 1-71　PN 结的形成

应当指出，扩散建立了内电场，该电场不但阻止扩散的继续进行，而且使少数载流子在电场力的作用下作定向运动，即使 N 区的空穴移向 P 区，P 区的电子移向 N 区。这种少数载流子的运动称为漂移。可见扩散运动和漂移运动的方向是相反的，扩散使空间电荷区加宽，内电场增强，而漂移则使空间电荷区变窄，内电场减弱。只有在扩散和漂移运动达到动态平衡时，空间电荷区和内电场均不再改变。此时的空间电荷区就是 PN 结。

（3）PN 结的单向导电性

1）加正向电压 PN 结导通。当 P 区加正电压，N 区加负电压时，叫做 PN 结加正向电压，或称正偏置，如图 1-72（a）所示。这时，外电场的方向与 PN 结内电场的方向相反，从而内电场被削弱，破坏了原来扩散与漂移的动态平衡，使扩散运动加强。即在外电场的作用下，多数载流子源源不断地通过 PN 结，形成较大的扩散电流，称为正向电流。这时 PN 结的电阻很小，称为正向导通。

2）加反向电压 PN 结截止。P 区接电源负极，N 区接电源正极，这时 PN 结上加反向偏置电压，如图 1-72（b）所示。这时，外电场的方向与内电场的方向一致，从而加强了内电场，使空间电荷区变宽，使扩散运动几乎停止，而漂移运动却增强了，形成漂移电流，称为反向电流。由于漂移电流是少数载流子形成的，数量很少，所以电流很小，即 PN 结电阻很大，视为反向截止。

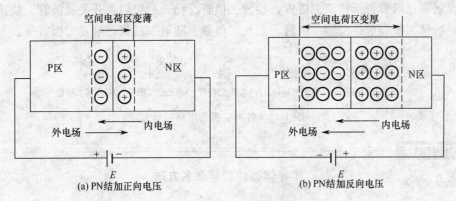

图 1-72　PN 结单向导电性

PN 结具有单向导电性可以归结为：外加正向电压时，PN 结导通；外加反向电压时，PN 结截止。这一特性是半导体器件的重要基础。

2. 二极管的结构和分类

半导体二极管也称晶体二极管（以下简称二极管），它具有 1 个 PN 结，如图 1-73（a）所示。它是将一个 PN 结的 P 区和 N 区分别焊上电极引线，再用外壳封装起来而成的。接 P 区的电极叫做正极，接 N 区的电极叫做负极。二极管的文字符号为"VD"或"D"，二极管的一般电路符号如图 1-73（d）所示，箭头所指方向为二极管正向导通时电流的方向。

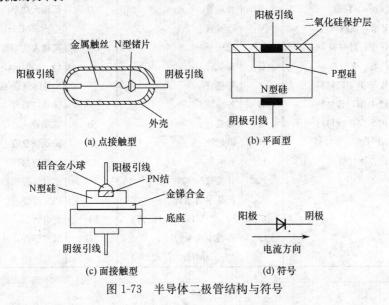

图 1-73　半导体二极管结构与符号

各类二极管电路符号如图 1-74 所示。二极管的分类方法很多，一般有以下几种。

1）按半导体材料分，有硅二极管、锗二极管、砷化镓二极管等。

2）按 PN 结的结构面积分，有点接触型、面接触型、平面型等，如图 1-73 所示。

3）按用途分，有检波、混频、开关、稳压、整流、光电、发光、变容、阻尼等二极管。普通二极管包括整流二极管、检波二极管、稳压二极管、开关二极管、快速二极管等；特殊二极管包括变容二极管、发光二极管、隧道二极管、触发二极管等。

(a)整流二极管　(b) 稳压二极管　(c) 发光二极管　(d)光电二极管　(e)变容二极管

图 1-74　各类二极管电路符号

知识链接

半导体器件型号命名方法

国产半导体器件的型号由五部分组成，第一部分用数字表示半导体管的电极数目，2 表示二极管（"2"代表 2 个电极），3 表示三极管，第二部分用汉语拼音字母表示半导体器件的材料和极性，第三部分用汉语拼音字母表示半导体管的类别。第四部分用数字表示半导体器件的序号。第五部分用汉语拼音字母表示区别代号。场效应管、半导体特殊器件、复合管、PIN 型管、激光器件的型号只有第三、四、五部分而没有第一、二部分。第二、三部分的各字母及其意义如表 1-15 所示。

表 1-15　第二、三部分各字母及其意义

第二部分		第三部分			
字母	意义	字母	意义	字母	意义
A	N 型，锗材料	P	普通管	D	低频大功率
B	P 型，锗材料	V	微波管		（f_a<3MHz，P_c≥1W）
C	N 型，硅材料	W	稳压管	A	高频大功率管
D	P 型，硅材料	C	参量管		（f_a≥3MHz，P_c≥1W）
A	PNP 型，锗材料	Z	整流管	T	半导体流管（或控整流器）
B	PNP 型，锗材料	L	整流堆	Y	体效应器件
C	PNP 型，硅材料	S	隧道管	B	雪崩管
D	NPN 型，硅材料	N	阻尼管	J	阶跃恢复管
E	化合物材料	U	光电器件	CS	场效应器件
		K	开关管	BT	半导体特殊器件
		X	低频小功率管	PIN	PIN 型管
			（f_a<3MHz，P_c<1W）	FH	复合管
		G	高频小功率管	JG	激光器件
			（f_a≥3MHz，P_c<1W）		

国产二极管命名示例如图 1-75 所示。

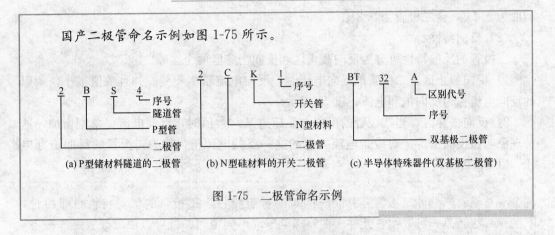

图 1-75　二极管命名示例

3. 二极管的伏安特性

二极管的伏安特性是指二极管两端所加电压与通过它的电流之间的关系，通常用曲线形象地表示这种关系，叫做伏安特性曲线。

图 1-76 分别画出了硅和锗二极管的伏安特性曲线。各种不同型号的二极管伏安特性曲线都具有类似的形状。

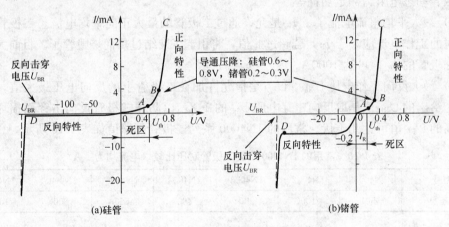

图 1-76　硅和锗二极管的伏安特性曲线

（1）正向特性

二极管的正向特性可分为以下几个区域。

1）死区。当外加电压为零时，电流 I 为零，外加正向电压较小时，电流也几乎为零。只有当正向电压超过某一数值时，才有明显的正向电流出现，这个电压数值称为死区电压或门限电压，以 U_{th} 表示。正向电压小于 U_{th} 的部分称为死区。

硅二极管的 U_{th} 约为 0.5V，锗二极管的 U_{th} 约为 0.2V。

2）正向导通区。当外加电压大于死区电压后，管子处于高导通状态，这时正向电压有微小变化就会导致正向电流的很大变化，曲线陡直上升，二极管呈现的电阻很小。二极管进入正向导通区的正向电压称为正向导通电压。硅二极管的正向导通电压一般近似取为 0.7V，锗二极管为 0.3V。

（2）反向特性

二极管的反向特性可分为反向截止区和反向击穿区两个区域。

1）反向截止区。二极管加反向电压时，反向电流基本不变，并且数值很小，所以此反向电流称为反向饱和电流，以 I_R 表示。

2）反向击穿区。当二极管的反向电压超过某一数值时，反向电流将急剧增加，这种现象叫做反向击穿。对应于电流突变的这一点的电压值，称为二极管的反向击穿电压，以 U_{BR} 表示。

总结： 半导体二极管具有明显的单向导电特性。二极管的伏安特性是非线性的，二极管是一种非线性元件。在外加电压取不同值时，就可以使二极管工作在不同的区域，从而充分发挥二极管的作用。

4. 二极管的参数

描述二极管的主要参数有最大平均整流电流 I_F、最大反向工作电压 U_{RM}、反向电流 I_R、工作频率、反向恢复时间。稳压管的主要参数有稳定电压、稳定电流、电压温度系数、动态电阻、额定功耗等。

1）最大平均整流电流 I_F。I_F 是允许通过二极管的最大正向平均电流。二极管长期运行时的工作电流应小于 I_F，若超过此值，将引起 PN 结过热而烧毁管子。目前大功率整流二极管的 I_F 值可达 1000A。

2）最大反向工作电压 U_{RM}。U_{RM} 是指允许加在二极管上的反向电压最大值。一般手册上给出的 U_{RM} 值是取反向击穿电压 U_{BR} 的 1/2，以防止二极管反向击穿而损坏。目前最高的 U_{RM} 值可达几千伏。常用的 1N4000 系列二极管耐压值如表 1-16 所示。

表 1-16　常用的 1N4000 系列二极管耐压比较（电流均为 1 A）

型号	1N4001	1N4002	1N4003	1N4004	1N4005	1N4006	1N4007
耐压/V	50	100	200	400	600	800	1000

3）反向电流 I_R。I_R 是指二极管在规定的反向电压和环境温度下的反向电流，其值越小，则管子的单向导电性越好。

4）最高允许工作频率 f_M。f_M 是指二极管工作频率的上限值（超过某一值时，它的单向导电性将变差），它主要由 PN 结电容的大小决定。点接触式二极管的 f_M 值较高，在 100MHz 以上；整流二极管的 f_M 较低，一般不高于几千赫兹。

整流二极管的结构主要是平面接触型，其特点是允许通过的电流比较大，反向击穿电压比较高，但 PN 结电容比较大，一般广泛应用于处理频率不高的电路中。例如整流电路、嵌位电路、保护电路等。

整流二极管在使用中主要考虑的问题是最大整流电流和最高反向工作电压应大于实际工作中的值。

5.二极管的万用表简单检测

利用二极管在正偏和反偏时电阻不同的特性，可以判别二极管的正负极。

如图 1-77 所示，当用万用表测量二极管时，如电阻为几百欧左右（锗管为几百欧左右，硅管为 4～5 千欧），则可判定与万用表的黑表笔连接的一端为二极管的正极；反之，如电阻为几百千欧以上，则可判定与万用表的黑表笔连接的一端为二极管的负极。

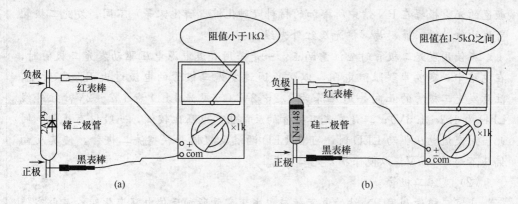

图 1-77 二极管极性的判别（正向电阻检测）

在电路中，二极管一般容易发生短路现象。图 1-78 为二极管质量判别示意图。

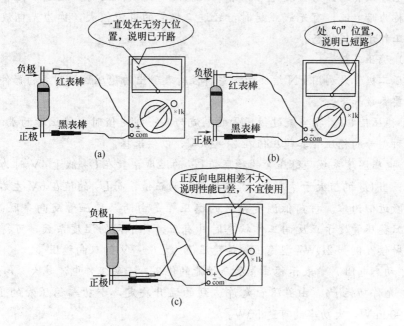

图 1-78 二极管质量判别示意图

知识链接

特殊二极管

（1）发光二极管

发光二极管和普通二极管一样，管芯也是由一个 PN 结组成的，也具有单向导电性。所不同的是当发光二极管正向偏置时，正向电流达到一定值时能发出某种颜色的光。根据在 PN 结中所掺加的材料（砷化镓、磷化镓等）不同，发光二极管可发出红、绿、蓝、黄、橘光及红外光线。

在使用发光二极管时应注意两点：一是若用直流电源电压驱动发光二极管时，在电路中一定要串联限流电阻，以防止通过发光二极管的电流过大而烧坏管子，注意发光二极管的正向导通压降为 1.2～2V（可见光 LED 为 1.2～2V，红外线 LED 为 1.2～1.6V）；二是发光二极管的反向击穿电压比较低，一般仅有几伏。因此当用交流电压驱动 LED 时，可在 LED 两端反极性并联整流二极管，使其反向偏压不超过 0.7V，以便保护发光二极管。

（2）变容二极管

变容二极管利用 PN 结的电容效应。当变容管所加反偏电压变化时，其电容值随之变化，反向电压越高，电容值越小。

（3）光电二极管

光电二极管的作用与发光二极管相反。没有光线照射时，流过二极管的电流很小，称为暗电流。有光线照射时，经过二极管的电流较大，称为光电流。光电二极管工作于反偏状态。

（4）稳压二极管

稳压二极管是利用 PN 结反向击穿特性所表现出的稳压性能制成的器件。稳压管的主要参数如下。

1）稳压值 U_Z。指当流过稳压管的电流为某一规定值时，稳压管两端的压降。目前各种型号的稳压管其稳压值在 2～200V，以供选择。

2）电压温度系数。稳压管的稳压值 U_Z 的温度系数在 U_Z 低于 4V 时为负温度系数值；当 U_Z 的值大于 7V 时，其温度系数为正值；而 U_Z 的值在 6V 左右时，其温度系数近似为零。目前低温度系数的稳压管是由两只稳压管反向串联而成的，利用两只稳压管处于正反向工作状态时具有正、负不同的温度系数，可得到很好的温度补偿。例如 2DW7 型稳压管是稳压值为 ±6～7V 的双向稳压管。

3）动态电阻 r_Z。表示稳压管稳压性能的优劣，一般工作电流越大，r_Z 越小。

4）允许功耗 P_Z。由稳压管允许达到的温升决定，小功率稳压管的 P_Z 值为 100～1000mW，大功率的可达 50W。

5）稳定电流 I_Z。测试稳压管参数时所加的电流。实际流过稳压管的电流低于 I_Z 时仍能稳压，但 r_Z 较大。

1. 半导体二极管有何特性？普通二极管按用途分有哪几种？

2. 试列举二极管在正常工作时，处于正向导通状态和处于反向偏置状态二极管的例子。

3. 如何用万用表判断半导体二极管的质量好坏？

知识5　晶体三极管的识读与万用表检测

晶体三极管可分为双极型三极管（简称 BJT）、场效应管（FET）和光电三极管。晶体三极管通常是指对信号有放大和开关作用的，具有 3 个或 4 个电极的半导体器件。

目前晶体三极管分为两大类：结型晶体管和场效应晶体管。前者即日常所说的三极管或晶体管（双极型 BJT 管），主要是由电子和空穴两种载流子同时起作用的，后者又分为结栅场效应晶体管、金属—氧化物半导体场效应管及肖特基势垒场效应晶体管，这类晶体管为大多数载流子起作用，习惯上又称为单极晶体管。

1. 双极型三极管的结构与分类

双极型三极管按照结构工艺分类，有 PNP 和 NPN 型；按照制造材料分类，有锗管和硅管；按照工作频率分类，有低频管和高频管；一般低频管用于处理频率在 3MHz 以下的电路中，高频管的工作频率可以达到几百兆赫。按照允许耗散的功率大小分类，有小功率管和大功率管；一般小功率管的额定功耗在 1 瓦以下，而大功率管的额定功耗可达几十瓦以上。

BJT 三极管按工作频率、开关速度、噪声电平、功率容量及其他性能分，有低频小功率、低频大功率、高频低噪声、微波低噪声、高频大功率、高频小功率、超高速开关、功率开关、高速功率开关等类型。三极管在电路中的符号是"VT"或"Q"或"V"。双极型三极管命名方法如图 1-79 所示。部分双极型三极管外形如图 1-80 所示。

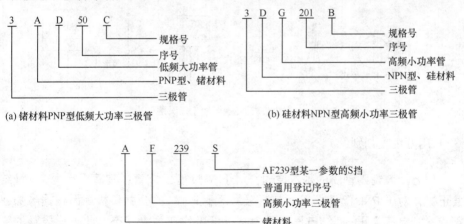

(a) 锗材料PNP型低频大功率三极管

(b) 硅材料NPN型高频小功率三极管

(c) 国际电子联合会半导体器件型号命名方法示例

图 1-79　双极型三极管命名法

图 1-80 双极型三极管外形

图 1-81 所示为 BJT 三极管的结构示意图。由图可见，双极型三极管具有两个相距很近的 PN 结：发射结（e 结）和集电结（c 结）。两个 PN 结将三极管分成 3 个区：发射区、基区和集电区。由 3 个区分别引出电极：发射极 e、基极 b、集电极 c。发射区和基区之间的 PN 结，称为发射结；集电区与基区之间的 PN 结，称为集电结。图 1-82 为双极型三极管的电路符号。

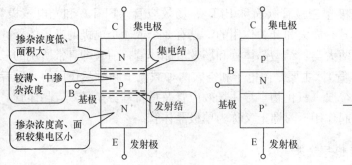

图 1-81 BJT 三极管的结构示意图

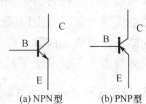

图 1-82 双极型三极管的电路符号

2. 双极型三极管的判断和选用

用万用表测小功率管时，一般选用 R×1k 挡；测大功率管时，可选用 R×10 挡。

（1）双极型三极管管脚和质量的判断

1）根据管脚排列识别。对于等腰直角三角形排列，直角顶点是基极，靠近管帽边沿的电极为发射极，另外一个电极是集电极。有些管子的管脚排列成直线，但距离不相等，孤立的电极为集电极，中间的为基极，另一个为发射极。对半圆形塑封三极管，让球面向上，管脚朝自己，则从左到右依次是集电极，基极和发射极，如图 1-83 所示。

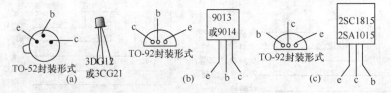

图 1-83 三极管管脚识别

2）用万用表判别。

用万用表判别管脚的基本原理：对于 NPN 型三极管，其基极是两个 PN 结的公共正极，对于 PNP 型三极管，其基极是两个 PN 结的公共负极。而根据当加在三极管的 e 结电压为正，c 结电压为负，三极管工作在放大状态，此时三极管的穿透电流较大，r_{BE}（e 结电阻）较小的特点，可以判别出三极管的发射极和集电极。

　　首先应判断管子的基极和管型。测试时，假设某一管脚为基极，将万用表拨在 R×100 或 R×1k 挡上，用黑表笔接触三极管某一管脚，用红表笔分别接触另外两管脚，若测得的阻值相差很大，则原先假设的基极不是基极，需另外假设。若两次测得的阻值都很大，则该极可能是基极，此时再将两表笔对换继续测试，若对换表笔后测得的阻值都较小，则说明该电极是基极，且此三极管为 PNP 型。同理，黑表笔接假设的基极，红表笔分别接其他两个电极时测得的阻值都很小，则该三极管的管型为 NPN 型，如图 1-84 所示。

　　判断出管子的基极和管型后，可进一步判断管子的集电极和发射极。以 NPN 管为例，确定基极和管型后，假设其他两只管脚中一只是集电极，另一只即假设为发射极。用手指将已知的基极和假设的集电极捏在一起（但不要相碰），将黑表笔接在假设的集电极上，红表笔接在假设的发射极上，记下万用表指针所指的位置，然后再作相反的假设（即原先假设为 c 的假设为 e，原先假设为 e 的假设为 c），重复上述过程，并记下万用表指针所指的位置。比较两次测试的结果，指针偏转大的（即阻值小的）那次假设是正确的（若为 PNP 型管，测试时，将红表笔接假设的集电极，黑表笔接假设的发射极，其余不变，仍然电阻小的一次假设正确），如图 1-85 所示。

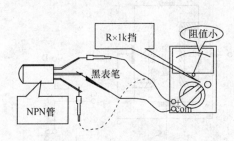

图 1-84　三极管基极判别示意图

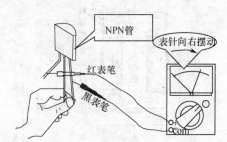

图 1-85　三极管集电极、发射极判别示意图

　　(2) 三极管性能的鉴别

　　1) 穿透电流 I_{CEO} 大小的判断。用万用表 R×100 或 R×1k 挡测量 BJT 管 c、e 之间的电阻，电阻值应大于数兆欧（锗管应大于数千欧），阻值越大，说明穿透电流越小，若阻值越小，则说明穿透电流大，若阻值不断地明显下降，则说明管子性能不稳，若测得的阻值接近为零，则说明管子已经击穿，若测得的阻值太大（指针一点都不偏转），则有可能管子内部断线。

　　2) 电流放大系数 β 的近似估算。用万用表 R×100 或 R×1k 挡测量双极型三极管 c、e 之间的电阻。记下读数，再用手指捏住基极和集电极（不要相碰）观察指针摆动幅度的大小，摆动越大，说明管子的放大倍数越大。但这只是相对比较的方法，因为手捏在两电极之间，给管子的基极提供了基极电流 I_b，I_b 的大小和手指的潮湿程度有关。除此之外，也可以接一只 $100k\Omega$ 左右的电阻来进行测试。还可借助万用表 h_{FE} 挡来粗略测量三极管的 β 值。

　　黑表笔接集电极，红表笔接发射极，是对 NPN 型管子的鉴别。若将两表笔对调，就可对 PNP 型管子进行测试。

3. 场效应管

与双极型三极管一样，单极型三极管即场效应管是另一种半导体器件，也具有放大作用。它因具有很高的输入电阻（$10^9 \sim 10^{14}\,\Omega$）、小的输出电阻，且本身的功耗很小、噪声低、抗辐射能力强、便于集成而得到广泛应用。场效应管（FET）按结构分为结型（JFET，有 N 沟道和 P 沟道）和绝缘栅型（IGFET，主要指 MOSFET，也有 N 沟道和 P 沟道）。按特性（工作方式）可分为耗尽型（有 JFET 和 MOSFET）和增强型（只有 MOSFET）。目前应用较多的绝缘栅场效应管是金属半导体场效应管（简称 MOS 管）。

（1）JFET 的结构和工作原理

N-JFET 和 P-JFET 管的内部结构和电路符号如图 1-86 所示。电路符号中箭头指向为 P→N。N−JFET 的三个极分别为源极（S 极）、漏极（D 极）和栅极（G 极），类似于 BJT 的 e 极、b 极和 c 极。导电沟道为 N 沟道。由于结型场效应管的漏源之间是对称的，因此漏极和源极可交换使用。

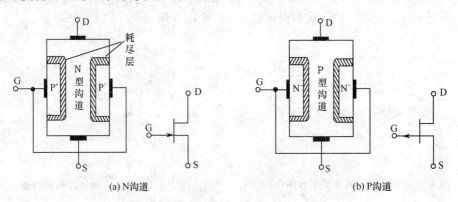

(a) N沟道　　　　　　　　　　　　(b) P沟道

图 1-86　结型场效管内部结构和电路符号

（2）N 沟道 MOSFET

MOSFET 分为 N 沟道和 P 沟道。两种沟道均有耗尽型和增强型之分。耗尽型是指在 $u_{GS}=0$ 时，管子内部已存在导电沟道；增强型是指在 $u_{GS}=0$ 时，管子内部不存在导电沟道。四种 MOSFET 管电路符号如图 1-87 所示。

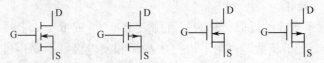

(a) N沟道增强型　　(b) P沟道增强型　　(c) N沟道耗尽型　　(d) P沟道耗尽型

图 1-87　四种 MOSFET 管电路符号

也可以用如图 1-88 所示电路符号，图中 B 表示衬底，B 通常与源极 S 相连，以此区分源极和漏极。可以由导电沟道为虚线或实线区分是增强型还是耗尽型。由箭头指向（P→N）区分是 N 沟道还是 P 沟道。

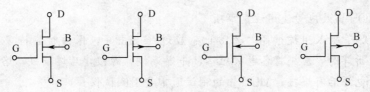

图 1-88　有衬底的 MOSFET 管电路符号

N 沟道增强型 MOS 场效应管的内部结构如图 1-89 所示。

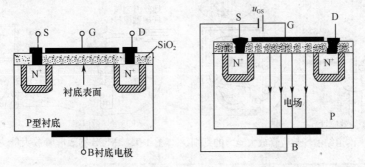

图 1-89　N 沟道增强型 MOSFET 管的内部结构示意图

绝缘栅场效应管由于输入电阻极高，所以其绝缘层极易损坏。当其有四根引出线（其中一根是衬底引出线）时，D、S 可互换；但有三根引出线时，D、S 不能互换。

> **想一想**

1. 双极型三极管有哪些主要参数？
2. 双极型三极管有哪两个 PN 结？按内部结构不同可分为哪两种类型？

> **技能拓展**

场效应管的检测和选用

（1）结型场效应管栅极的判别及性能判定

结型场效应管的源极和漏极一般可对换使用，因此一般只要判别出其栅极 G 即可。判别时，根据 PN 结单向导电原理，用万用表 R×100 挡，将黑表笔接触管子的一个电极，红表笔分别接触管子的另外两个电极，若测得阻值都很小，则黑表笔所接的是栅极，且为 N 沟道场效应管。根据判断栅极的方法，能粗略判断管子的好坏。当栅源间、漏源间反向电阻很小时，说明管子已损坏。如图 1-90 所示，如果要判断管子的放大性能，可将万用表的红、黑表笔分别接触管子的源极和漏极，然后用手接触栅极，若表针偏转较大，说明管子的放大性能较好，若表针不动，说明管子性能差或已损坏。

对于 P 沟道场效应管栅极的判断方法，读者可自己分析。

（2）MOS 场效应管使用注意事项

1）MOS 管输入阻抗很高，为防止感应过压而击穿，保存时应将 3 个电极短路；焊接或拆焊时，应先将各电极短路，先焊漏极、源极，后焊栅极，烙铁应接好地线或断开电源后再焊接；MOS 管的测试通常要用测试仪。

2）场效应管的源、漏极是对称的，一般可以对换使用，但如果衬底已和源极相连，则不能再互换使用。MOS 场效应管放大能力的判别示意图见图 1-91。

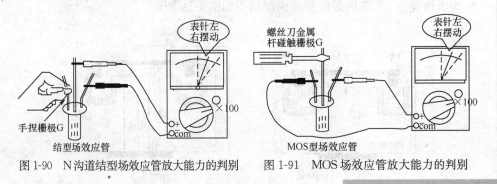

图 1-90　N 沟道结型场效应管放大能力的判别　　　图 1-91　MOS 场效应管放大能力的判别

做一做

实训 2　晶体二极管和三极管的识读与检测

1. 实训目的

1）了解二极管、三极管的相关知识。
2）掌握用万用表检测二极管、三极管的方法。

2. 所需仪器和材料

MF47 型万用表一块、不同型号的二极管和三极管若干。

3. 实训内容和步骤

1）二极管的检测和识别。选用不同用途、种类的二极管，识读各类二极管外形及型号含义。用万用表判别二极管的极性，设置不同挡位，测量并观察各二极管正、反向电阻值，将结果填入表 1-17 中。

表 1-17　二极管的识读与万用表检测结果

型号	R×1k 挡		R×100 挡		材料		质量判别	
	正向	反向	正向	反向	硅	锗	好	坏
2AP9								
1N4001								

2）三极管的检测和识别。选用不同用途、种类的三极管，识读各类三极管外形及型号含义。用万用表判别三极管的管脚，用 R×1k 挡测量 e 结和 c 结正、反向电阻值，将结果填入表 1-18 中，并画出所测三极管的外形及管脚名称。

表 1-18　三极管的识读与万用表检测结果

型号	e 结（发射结）		c 结（集电结）		h_{FE}挡所测值	质量判别	
	正向	反向	正向	反向		好	坏

4．实训报告

1）整理各项实训记录。检查在每项检测过程中，挡位选取是否正确无误。

2）总结比较硅、锗二极管各自性能的特点。

议一议

1．能否用数字万用表 PN 结挡来判断一只二极管的好坏？怎样测？

2．用万用表不同挡位来测量二极管的正、反向电阻值时，阻值是否相同，为什么？

读一读

知识 6　集成电路的识别

集成电路是将有源元件（如晶体管等）、无源元件（如电阻、电容等）及其互连布线制作在一个半导体或绝缘基上，形成结构上紧密联系，在外面看不出所用器件的一个整体电路。图 1-92 为常见集成电路外封装图。

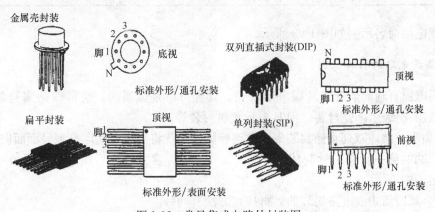

图 1-92　常见集成电路外封装图

1. 集成电路的分类

目前，集成电路通常分为数字集成电路和模拟集成电路。前者由若干个逻辑电路组成，后者由各种线性及非线性电路组成。就集成度而言，集成电路分为小规模、中规模、大规模和超大规模，它表明了一个基片上所集中的元器件的数目。从结构上看，集成电路又有半导体集成电路、厚膜集成电路及混合这两种工艺做成的混合集成电路。

集成电路具有体积小、重量轻、功能集中、工作可靠、功耗低、价格低等特点，大大简化了产品的结构等优点，被广泛用于电子设备及电子计算机中。

根据《GB 3430—1989》规定，集成电路的型号由五部分组成，各部分的意义如表1-19所示。

表1-19　国产集成电路型号各部分组成及意义

第一部分		第二部分		第三部分	第四部分		第五部分	
符号	意义	符号	意义	数字	符号	意义	符号	意义
C	中国制造	T	TTL		C	0～70℃		
		H	HTL		E	−40～85℃	B	塑料扁平
		E	ECL		R	−55～85℃	F	多层陶瓷扁平
		C	CMOS		M	−55～125℃	D	多层陶瓷双列直插
		F	线性放大器				P	塑料双列直插
		D	音响、电视电路				J	黑瓷双列直插
		W	稳压器				K	金属菱形
		J	接口电路				T	金属圆形
		B	非线性电路					
		M	存储器					
		μ	微型机电路					

集成电路命名示例如图1-93所示。

2. 集成电路的引脚识别

集成电路有圆筒形管壳和扁平形管壳。管壳可以是金属的，也可以是陶瓷或塑料的。一般用W表示陶瓷封装，用B表示塑料封装等。

1）扁平封装或双列直插封装集成电路管脚的识读将集成电路印有型号面面向读者，从有标记端的第一脚逆时针起依次为1，2，3，…，读完一侧后逆时针转至另一侧再读，如图1-94所示。

2）金属圆筒集成电路封装的管脚排列方法有两种。

① 管脚间距离不等排列。面对管脚，以两脚间距最大处为标志，将标志朝下，左边起第一脚为1，顺时针依次为2，3，…，如图1-95（a）所示。

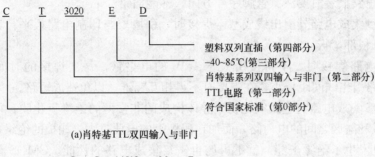

(a)肖特基TTL双四输入与非门

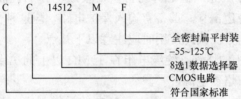

（b）CMOS 8选1数据选择器

图 1-93　集成电路命名示例

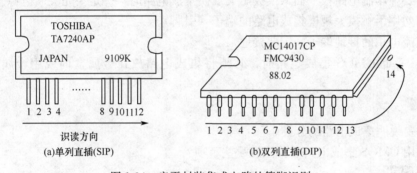

图 1-94　扁平封装集成电路的管脚识别

② 管脚间等距离排列。这种集成电路封装时通常有键为标志。面对管脚，管边缘键为标志，标志朝下，左边起顺时针方向数管脚 1，2，3，…，如图 1-95（b）所示。

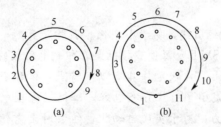

图 1-95　金属圆筒封装集成电路的管脚识别

3．集成电路的选用和使用注意事项

1）集成电路在使用时，不允许超过参数手册规定的参数数值。

2）集成电路插装时要注意管脚序号方向，不能插错。

3）扁平型集成电路外引出线成型、焊接时，引脚要与印制电路板平行，不得穿引扭焊，不得从根部弯折。

4）集成电路焊接时，不得使用大于 45W 的电烙铁，每次焊接的时间不得超过 10s。集成电路引出线间距较小，在焊接时不得相互锡连，以免造成短路。

5）CMOS 集成电路有金属氧化物半导体构成的非常薄的绝缘氧化膜，可由栅极的电压控制源区和漏区之间的电通路，而加在栅极上的电压过大，栅极的绝缘氧化膜容易被击穿。一旦发生了绝缘击穿，就不可能再恢复集成电路的性能。CMOS 集成电路为保护栅极的绝缘氧化膜免遭击穿，虽备有输入保护电路，但这种保护也有限，使用时如不小心，仍会引起绝缘击穿。因此使用时应注意以下几点。

① 焊接时采用漏电小的烙铁（绝缘电阻在 10MΩ 以上的 A 级或 1MΩ 以上的 B 级烙铁）或焊接时暂时拔掉烙铁电源。

② 电路操作者的工作服、手套等应由无静电的材料制成。工作台要铺导电的金属板，椅子、工夹器具和测量仪器等均应接地电位。特别是电烙铁的外壳必须有良好的接地线。

③ 当要在印制电路板上插入或拔出大规模集成电路时，一定要先关断电源。

④ 切勿用手触摸大规模集成电路的端子（引脚）。

⑤ 直流电源的接地端子一定要接地。

另外，存储 CMOS 集成电路时，必须将集成电路放在金属盒内或用金属箔包装起来。

想一想

1. 简要说明集成电路的分类。

2. 使用 CMOS 集成电路需要注意哪些事项？

知识拓展

表面安装元器件

1. 表面装配元器件的特点

SMT 元件无引线或短引线，易于小型化。引脚距离短，目前引脚中心间距最小的已经达到 0.3mm。SMT 元器件直接贴装在印制电路板的表面，将电极焊接在与元器件同一面的焊盘上。片状元件具有以下特点：体积小、重量轻、薄、安装密度高；高频特性好，减小了引线分布电容，降低了寄生电容和电感，增强了抗电磁干扰和射频干扰能力；易于实现自动化，组装时无需钻孔、剪线、打弯等工序，降低了成本，易于大规模生产。因此被广泛应用于小型、薄型、轻量、高密度、高机械强度电子整机和部件上。

表面装配元器件从结构形状分类，有薄片矩形、圆柱形、扁平异形等；从功能上分类为无源元件（SMC，Surface Mounting Component）、有源器件（SMD，Surface Mounting Device）和机电元件三大类。

SMC 主要包括单片陶瓷电容、钽电容、电阻器（厚膜、薄膜、轴式）、电感器、滤波器和陶瓷振荡器等。SMD 主要包括二极管、三极管、场效应管、复合管以及集成电路等。机电元件包括开关和继电器（钮子开关、轻触开关、簧片继电器等）、连接器（片式跨接线、圆柱形跨线、接插件连接器等）、微电机（薄型微电机等）。

表 1-20 为 SMC 系列的外形尺寸规格。

表 1-20　典型 SMC 系列的外形尺寸　　　　　　　　　单位：mm/inch

公制/英制型号	L	W	a	b	T
3216/1206	3.2/0.12	1.6/0.06	0.5/0.02	0.5/0.02	0.6/0.024
2012/0805	2.0/0.08	1.25/0.05	0.4/0.016	0.4/0.016	0.6/0.016
1608/0603	1.6/0.06	0.8/0.03	0.3/0.012	0.3/0.012	0.45/0.018
1005/0402	1.0/0.04	0.5/0.02	0.2/0.008	0.25/0.01	0.35/0.014
0603/0201	0.6/0.02	0.3/0.01	0.2/0.005	0.2/0.006	0.25/0.01

注：1inch＝1000mil；1inch＝25.4mm，1mm≈40mil。

片状元器件可以用多种包装形式提供给用户：散料包装、杆式包装（Stick Package）、华夫盘包装（Waffle Package）和编带包装。散装（有袋式和盒式两种，Bulk Package，袋式用字母 B 表示，盒式用 C 表示），可供手工贴装、维修和大数量漏斗贴装使用。杆式包装：将片状元件按一定方向排列在塑料盒中，适合夹具式贴片机使用。编带包装（Tape Package，用 T 或 U 表示），将贴片元件按一定方向逐只装入纸编带或塑料编带孔内并封装，再卷绕在带盘上，适合全自动贴片机使用。华夫盘包装（Waffle Package）是目前最常用的 QFP 器件以及 TSOP 器件的包装方式。各种包装实物如图 1-96 所示。

(a) 散料包装

(b) 杆式包装

(c) 编带包装

(d) 华夫盘包装

图 1-96　表面安装元器件的包装形式

2. 无源表面安装元件

(1) 表面安装电阻器

表面安装电阻器按封装外形，可分为片状和圆柱形两种，如图 1-97 所示。表面安装电阻器按制造工艺可分为厚膜型和薄膜型两大类。片式电阻一般是用厚膜工艺制作的。表 1-21 列出了部分典型的表面安装电阻的技术参数。

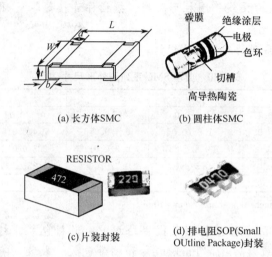

(a) 长方体SMC   (b) 圆柱体SMC

(c) 片装封装   (d) 排电阻SOP(Small OUtline Package)封装

图 1-97　表面安装电阻器

表 1-21　典型 SMC 电阻器的主要技术参数

系列型号	RC3216	RC2012	RC1608
阻值范围/Ω	0.39～10M	2.2～10M	1～10M
允许偏差/%	±1，±2，±5	±1，±2，±5	±2，±5
额定功率/W	1/4，1/8	1/10	1/16
最大工作电压/V	200	150	50
工作温度范围/额定温度/℃	−55～+125/70	−55～+125/70	−55～+125/70

表 1-21 所列型号中 RC 代表美国电子工业协会系列长方体片状电阻。圆柱形电阻有碳膜和金属膜两大类，额定功率有 1/16W、1/8W、1/4W 三种，规格分别是 $\phi1.2mm×2.0mm$、$\phi1.5mm×3.5mm$、$\phi2.2mm×5.9mm$，电阻值用色环表示，0Ω 电阻无色环。圆柱形电阻高频特性差，但噪声小，三次谐波失真小，常用于音响设备中。长方体片式电阻主要用于移动通话设备和电视机的高频调谐器等频率较高的场合中。

片式电阻规格型号中主要包含阻值、精度、外形尺寸以及标称功率等信息。图 1-98 以日本松下 ERJ 系列片式电阻为例说明片式电阻型号中参数的含义。

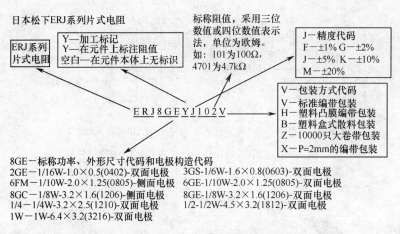

图 1-98　日本松下 ERJ 系列片式电阻型号含义

在电阻器的玻璃保护层（玻璃釉）上使用三位数字或四位数字表示标称电阻值。对 E-24 系列用三位数字表示，前二位表示电阻值有效数字，第三位表示乘以 10 的次方数（10^n、数量级）。对 E-96 系列 RC05、RC06 型用四位数字表示，前三位表示电阻值有效数字，第四位表示乘以 10 的次方数；对 E-96 系列的 RC03 型号，用三位代码表示，前二位表示 E-96 系列电阻值代码（01—96，分别表示有效数字 100-976），后一位字母表示乘数代码，乘数代码以 X、Y、A、B、C、D、E、F 表示，小数点以 R 表示。如表 1-22 和表 1-23 所示。

表 1-22　标示与阻值举例

标示	电阻	标示	电阻	标示	电阻
100	10Ω	10R0	$10.0\ \Omega$	09A	$121\times10^0=121\ \Omega$
102	$1.0k\Omega$	2R2	$2.2\ \Omega$	59B	$402\times10^1=4.02k\Omega$
1003	$100k\Omega$				

表 1-23　乘数代码表示的含义

乘数	$\times10^0$	$\times10^1$	$\times10^2$	$\times10^3$	$\times10^4$	$\times10^5$	$\times10^6$	$\times10^7$	$\times10^{-1}$	$\times10^{-2}$
代码	A	B	C	D	E	F	G	H	X	Y

SMT 元件的规格型号表示方法因生产厂商而不同。如以 1/8W，470Ω，$\pm5\%$ 的陶瓷电阻器为例，如图 1-99 所示。

（2）表面安装电容器

表面安装电容器有多层陶瓷电容器、片状电容网排和片状固体钽质电容器。表面安装多层陶瓷电容器外形如图 1-100 所示。表面铝电解电容如图 1-101 所示。

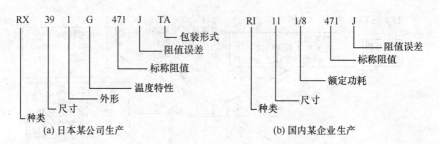

(a) 日本某公司生产　　　　　　　　　　(b) 国内某企业生产

图 1-99　1/8W，470Ω，±5％的陶瓷电阻器型号

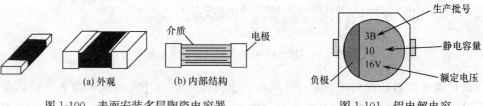

图 1-100　表面安装多层陶瓷电容器　　　　图 1-101　铝电解电容

　　表面贴片电容采用代号编码的方式表示其生产厂家和电容值，通常是两个字母一个数字，第一个字母表示厂家，第二个字母表示标称值，第三个表示数量级，具体如下。

　　比如，KA2 就是 100pF（1.0×10^2；pF）的电容，K 表示 kemet 公司。

　　表面贴片电容字母编号意义如表 1-24 所示。

表 1-24　表面贴片电容字母编号意义

字母	意义	字母	意义	字母	意义	字母	意义
A	1	J	2.2	S	4.7	a	2.5
B	1.1	K	2.4	t	5.1	b	3.5
C	1.2	L	2.7	U	5.6	d	4
D	1.3	M	3	V	6.2	e	4.5
E	1.5	N	3.3	W	6.8	f	5
F	1.6	P	3.6	X	7.5	m	6
G	1.8	Q	3.9	Y	8.2	n	7
H	2	R	4.3	Z	9.1	t	8
y	9						

　　表面安装陶瓷电容以陶瓷材料为电容介质，多层陶瓷电容器是在单层盘状电容器具的基础上构成的，电极深入电容器内部，并与陶瓷介质相互交错。表面安装多层陶瓷电容器所用介质有三种：COG、X7R 和 Z5U。

表面安装钽电容器以金属钽作为介质。如图 1-102 所示。与陶瓷电容相比，其体积比容效率高。其外形都是矩形，按两头的焊端不同，分为非模压式和塑模式两种。

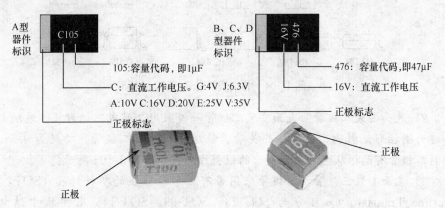

图 1-102　表面安装钽电容器以及片式固体电解钽电容器标识示例

片式电容规格型号中主要包含容值、精度、温度系数、外形尺寸以及耐压值等信息。以日本松下 ECU 系列电容为例，如图 1-103 所示。

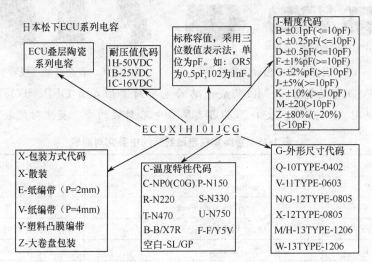

图 1-103　日本松下 ECU 系列电容型号命名方法

3. 有源表面安装元器件

SMD 分立器件包括各种分立半导体器件，有二极管、三极管、场效应管，也有由两三只三极管、二极管组成的简单复合电路。

1) SMD 分立器件的外形尺寸比例如图 1-104 所示。

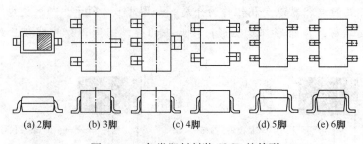

(a) 2脚　　(b) 3脚　　(c) 4脚　　(d) 5脚　　(e) 6脚

图 1-104　各类塑料封装 SMD 的外形

2）表面安装二极管。表面安装二极管一般采用二端或三端封装。玻璃封装的一般为圆柱形无引脚，通常为开关管、稳压管和通用二极管，功耗为 0.5～1W。塑封二极管有两根从左右侧面引出的短引线电极，如图 1-105 所示。

3）表面安装三极管。三极管采用带有翼形短引线的塑料封装（SOT，Short Outline Transistor），可分为 SOT-23、SOT-89、SOT-143 几种尺寸结构，如图 1-106所示。

负极

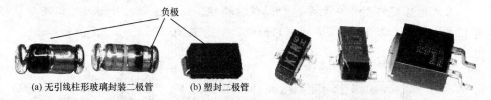

(a) 无引线柱形玻璃封装二极管　　(b) 塑封二极管

图 1-105　表面安装二极管实物外形　　　图 1-106　表面安装三极管实物外形

4）SMD 集成电路。SMD 集成电路的主要封装形式有 QFP、TQFP、PLCC、SOT、SSOP、BGA 等。表 1-25 为各类集成电路封装的中、英文对照表。

表 1-25　各类集成电路封装的中英文对照表

简称	英文名称	中文名称
SOP	Small Outline Package	小型封装
SSOP	Shrink Small Outline Package	缩小型封装
TQFP	Thin Quad Plat Package	薄四方形封装
QFP	Quad Plat Package	四方形封装
TSSOP	Thin Shrink Small Outline Package	薄缩小型封装
PLCC	Plastic Leaded Chip Carrie	宽脚距塑料封装
BGA	Ball Grid Array	球状栅阵列
SOJ	Small Outline J	J 形脚封装
CLCC	Ceramic Leaded Chip Carrie	宽脚距陶瓷封装
PGA	Pin Grid Array	针状栅阵列

集成电路封装形式示意图如图 1-107 所示。片式集成电路第一管脚识别方法如图 1-108所示。

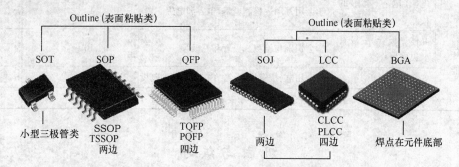

图 1-107　集成电路封装形式示意图

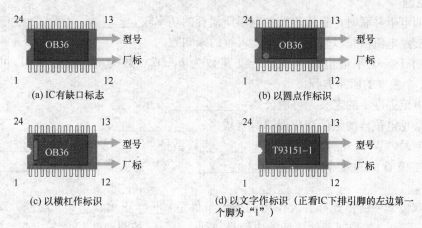

(a) IC有缺口标志　　　　　　　　　　(b) 以圆点作标识

(c) 以横杠作标识　　　　　　　　(d) 以文字作标识（正看IC下排引脚的左边第一个脚为"1"）

图 1-108　集成电路 IC 第一脚的辨认方法

评一评

任务检测与评估

	检测项目	评分标准	分值	学生自评	教师评估
任务知识内容	电阻器的识读与检测	掌握电阻器的识读方法以及万用表的简单检测	10		
	电容器的识读与检测	掌握电容器的识读方法以及万用表的简单检测	10		
	电感器的识读与检测	掌握电感器的识读方法以及万用表的简单检测	10		
	二极管的识读与检测	掌握半导体器件基本知识掌握二极管的识读方法以及万用表的简单检测	20		
	三极管的识读与检测	掌握三极管的识读方法以及万用表的简单检测	10		
	集成电路的识读	掌握集成电路的识读方法	10		

续表

检测项目		评分标准	分值	学生自评	教师评估
任务操作技能	电阻、电容、电感的检测	学会用万用表检测电阻、电容和电感	10		
	晶体二极管、三极管的识别与检测	学会识别与检测二极管和三极管	10		
	安全操作	安全用电、按章操作,遵守实训室管理制度	5		
	现场管理	按 6S 企业管理体系要求、进行现场管理	5		

巩固与练习

一、填空题

1. 两电阻并联时,阻值较大的电阻所消耗的功率较_____。

2. 支路电流法是以_____基础上求解的未知数。

3. 对于一个平面电路来说,若支路数为 b,节点数为 n,根据 KVL 可以列出_____个独立的回路方程。

4. 电流强度 I 的定义,可用公式_____表示。

5. 常见电位器的阻值变化规律有直线型、_____、_____三种。

6. 型号"WX"表示是_____;型号"CA"表示是_____。

7. 二极管的主要特性是_____,其主要参数有_____、_____、_____。

8. 双极型三极管具有放大作用的外部条件是_____正偏、_____反偏。双极型三极管是一种_____控制器件,场效应管是一种_____控制器件。

9. 某电阻两端的电压是 10V,流过的电流是 2A,则该电阻阻值等于_____Ω。

二、选择题

1. 图 1-109 中,$u_{ab} =$ (　　)。

　　A. 3V　　　　　　B. 2V　　　　　　C. 1V　　　　　　D. −1V

2. 图 1-110 所示电路,a、b 两端的等效电阻 $R_{ab} =$ (　　)。

　　A. 1.5Ω　　　　　B. 3Ω　　　　　　C. 2Ω　　　　　　D. 4Ω

3. 图 1-111 中,a、b 之间的等效电阻为 (　　)。

　　A. 2Ω　　　　　　B. 3Ω　　　　　　C. 4Ω　　　　　　D. 6Ω

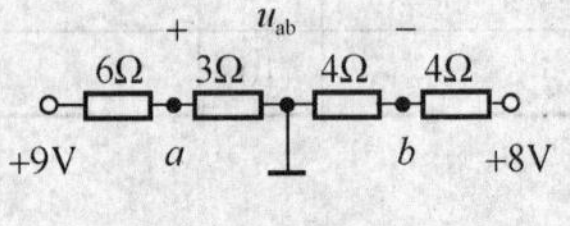

图 1-109

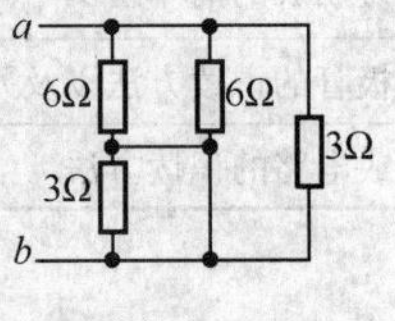

图 1-110

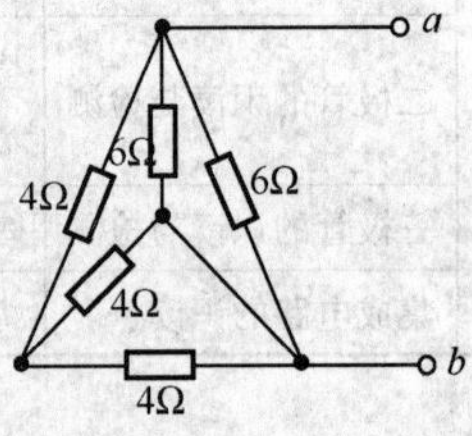

图 1-111

4. 图 1-112 中，a、b 之间的等效电阻为（　　）。

　　A. 4Ω　　　　　　B. 6Ω　　　　　　C. 8Ω　　　　　　D. 10Ω

5. 图 1-113 中，欲使 $U_1/U=1/3$，则 R_1 和 R_2 的关系是（　　）。

　　A. $R_1=\dfrac{1}{3}R_2$　　　　B. $R_1=\dfrac{1}{2}R_2$　　　　C. $R_1=2R_2$　　　　D. $R_1=3R_2$

6. 图 1-114 中的 $R_{ab}=$（　　）。

　　A. 1Ω　　　　　　B. 2Ω　　　　　　C. 3Ω　　　　　　D. 4Ω

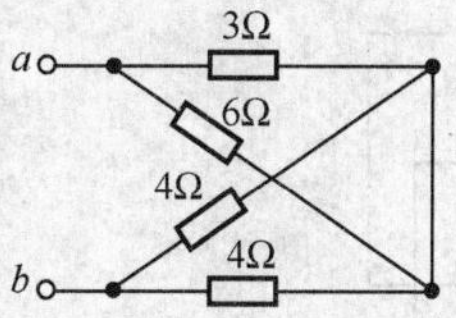

图 1-112 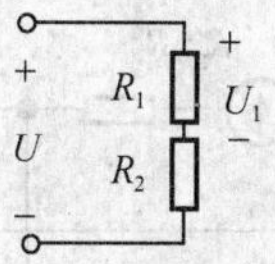　　　　　　　　图 1-113 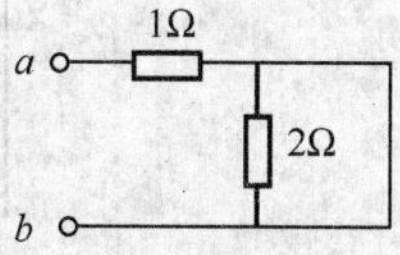　　　　　　　　图 1-114

7. 已知 $U_{ab}=1V$，$U_{ac}=2V$，则 $U_{bc}=$（　　）。

　　A. −1V　　　　　　B. 1V　　　　　　C. −3V　　　　　　D. 3V

8. "度"是（　　）实用单位。

　　A. 电压　　　　　　B. 电流　　　　　　C. 电功　　　　　　D. 电功率

9. 工作在反向击穿状态下的器件是（　　）。

　　A. 发光二极管　　　B. 晶体三极管　　　C. 场效应管　　　D. 稳压二极管

10. 某色环电阻的标示的颜色为"棕灰橙金"，其阻值及误差为（　　）。

　　A. 183Ω±5%　　　B. 183Ω±10%　　　C. 18kΩ±5%　　　D. 18kΩ±10%

11. P 型半导体中多数载流子是（　　）。

　　A. 自由电子　　　　B. 空穴　　　　　　C. 负离子　　　　　D. 正离子

12. 某个电阻上标有"4Ω7"字样，则它采用（　　）标志方法。

　　A. 直标法　　　　　B. 数码法　　　　　C. 文字符号法　　　D. 色标法

13. 下列标注方法中，（　　）使用的是直标法。

　　A. 15kΩ　　　　　　B. 2Ω2　　　　　　C. R47　　　　　　D. 103

14. 某瓷片电容上标有"682"字样，其容量是（　　）。

　　A. 682Ω　　　　　　B. 682pF　　　　　C. 68nF　　　　　　D. 6800pF

15. 某电容上标有"229"字样，其容量是（　　）。

　　A. 229pF　　　　　B. 2.2pF　　　　　C. 22nF　　　　　　D. 2.2nF

三、判断题

1. 电阻串联时，阻值越大分压越大；电阻并联时，阻值越小分流越小。　　（　　）

2. 电阻值 5.1Ω 也可写为"5Ω1"标示。　　（　　）

3. 某电阻上标有"333"字样，该电阻阻值就是 33kΩ。　　（　　）

4. 某电容器上标有"1n"字样，该电容容量就是 1000pF。　　（　　）

5. 二极管正反向电阻近似相等时还能正常使用。　　（　　）

6. 在选用三极管时，放大倍数不宜过大。　　（　　）

四、简答题

1. 用万用表如何判断电容器的失容（失效）、短路、漏电等故障？

2. 一批电容器上分别标注有下列数字和符号，试指出其标称容量。22n、3n3、202、R22、339、620、103。

3. 图 1-115 是两个量程的电压表，当使用 a、b 两端点时，量程为 10V；当使用 a、c 两端点时，量程为 100V。已知表头内阻 $R_g = 500\Omega$，满度偏转电流 $I_g = 1mA$，求分压电阻 R_1 和 R_2 的阻值。

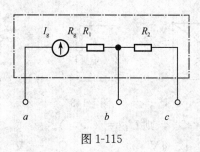

图 1-115

项目二

收音机的装配

快乐向导

　　电子产品的技术文件是电子整机产品设计生产过程中的基本依据。本项目以简单电子产品——收音机为载体，介绍电子产品设计文件的种类、组成和常用设计文件的含义及作用，工艺文件的种类、作用及编制要求。

　　本项目同时介绍一些常见的焊接工艺知识，其内容包括手工焊接工艺、自动焊接技术、焊接质量分析及拆焊等。

　　本项目的目标是掌握高新电子制造企业高技术岗位（如测试技术员、SMT技术员、物料准备、品质管理等）所必需的电子产品装配工艺知识和技能。

知识目标

◆ 熟练掌握焊接、装配的有关工艺知识和基本技能。
◆ 学会对常用元器件引线按工艺要求进行成形加工。
◆ 能知晓表面贴装与通孔插装的区别。
◆ 了解表面安装技术及其他新技术、新工艺。

技能目标

◆ 能看懂产品装配工艺说明及简图。
◆ 能区分单面、双面、多层和软印制电路板。
◆ 掌握在印制板上进行元器件的插装、焊接以及拆焊的工艺要求与正确方法。
◆ 掌握简单电子产品的安装、焊接、装配、调试与一般故障的排除。

任务一　线路板的手工焊接

1. 学会在印制板上按工艺要求对元器件进行插装与焊接。
2. 学会在印制板上按工艺要求对元器件进行拆焊。

教学步骤	时间安排	教学方式(含教学内容、教学手段,如课件、举例等)
阅读教材	课余	自学、查资料、相互讨论
知识讲解	10课时	电子装配工具、敷铜箔板等多以实物展示为主,专用电子装配设备使用视频播放文件,自动焊接技术可播放 SMT 技术生产线 AVI 课件
操作技能	4课时	配以工具实物使用演示等示范操作
评估检测	与课堂教学同步进行	教师与学生共同完成任务的检测与评估,并能对出现的问题进行分析与处理

读一读

知识1　电子装配工具

1. 常用手工工具

钳子有多种分类,通常按外形分,有尖嘴钳、平嘴钳、偏口钳、剥线钳和钢丝钳等。

（1）尖嘴钳

尖嘴钳主要用于导线或元器件的引线成形、布线、夹持小螺丝或小零件等操作,如图 2-1 所示。带有刃口的尖嘴钳可用来剪断细小的金属丝。带有绝缘柄的尖嘴钳,其绝缘柄工作耐压值为 500V。尖嘴钳钳身长度规格用毫米计算,有 130mm、160mm、180mm、200mm 四种,常用尖嘴钳是 160mm 带绝缘柄的。

（2）斜口钳

斜口钳又称偏口钳。主要用来剪断线材及导线,尤其适合用来剪除焊接点上多余的线头和元器件引脚的过长部分,如图 2-2 所示。斜口钳规格同尖嘴钳一样。

（3）剥线钳

剥线钳是一种专用钳,用来剥削截面在 6mm^2 以下的塑料或橡胶绝缘线的端头表面绝缘层,外形如图 2-3 所示。其规格以全长表示,有 140mm 和 180mm 两种。

带有弹簧夹可减轻手部疲劳

图 2-1 尖嘴钳

图 2-2 斜口钳

图 2-3 剥线钳

（4）螺钉旋具

螺钉旋具也叫起子、螺丝刀、改锥等。起子的型号种类非常多，主要用来紧固或拆卸螺丝。按头部开关的不同，分为一字形和十字形两种，如图 2-4 所示；按柄部材料的不同分为木柄、塑料柄等。一字形螺丝刀主要用来旋动一字槽的螺钉，十字形螺丝刀专供旋动十字槽的螺钉。通常用柄部以外的长度表示规格，有 100mm、150mm、200mm 和 400mm 等几种。

流水生产线和装配工作经常会用到一些电动和气动工具，这既能减轻操作者的劳动强度又提高了装配质量。图 2-5 所示为电动螺丝刀（又称电批）。

一字型
十字型

图 2-4 螺钉旋具

RE-5000
F-4000

图 2-5 电动螺钉旋具

气动螺钉旋具的外形及结构如图 2-6 所示。

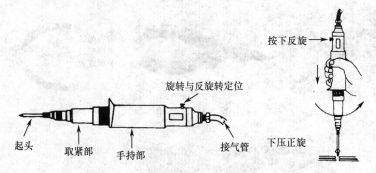

图 2-6 气动螺钉旋具的外形结构及使用

气动螺钉旋具使用时的注意事项：①检查气管（线）有无破损；②检测旋转力矩是否符合要求；③检查旋转时是否正常，有无异音；④要适当加入润滑油，以保证工作正常，不易损坏；⑤选择适当规格的起子，保证使用，配合良好；⑥使用前，应将起子头插入充电磁器中充磁，便于携带螺钉；⑦操作时起子、螺钉、被紧固点应在一条直线上（垂直于紧固点），不应倾斜，避免造成器件损坏及紧固不良（图 2-7 所示）；⑧紧固时观察认定器件、组件装配方式是否正确，与工艺要求是否吻合，螺钉与器件配合是否良好，有无倾斜、破裂、紧固不牢等现象；⑨在部件装入整机时，紧固件不应有冒出体外的现象。

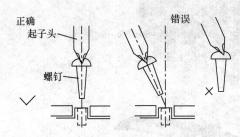

图 2-7 气动起子的正确用法

（5）气动线剪

用于剪断残留引脚。分双动式和单动式两种。单动式为剪头的一端固定，靠活塞移动迫使刀头的另一面动作而使刀头闭合完成剪切任务。双动式气剪是 20 世纪 80 年代一种先进的型号工具，剪刀头的两脚都能进行张合动作，直径为 $\phi24$ 的压簧使活塞复位。剪刀头双头同时张合工作，剪口大，剪刀头尺寸设计小巧，剪切力强，不易损坏，出故障次数少。XJ2-3 气动线剪的结构如图 2-8 所示。其主要零件有缸体、活塞、压柄、剪刀头、复位弹簧、密封圈、气源接头等。该工具以压缩空气为动力，当压缩空气进入气缸后推动活塞向前移动，并迫使剪刀头闭合，完成剪断元器件管脚的工作。松开压柄，排气，复位弹簧迫使活塞复位，剪刀头张开，完成一个工作循环。

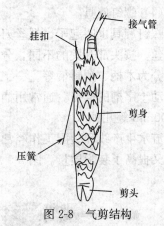

图 2-8 气剪结构

（6）镊子

如图 2-9 所示，镊子主要用于夹持导线头、元器件、螺钉等细小的物体。用不锈钢制造的 130～150mm 长的镊子较为常用。

图 2-9　镊子实物

2. 专用电子装配设备

在电子整机装配过程中，一些批量大、一致性要求高的加工，如导线的剪切、剥头、捻线、打标记，元器件的引线成形，印制电路板的插件、焊接、清洗等，都可使用专门的设备去完成。这类专供电子整机装配加工的设备统称为电子整机装配专用设备。使用这些专用设备，既可提高效率、保证成品的一致性，又能减轻劳动强度。这些专用设备，有的是专用设备厂的产品，如超声波清洗机、搪锡机、自动切剥机等，也有的是整机装配厂根据需要自行设计制造的。以下列举几种使用较为广泛的专用设备。

1）剪线机。主要用来自动剪切导线。它能自动核对并随时调整剪切长度，有的还可以自动完成剥线头的操作。

2）捻线机。用于捻紧松散的多股导线。使用捻线机比手工捻线效率高、质量好。

3）打号机。用于对导线、套管及元器件打印标记。常见的有两种类型：一种类似印刷机，按动手柄反复打号；另一种是在手动打号机上加装电动装置构成的。

4）搪锡设备。搪锡设备用于焊接前元器件的引线、导线端头、焊片及接点等的预先挂锡。它分为普通搪锡机和超声波搪锡机两种。

想一想

1. 常用的电子装配工具有哪些？
2. 专用电子装配设备有哪些？

读一读

知识 2　印制板电路装接

印制电路是一种新的互连技术。它革新了电子设备的结构工艺和产品的组装工艺。

1. 印制电路板（又称敷铜箔板）的类型和特点

印制电路板按其结构可分为以下五种。

（1）单面印制电路板

单面印制电路板是在厚度为 0.2～5.0mm 的绝缘基板上，一面表面敷有铜箔，通过印制和腐蚀的方法，在基板上形成印制电路。它适用于一般要求的电子设备，如收音机、电视机等。

（2）双面印制电路板

如图 2-10 所示，在绝缘基板上（其厚度为 0.2～5.0mm）两面均敷有铜箔，可在基板的两面制成印制电路，它适用于一般要求的电子设备，如 DVD、DVB、电子计算机、电子仪器、仪表等。由于双面印制电路的布线密度较高，所以能缩小设备的体积。

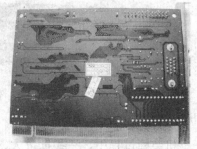

(a) 顶层（正面）　　　　　　　　(b) 底层（反面）

图 2-10　双面印制板

（3）多层印制电路板

在绝缘基板上制成三层以上印制板称为多层印制电路板。它是由几层较薄的单面板或双层板黏合而成，其厚度一般为 1.2～2.5mm。为了把夹在绝缘基板中间的电路引出，多层印制板上安装元件的孔需要金属化，即在小孔内表面涂覆钨层，使之与夹在绝缘基板中间的印制电路接通，其特点是：①与集成电路块配合使用，可以减小产品的体积与重量；②有可能增设屏蔽层，以提高电路的电气性能。

（4）软印制板

基材是软的层状塑料或其他质软膜性材料，如聚酯或聚酰亚胺的绝缘材料，其厚度为 0.25～1mm 之间。它也有单层、双层及多层之分，它自身处在空间可以端接、排接到任意规定的位置，因此被广泛用于电子计算机、通信、仪表等电子设备上。

（5）平面印制电路板

印制电路板的印制导线嵌入绝缘基板，与基板表面平齐，一般情况下在印制板上都电镀一层耐磨金属。通常用于转换开关、电子计算机的键盘。

> **知识链接**
>
> **印制板接插件和带状电缆接插件**
>
> 印制板接插件用于印制板之间的直接连接，外形是长条形，结构有直接型、绕接型、间接型等形式。台式计算机的主板上有多个不同规范的印制板插座，用户选择的显卡、声卡等就是通过这种插座与主板实现连接的，如图 2-11 所示。
>
>
>
> 图 2-11　印制板各类接插件与带状电缆

2. 敷铜箔板的种类及性能

根据敷铜箔板材料的不同，敷铜箔板可分为四种。

1）酚醛纸基敷铜箔板（又称纸铜箔板）。由纸浸以酚醛树脂，两面衬以无碱玻璃布，在一面或两面覆以电解铜箔，经热压而成。这种板的缺点是机械强度低，易吸水及耐高温较差，但价格便宜。

2）环氧酚醛玻璃布敷铜箔板。由无碱布浸以酚醛树脂，并覆以电解紫铜，经热压而成，由于采用了环氧树脂，故黏结力强，电气及机械性能好，既耐化学溶剂，又耐高温耐潮湿，但价格较贵。

3）环氧玻璃布敷铜箔板。由玻璃浸以双氰胺固化剂的环氧树脂，覆以电解紫铜箔经热压而成。它的电气及机械性能好，耐高温耐潮湿，且板基透明。

4）聚四氟乙烯玻璃布敷铜箔板。由无碱玻璃布浸渍四氟乙烯分散乳液，覆以经氧化处理的电解紫铜箔，经热压而成，它具有优良的价电性和化学稳定性，是一种耐高温、高绝缘的新型材料。

微电子技术的迅速发展和微电子产品的大量应用，对印制电路的技术要求也越来越高，要求最大限度地提高元器件的装配密度。印制电路的设计将走向小尺寸的孔径、线宽、间距和焊盘，为求在有限面积内布设完产品的电子线路，而这一走向导致了表面组装技术的形成和发展，并引起元器件微型化的重大变革。目前它有能在 10mm×10mm 表面组装 100 个元件的印制板出现。

3. 印制电路板组装工艺的基本要求

通常把不装载元件的印制电路板叫做印制基板，它的主要作用是作为元器件的支撑体，利用基板上的印制走线，通过焊接把元器件连接起来，同时它还有利于元器件的散热。

印制基板的两侧分别叫做元件面和焊接面，元件面安装元件，元件的引出线通过基板的插孔，在焊接面的焊盘处通过焊接把线路连接起来。

电子元器件种类繁多，外形不同，引出线也多种多样，所以，印制板的组装方法也有差异，必须根据产品的结构特点，装配密度，以及产品的使用方式、要求来决定，元器件装配到基板之前，一般都要进行加工处理，然后进行插装。良好的成形及插装工艺，不但具有能使机器性能稳定、防震、减小损坏的好处，而且还能得到机内整齐美观的效果。

（1）元器件引线的成形

1）预加工处理。元器件引线在成形前必须进行加工处理。这是由于元器件引线的可焊性虽然在制造时就有这方面的技术要求，但因生产工艺的限制，加上包装、储存和运输等中间环节时间长，在引线表面产生氧化膜，使引线的强焊性严重下降。引线的再处理主要包括引线的校直、表面清洁及搪锡三个步骤，要求引线处理后，不允许有伤痕，镀锡层均匀，表面光滑，无毛刺和焊剂残留物。

引线成形基本要求如图 2-12 所示。图中 $A \geqslant 2mm$；$R \geqslant 2d$；（a）图中 h 为 0～

2mm，（b）图中为 $h \geqslant 2mm$ ；$C = np$（p 为印制电路板坐标网格尺寸，n 为正整数）。

2）引线成形的基本要求。引线成形工艺就是根据焊点之间的距离，做成需要的形状，目的是使它迅速而准确地插入孔内，基本要求具体如下。

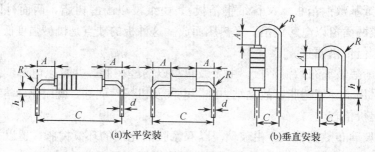

(a)水平安装　　　　　(b)垂直安装

图 2-12　引线成形基本要求

① 元件引线开始弯曲处，离元件端面的最小距离应不小于 2mm。

② 弯曲半径不应小于引线直径的两倍。

③ 怕热元件要求引线增长，成形时应绕环。

④ 元件标称值应处在便于查看的位置。

⑤ 成形后不允许有机械损伤。

3）成形方法。为保证引线成形的质量和一致性，应使用专用工具和成形模具，成形工序因生产方式而不同，在自动化程序高的工厂，成形工序是在流水线上自动完成的，如采用电动、气动等专用引线成形机，可以大大提高加工效率和一致性。在没有专用工具或加工少量元器件时，可采用手工成形，使用尖嘴钳或镊子等一般工具，为保证成形工艺，可自制成形机械，以提高手工操作能力。

图 2-13　多引脚修剪成形

有些元器件的引出脚需要修剪成形，如图 2-13 外形封装的集成器件，引出脚较多，装配时不易插入，为此，先将引脚按顺序剪成梯形状，能够在装配中由长到短按顺序对孔插入。

（2）印制电路板装配工艺

元器件的安装方法有手工安装和机械安装，前者简单易行，但效率低，误装率高。而后者安装速度快，误装率低，但设备成本高，引线成形要求严格，一般有以下几路安装形式。

1）贴板安装。如图 2-14 所示，它适用于防震要求高的产品，元器件贴紧印制基板面，安装间隙小于 1mm。当元器件为金属外壳，安装面又有印制导线时，应加垫绝缘衬垫或套绝缘套管，如图 2-14（b）所示。

2）悬空安装。如图 2-15 所示，它适用于发热元件的安装，元器件距印制基板面有一定高度，安装距离一般在 3～8mm 范围内。

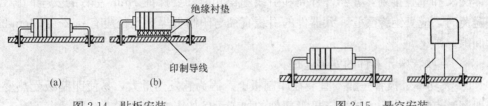

图 2-14　贴板安装　　　　　　　图 2-15　悬空安装

3）垂直安装。如图 2-16 所示，它适用于安装密度较高的场合。器件不宜采用这种形式。

4）埋头安装。如图 2-17 所示，这种方式可提高元器件的抗震能力，降低安装高度，元器件的壳体埋于印制基板的嵌入孔内，因此又称为嵌入式安装。

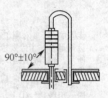

图 2-16　垂直安装

除以上安装方式外，还有支架固定安装以及有高度限制时的安装等。支架固定安装形式如图 2-18 所示，这种方式适用于重量较大的元件，如小型继电器、变压器、阻流线圈等，一般用金属支架在印制基板上将元件固定。

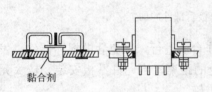

图 2-17　埋头安装

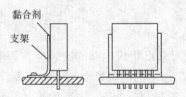

图 2-18　支架固定安装

（3）元器件安装注意事项

1）元器件插好后，其引线的外形处理有弯头的，有切断成形等方法，要根据要求处理好，所有弯脚的弯折方向都应与铜箔走线方向相同。如图 2-19（a）所示，图 2-19（b）、图 2-19（c）则应根据实际情况处理。

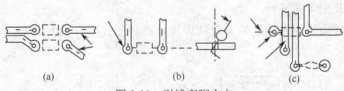

图 2-19　引线弯脚方向

2）安装二极管时，除注意极性外，还要注意外壳封装，特别是玻璃壳体易碎，引线弯曲时易爆裂；对于大电流二极管，有的则将引线体当作散热器，故必须根据二极管规格中的要求决定引线的长度，也不宜把引线套上绝缘套管。

3）安装元器件的极性不得装错。为了区别晶体管的电极和电解电容的正负端，一般是在安装时，加带有颜色的套管以示区别。

4）安装高度应符合规定要求，同一规格的元器件应尽量安装在同一高度上。

5）安装顺序一般为先低后高，先轻后重，先易后难、先一般元器件后特殊元器件。

6）元器件在印制板上的分布应尽量均匀，疏密一致，排列整齐美观，不允许斜排、立体交叉和重叠排列，元器件外壳和引线不得相碰，要保证 1mm 左右的安全间隙，无法避免时，应套绝缘套管。元器件的引线直径与印制板焊盘孔径应有 0.2～0.4cm 的合理间隙。

　　7）一些特殊元器件的安装处理。

　　① 大功率三极管一般不宜装在印制板上。因为它发热量大，易使印制板受热变形。一般都装有散热片。大功率三极管部件的加工示例如图 2-20 所示。

示例：大功率三极管部件加工具体步骤如下：a.对照工艺卡检验手中的三极管是否与卡片要求相符；b.按图2-20所示，将焊片②用螺钉③紧固于散热片①对应的4个孔上，紧固力矩0.6～1N·m；c.按图将三极管⑥用螺钉①和螺母⑤紧固于用散热片①上，并在三极管⑥与散热片⑦之间加垫云母片，并涂上硅酯，紧固力矩为0.6～1N·m；d.检查焊片、三极管是否与散热片接触良好，有无松动和损坏；e.将合格品整齐地码放于周转箱内。

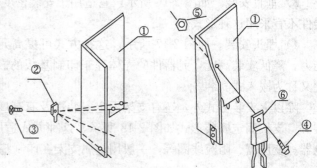

图 2-20　大功率三极管部件的加工

　　② MOS 集成电路的安装应在等电位工作台上进行，以免静电损坏器件。发热元件（如 2W 以上的电阻）要与印制板面保持一定的距离，不允许贴板安装。较大元器件的安装（重量超过 28g）应采取绑扎、粘固等措施。

　　4. 印制板装配工艺流程

　　(1) 手工方式
　　手工插装与自动焊接，适合大批量生产。工艺流程如下：
　　　　待装元件→引线整形→插件→调整位置→剪切引线→固定位置→焊接→检验
　　(2) 自动装配工艺流程
　　大部分器件由机器自动插装、自动焊接，这种形式适合于大规模、大批量生产，如图 2-21 所示。

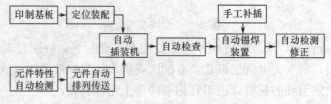

图 2-21　自动装配工艺流程

想一想

　　1. 印制板按结构分，有哪些类型？家用电器中，常用哪种印制电路板？
　　2. 元器件的安装方法有哪些？
　　3. 试说明大功率三极管安装时，其部件加工有哪些步骤？

读一读

知识3　电烙铁、焊料和焊剂的选用

1. 电烙铁的选用

一般常用有 25W、30W、45W、75W、100W、150W、200W 等规格，电烙铁的功率越大，烙铁的温度越高。印制板焊接可选用 25W 内热式或 30W 外热式两种电烙铁。

内热式电烙铁的结构及外形如图 2-22 所示。外热式电烙铁的结构及外形如图 2-23 所示。

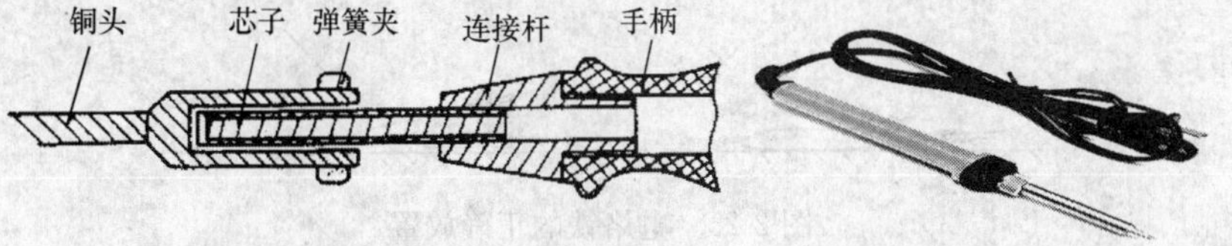

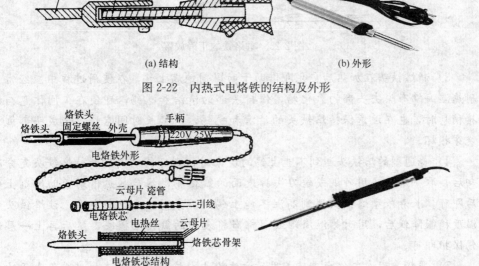

（a）结构　　　　　　　　　　　（b）外形

图 2-22　内热式电烙铁的结构及外形

图 2-23　外热式电烙铁的结构及外形

恒温电烙铁具有温度控制功能，可以任意调整烙铁头温度，不会有忽热忽冷的困扰。其外形如图 2-24 所示。

图 2-24　恒温电烙铁外形

知识链接

电烙铁使用的注意事项

1）应经常检查电烙铁电源线绝缘层是否破损露铜，一旦出现应立即停用并更换。

2）电烙铁内部的烙铁芯大多为陶瓷材料，如遇碰撞或跌落容易造成断裂和损坏，应轻拿轻放，若工间休息与焊间稍息不用，应放在固定的烙铁支架上，如图 2-25 所示。

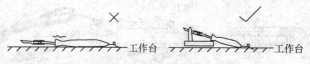

图 2-25　电烙铁的正确放置

3）新烙铁头在加热后应立即借助于助焊剂饱满上锡，在使用过程中应经常用耐热湿海绵布除去头部的氧化物，保持头部的清洁和吃锡，即使在工间休息与焊接稍息时，也在注意保持烙铁头的清洁和吃锡，严禁长时间空烧，造成头部氧化烧穿损坏。

4）普通型的烙铁头遇到不能上锡的现象时，则可将电源切断待烙铁头充分冷却后，取下烙铁头用砂纸或锉刀去掉表面的氧化物，然后加热借助于助焊剂上锡后即可。长寿命型烙铁头遇到高温不能上锡的现象时，先切断电源，让烙铁头的温度稍微降低后，用耐热湿海绵或湿棉布将表面的氧化物擦去，然后再上一层新锡保护即可。

5）严禁采用在工作台上敲或甩的方法除去电烙铁氧化锡渣，以避免由于冲击或震动使烙铁芯损坏。

6）在结束使用后，将电烙铁放在烙铁架上并用手从电源插座上拔下电源插头断电，然后自然冷却或用急风吹，达到冷却的目的。

7）烙铁芯电极引线与电源线连接的方式有螺柱连接、铆钉连接和端子连接三种，如图 2-26 所示。若用万用表测量烙铁芯电阻为无穷大（∞），说明已损坏。更换的烙铁芯规格必须与电烙铁规格是一致的。

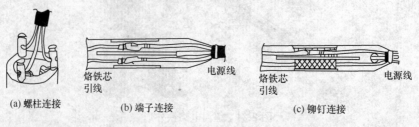

(a) 螺柱连接　　(b) 端子连接　　(c) 铆钉连接

图 2-26　连接方式

8）电烻铁的烻铁头在高温工作中，因锡与铜的金属化学反应作用，使铜的损耗较大，需要更换。普通型烻铁头是在其表面镀覆了层锌，头部有焊锡层，可修锉。而长寿命型、速热型、恒温 5# 小斜头等烻铁头的表面具有特殊镀覆层，如图 2-27 所示，无需修锉。外热式烻铁头是由紫铜制成的，表面无镀层，要修锉。

图 2-27 小斜烻铁头

9）更换的烻铁头必须是相同规格的，不能用不同规格或自制的烻铁头代替。进行更换时，一定要将烻铁头装插到底，因为，不装插到底，加热和传导热会失去应有的热平衡而损坏烻铁芯，缩短其使用寿命。

各类烻铁头外形见图 2-28。普通、长寿内热式烻铁头的更换示意图如图 2-29 所示。

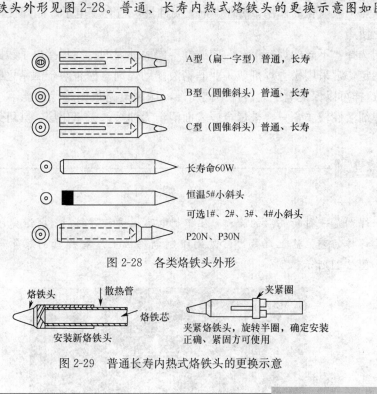

图 2-28 各类烻铁头外形

图 2-29 普通长寿内热式烻铁头的更换示意

2. 焊料和助焊剂的选用

焊接材料包括焊料、助焊剂和阻焊剂。

（1）焊料

要焊接良好，就要根据焊件或焊接要求，使用合适焊料。

焊料可分为锡铅焊料、银焊料及铜焊料等。在电子产品焊接中，主要使用锡铅软焊料合金。常用的锡铅焊料，由于锡的比例以及其他的金属成分的含量不同而分为多种牌号，每种牌号各具有不同的焊接特性，要根据焊接点的不同要求去选用。

（2）助焊剂

图 2-30　松香

作用：①去除氧化膜，焊剂是锡焊的辅助材料，可去除金属表面氧化膜，并降低焊料接面的张力，增加焊料的流动性，使焊点易于成形；②防止氧化，当助焊剂在去除氧化物反应的同时，还形成一个保护膜，防止被焊件表面再度氧化，直到接触焊锡为止；③减小表面张力，增加焊锡流动性，有助于焊锡润湿焊件。

助焊剂一般可分为：无机焊剂、有机焊剂、树脂焊剂。在电子产品焊接中，通常不允许使用无机焊剂和有机焊剂。树脂焊剂主要成分是松香（见图 2-30），是由自然松脂中提炼出的树脂类混合物。松香有较好的助焊作用，同时焊接完成后松香膜层具有覆盖和保护焊点不被氧化的作用，松香焊剂无腐蚀性，适合于电子产品焊接，所以这类助焊剂被广泛使用。

焊剂选择：不同的焊接工艺，应选择不同的助焊剂。在焊接电子线路板时，为使焊接可靠稳定，常采用松香焊剂或工业酒精液体助焊剂（松香溶于酒精之中，重量比例为 3∶1），这样可以保证电子元器件不被腐蚀，印制电路板的绝缘性能不至于降低，由于纯松香焊剂活性较弱，只要被焊金属表面清洁无油污，无氧化层，其可焊性就可以得到保证。

知识链接

阻　焊　剂

阻焊剂是一种耐高温的涂料，在印制电路板进行焊接时，将避免印制电路板上不需要焊接的部位沾上焊锡，常见的印制电路板上没有焊盘的绿色涂层即为阻焊料，如图 2-31 所示。

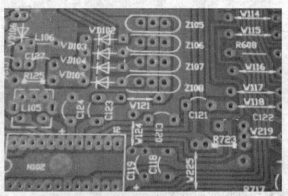

图 2-31　印制板表面阻焊层（绿色）

阻焊剂的优点：在印制电路板进行焊接时，能防止桥接，电路间的短路等现象产生，降低返修率，可减小印制电路板受到热冲击，使印制电路板面不易起泡和变形。因有阻焊剂的覆盖，能使板面的铜箔得到保护，使印制板的板面显得整洁美观。

想一想

1. 印制板焊接通常选用哪两种电烙铁？在对待普通型烙铁头和长寿命型或恒温 5♯ 小斜头等烙铁头的表面时，在需不需要修锉的问题上，有何不同？

2. 电子装配中，常用哪一种助焊剂？阻焊剂有何作用？

读一读

知识 4　手工插件

电子整机机芯板中的元器件可以用自动插件机来完成大多数元器件的插装，但大型元器件或不规则元器件，例如大功率电阻、大容量电容、各种接插件、集成块及晶振、声表面滤波器、行输出变压器、遥控接收等无法用机器自动装插，因而需采用手工插件。

1. 手工插件的工艺流程

手工插件工艺程如图 2-32 所示。由图可知，手工插件是在机插机芯板检验合格后，波峰焊前检查的一道关键工序。

图 2-32　手工插件工艺流程

2. 常用元器件的插装

轴向引线型元器件有电阻、二极管等。常见的径向引线型器件有各种电容、发光二极管、光电二极管以及各种三极管等。元器件的安装有立式、卧式（水平式）、倒式以及横装式等几种方法，如图 2-33 所示。立式插装有插装密度大、占用体积小的优点。用于小型印制板而插的元器件较多的情况，水平插装是将元器件贴近印制板插装，具有稳定性好、较牢固的优点。

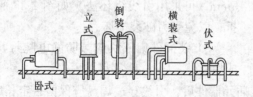

图 2-33　径向引线型元器件的安装形式

一般三极管、电解电容、晶振和单列直插集成电路多采用立式插装法，而电阻、二极管、双列直插及扁平封装集成电路多采用水平插装方式。

3. 元器件装插的具体要求

1）每个工位的操作人员将已检验元器件按不同的品种、规格装入元件盒或纸盒内，并整齐有序地放置在工作台内的滑槽里，然后严格按照工位前上方悬挂的工艺卡片操作。

2）按电路流向分区块装插各种规格的元器件。

3）装插元器件应遵循先小后大、先轻后重、先低后高、先里后外的原则，这样有利于装插的顺利进行。

4）电容器、半导体三极管、晶振及一部分（单列直插式）集成块，采用立式装插法；元器件离印制板2~3mm高；若太高，将降低稳定性；反之若太低、不利于散热。

5）电阻元件、二极管和双列直插、扁平式集成块应采用水平装插法，标记符号向上。方向一致、便于观察、功率小于1W的电阻元件可贴近印制板平面装插，功率较大的电阻元件应距印制板2mm，便于散热。

6）为保证整机用电安全，插件时须注意保持元器件间的最小放电距离，元器件不能有严重歪斜，以防止元器件之间因接触而引起的各种短路和高压放电，一般元器件安装高度和倾斜范围如图2-34所示。

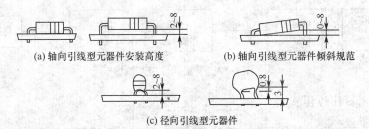

(a) 轴向引线型元器件安装高度　　　(b) 轴向引线型元器件倾斜规范

(c) 径向引线型元器件

图2-34　一般元件的安装高度和倾斜规范（单位：mm）

图2-35　玻壳二极管
的插装

7）装插元器件要戴手套，尤其对易氧化、易生锈的金属元器件，以防止汗渍对元器件的腐蚀作用。

8）装插玻壳二极管时，应将引线适当留长，不得小于5mm（可采用引线绕环法）如图2-35所示，不宜紧靠根部弯折；以免受力破裂损坏。

9）装插件集成块应戴防静电腕带，以免人体静电损坏集成块。

10）印制电路板装插元器件后，引线穿过焊盘应保留一定长度，一般应多于2mm。

11）流水线上装插元器件后要注意对印制板和元器件的保护，在卸板时要轻拿轻放，不宜多层叠放。

4. 特殊元器件的装插

1）大功率三极管、电源变压器、行输出变压器等大型元器件，其装插孔一般都要用铜铆钉加固，在装插时，还应用黄色硅树脂胶黏剂将其底部粘在印制电路板上。

2）中频变压器、输入/输出变压器带有固定插脚，在装插时，将插脚压倒并锡焊固定，较大的电源变压器则采用螺钉固定，并加弹簧圈防止螺母、螺钉松动。

3）一些开关、电位器等为了防止助焊剂中的松香浸入元器件内部的触点而影响使用性能，因而在波峰焊前的插装，要在装插部位的焊盘上贴胶带纸，波峰焊后，撕下胶带，再装插更新元器件，进行手工焊接。

4）因 CMOS 集成电路，场效应管的输入阻抗很高，极易被静电击穿，故在装插这些元器件时，应戴防静电腕带；装插集成块时应弄清引线脚排列顺序，并与插孔位置对准。

5）电源变压器、高频头、伴音中放集成块、红外线遥控接收器等需屏蔽的元件，屏蔽装置应接好地。

5. 手工插件的质量规范

1）一般质量要求。一般元器件距印制线路板的高度为 3～7mm，如图 2-36 所示。

2）元器件间的间隙要求如图 2-37 所示。

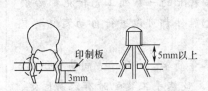

图 2-36 一般元件距离印制板的高度

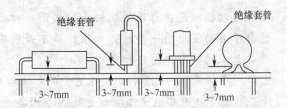

图 2-37 元器件插装间隔要求

对于每位操作工来说，操作的准则为工艺卡片。目前，插件工艺卡片一般为作业指导书和元器件配套卡两张，作业指导书为通用卡片，元器件配套片是随产品名称更改而不同的。

知识链接

自动插件机

自动插件机是将编带电子元器件剪切成形后，插入印制板通孔，或直接将未编带的电子元器件插入印制板通孔，并在印制板焊接面将元件管脚打弯成形，从

图 2-38 自动插件机

而使元器件暂时固定在印制板上的设备。因此，插件机为通孔插装设备，如图 2-38 所示。其特点：插件质量稳定、易控、生产效率高、易于实现自动化，较适合大批量生产的要求。目前世界上已有铆钉插件机、跨接线插件机、轴向元件类（如电阻、二极管）插件机、径向元件类（如电容、三极管）插件机、集成块插件机、异形元件插件机等。

1. 自动插装工艺过程

自动插装工艺过程框图如图 2-21 所示。经过处理的元器件装在有专用的传输带上，间断地向前移动，保证每一次有一个元器件进到自动装配机的装插头的夹具里。插装机自动完成切断引线、引线成形、移至基板、插入、弯角等动作，并发出插装完成的信号，使所有装配回到原来位置，准备装配第二个元件。印制板靠传送带自动送到另一装配工位，装配其他元器件，当元器件全部插装完毕，即自动进入波峰焊接的传送带。

印制电路板的自动传送、插装、焊接、检测等工序，都是由电子计算机进行程序控制的。这需要根据印制板的尺寸、孔距、元器件尺寸和它在板上的相对位置等，确定可插装元器件和选定装配的最好途径，编写程序，然后再把这些程序送入编程机的存储器中，由计算机自动控制完成上述工艺流程。

2. 自动插装元器件的工艺要求

自动插装是在自动装配机上完成的，对元器件装配的一系列工艺措施都必须适合于自动装配的一些特殊要求，并不是所有的元器件都可以进行自动装配，重要的是采用标准元器件和尺寸。

对于被装配的元器件，要求它们的形状和尺寸尽量简单、一致，方向易于识别，有互换性等，有些元器件，如金属圆壳形集成电路，虽然手工装配时有容易固定、可把引线准确地成形等优点，但自动装配很困难，而双列直插式集成电路却适用于自动装配，另外，还有一个元器件的取向问题。即元器件在印制板什么方向取向，对于手工装配没有什么限制，也没有什么根本差别，但在自动装配中，则要求沿着 x 轴或 y 轴取向，最佳设计要指定所有元器件只有一个轴上取向（至多排列在两个方向上）。为希望机器达到最大的有效插装速度，就要有一个最好的元器件排列。元器件的引线孔距和相邻元器件引线孔之间的距离，也都应标准化，并尽量相同。

想一想

1. 简要说明手工插件的工艺流程。
2. 元器件的装插有哪些具体要求？

读一读

知识 5　手工焊接技术

在无线电整机装配过程中，焊接是一种主要的连接方式。它是将组成产品的各种元器件，通过导线、印制导线或接点等，使用焊接的方法牢固地连接在一起的过程。在电子产品装配中，锡焊应用最广。锡焊是焊接的一种，其全过程是加热被焊金属件和锡铅焊料，使锡铅焊料熔化，借助于助焊剂的作用，使焊料浸润已加热的被焊金属件表面形成合金，焊料凝固后，被焊金属件即连接在一起。

锡焊的条件：①被焊件必须具备可焊性；②被焊金属表面应保持清洁；③使用合适的焊剂；④具有适当的焊接温度；⑤具有合适的焊接时间。

手工电烙铁焊接工艺技术：①烙铁应保持良好的接地，避免漏电而损坏元器件；②烙铁应根据使用需要选用一定规格的烙铁头；③经常清洗烙铁头，保证清洁、平滑；不允许有氧化物和污物，更不允许有倒钩，避免对印制线路造成损坏和焊接不良；④焊接、烫取元件时间应适宜（一般2～3s为宜）；⑤焊接时烙铁应沿焊点水平方向移动，在将要离开焊接点时，快速往回略带一下，然后迅速离开焊接点，保证焊点光亮、圆滑，不出毛刺；⑥通常使用电烙铁的方法为笔握法，如图2-39所示。

图2-39 笔握法使用电烙铁的姿势

1. 手工焊接工艺流程

1）准备。焊接前必须做好焊接的准备工作，它包括焊接部位的清洁处理，预焊，元器件引线的成形及插装，焊接工具及焊接材料的准备，使连接点处于随时可以焊接的状态。

2）加热。就是用烙铁头加热焊接部位，使连接点的温度加热到焊接需要的温度。在加热中热量供给的速度和最佳焊接温度的确定是保证焊接质量的关键。通常焊接温度控制在260℃左右，但考虑电烙铁在使用过程中的散热，可把温度适当提高一些，控制在300℃左右。

3）加焊料。当烙铁加热到一定的温度后，即可在烙铁头和连接点的结合部或烙铁头对称的一侧。加上适量的焊料，焊料量的多少，应使导线的外形保持可见或保证能够覆盖连接点。

4）冷却。焊接时间结束之后，焊料和烙铁头都已撤离，焊点应自然冷却，不要用嘴吹或其他强制冷却的方法，以免影响焊点的形成，在焊料凝固过程中，连接点不应受到任何外力的影响而改变位置。

5）清洗。焊接完成之后，必须进行清洗，除去残留在焊点周围的焊剂，油污等，以防残留物的污染及腐蚀，并使焊点清洁美观。手工焊接的工艺流程如下。

准备──→加热──→加焊料──→冷却──→清洗──→检验

2. 操作方法

为保证焊接质量，必须处理好材料、工具、方法和操作者几个方面的问题，操作者上岗前必须经过严格的训练，既要掌握焊接技术，又要有一套正确的操作方法。

焊接操作的三要素：清洁处理、加热、焊接。围绕"三要素"，根据不同的焊接对象，则有不同的操作方法。具体操作方法可分为三工序法和五工序法。

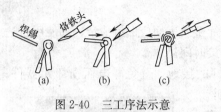

图 2-40 三工序法示意

三工序法操作图如图 2-40 所示。图 2-40（a）为准备工序，烙铁头和焊锡丝同时指向连接点，烙铁头上应熔化少量焊锡，图 2-40（b）为加热焊接部位并熔入焊锡，操作时，焊锡和烙铁头同时到达，焊接时间适当，图 2-40（c）为烙铁头和焊锡丝同时离开焊接点，离开时动作要快。

手工烙铁焊接时，一般应按以下的五个基本步骤（五工序法，见图 2-41）进行。

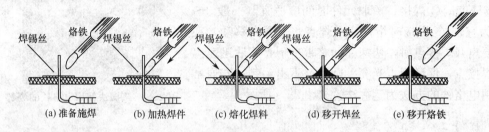

图 2-41 五工序法示意图

1）准备施焊：将被焊件、电烙铁、焊锡丝、烙铁架等准备好，并放置于便于操作的地方。检查烙铁外壳接地良好，以免烙铁外壳带电损坏集成块等元件。焊接前要先将加热到能熔锡的铬铁头放在松香上或蘸水海绵轻轻擦拭，以去除氧化物残渣；然后把少量的焊料和助焊剂加到清洁的烙铁头上，让烙铁随时处于可焊接状态。

2）加热焊件：将烙铁头放置在被焊件的焊接点上，使焊接点升温。要掌握好烙铁的角度，使焊点与烙铁头接触面积大一些。若烙铁头上带有少量的焊料（在准备阶段时带上），可使烙铁头上的热量较快传到焊点上。

3）熔化焊料：将焊接点加热到一定的温度后，用焊锡丝触到焊接处，熔化适量的焊料。焊锡丝应从烙铁头的对称面加入，而不应直接加在烙铁头上。

4）移开焊丝：当焊锡丝适量熔化后，迅速移开焊锡丝。以保证焊点不出现堆积现象。

5）移开烙铁：当焊接点上的焊料流散接近完全润湿，助焊剂尚未完全挥发，也就是焊点上的温度最适当、焊点最光亮、流动性最强时，迅速移开烙铁头。上述过程，就一般焊点而言，持续时间大约 3s 左右。

3. 手工焊接操作要领

1）电烙铁的握法。在焊接时，电烙铁的握持方法并无统一规定，应以不易疲劳、便于用力和操作方便为原则，一般有正握、反握和笔握三种，如图 2-42 所示。

正握法适用于弯烙铁头操作或直烙铁头在大型机架上焊接。反握法对被焊件压力较大，适用于较大功率电烙铁（一般大于 75W）的场合。笔握法就像拿笔写字一样，适用于小功率烙铁焊接印制电路板。

2）烙铁头的接触法。烙铁头与焊件必须形成良好的热接触，如果烙铁头接触角度或接触部位不恰当，会导致热传导速度某一侧快，而另外一侧慢，使得几种金属不能同时加热，由于加热不均匀影响焊点的质量，图 2-43 所示为焊接印制板和接线端子时的接触方法。

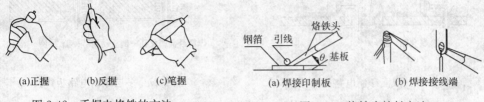

(a)正握　　(b)反握　　(c)笔握
图 2-42　手握电烙铁的方法

(a) 焊接印制板　　(b) 焊接接线端
图 2-43　烙铁头接触方法

3）烙铁头的撤离法。烙铁头的主要作用是加热，待焊料熔化后，应迅速撤离焊接点，过早或过晚撤离均易造成焊点的质量问题，烙铁头的另一个作用是可控制焊料量及带走多余的焊料，这与烙铁头撤离的方向有关。

如图 2-44 所示，烙铁头从斜上方的约 45°角的方向离开焊点，可使焊点圆滑，带走少量焊料，如图 2-44（a）所示；若烙铁头垂直向上撤离，容易造成焊点拉尖，如图 2-44（b）所示；若烙铁沿水平方向撤离，可带走大量焊料，如图 2-44（c）所示；若烙铁头沿焊点向下撤离，将带走大部分焊料，如图 2-44（d）所示；若烙铁头沿焊点向上撤离，仅带走少量焊料，如图 2-44（e）所示。掌握烙铁头撤离方向，就能控制焊料量，使每个焊点符合要求，这是手工焊接的技巧之一。

4．印制电路板的焊接要求

对于单面印制线路板，焊接要求按图 2-45 的规定进行，元器件不能装在印制导线的一面，否则不合格，如图 2-45（b）所示。

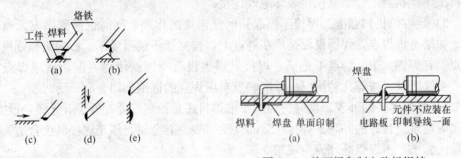

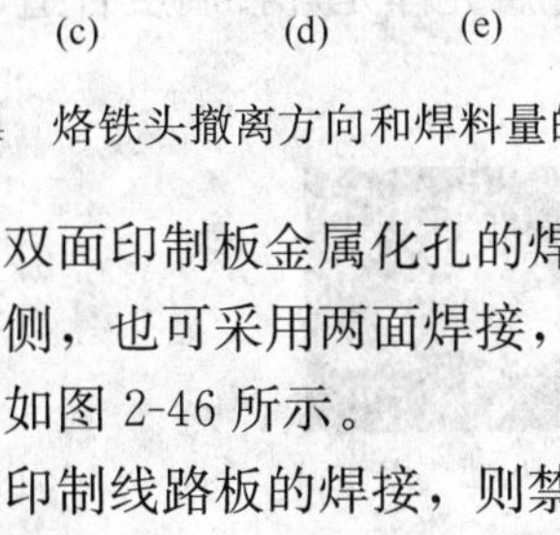

图 2-44　烙铁头撤离方向和焊料量的关系

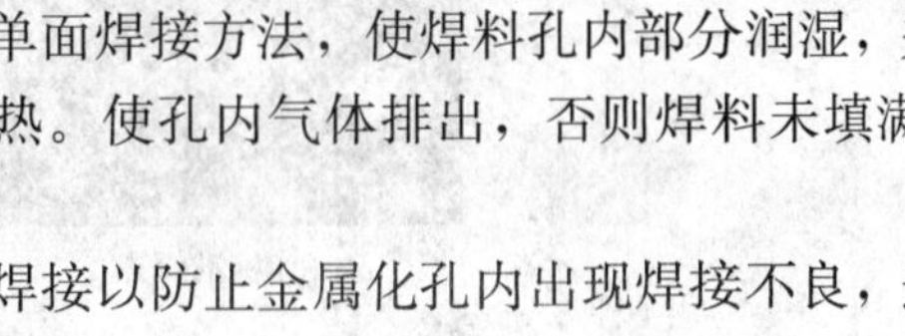

图 2-45　单面焊印制电路板焊接

对于双面印制板金属化孔的焊接，可采用单面焊接方法，使焊料孔内部分润湿，并流向另一侧，也可采用两面焊接，但要充分加热。使孔内气体排出，否则焊料未填满，不合格，如图 2-46 所示。

多层印制线路板的焊接，则禁止采用两面焊接以防止金属化孔内出现焊接不良，造成多层印制电路板内层电气连接开路或接触不良，焊接按图 2-47 所示的要求进行。

扁平引线（如扁平封装集成电路）的焊接，要求引线对位正确，并采用对有引线焊接的方法，依次将引线焊好，可按图 2-48 所示的要求进行。

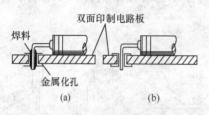

图 2-46　双面印制电路板焊接

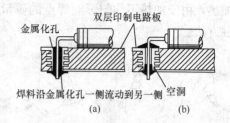

图 2-47　多层印制电路板焊接

若元器件引线在印制电路板上需打弯后焊接，按图 2-49 所示的要求进行，引线应向印制导线的方向打弯。

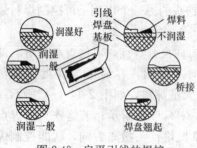

图 2-48　扁平引线的焊接

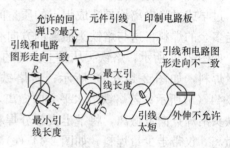

图 2-49　引线打弯焊接

5. 对焊点质量的要求

1）可靠的电气连接。焊接是电子线路从物理上实现电气连接的主要手段。一个焊点既要能固定元件，又能稳定可靠地通过一定电流，没有足够的连接面积，焊点长期超负荷工作，接触层容易氧化，破坏电气连接。

2）足够的机械强度。焊接不仅起到电气连接的作用，同时也起到固定元器件的作用。如果是虚焊点，焊锡仅仅是堆在焊盘上，自然谈不到强度了。影响机械强度的缺陷焊点，有焊锡太少，焊点不饱满，焊接时焊锡没有凝固就使焊点振动造成焊点晶粒粗大、裂纹以及夹渣等几种情况。标准焊点与虚焊点的区别如图 2-50 所示。

3）光洁整齐的外观。良好的焊点要求焊料用量恰到好处，外表有光泽，没有拉尖、桥接等现象。良好的外观是焊接质量的反映。表面有金属光泽是焊接温度合适、生成合金层的标志，不仅仅是外表美观的要求。

(a) 标准焊点

(b) 虚焊点

图 2-50　标准焊点与虚焊点

4）焊点上的焊料要适当，不要出现过多或过少，如图 2-51 所示。

5）焊点表面要清洁，有污垢应及时排除。

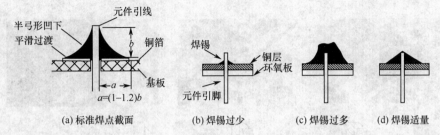

图 2-51 对焊接质量的要求

典型焊点的外观要求：焊点的剖面呈双曲面形。焊料的连接面呈半弓形凹面，焊料与焊件交界处平滑。表面有光泽且平滑，无裂纹、针孔、夹渣，如图 2-51 (a) 所示。

影响焊点质量的主要原因有：①焊接点表面不清洁；②焊接时间与温度控制不当；③助焊剂使用不当；④操作者操作不当。各类问题焊点如图 2-52 所示。

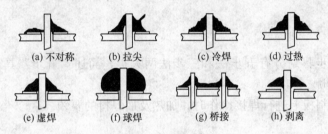

图 2-52 各类问题焊点

知识链接

拆 焊 技 术

在安装、调试和维修中常需要更换一些元器件，将其拆下。如果拆焊方法不得当，就会破坏印制电路板，也会使换下而没失效的元器件无法重新使用。

拆焊时，要严格控制加热的温度和时间。有时采用间隔加热法比长时间连续加热好。拆焊时不要用力过猛。用电烙铁去撬或晃动接点的做法都不好，一般接点也不允许用拉动、摇动、扭动等方法去拆除。

在印制板上对元器件拆焊，常用的是分点拆焊法和集中拆焊法。对于分立元器件，如电阻、电容、二极管等引脚不多，且每个引脚可相对活动的元器件可用烙铁直接拆焊。拆焊时，将印制板竖立起来，用烙铁加热待拆元件的焊点，同时用镊子或尖嘴钳夹住元器件引脚轻轻拉出，如图 2-53 所示。

对多焊点元器件，采用吸锡器能够很方便地吸除引脚上的各个焊点上的焊料，从而使元器件引脚脱离印制电路板。拆焊所用吸锡器有多种类型，如吸锡电烙铁、活塞式吸锡器等。

晶体三极管以及一些通用元器件的引脚之间距离小，所以焊接点间距离都较小，可用集中拆焊法。

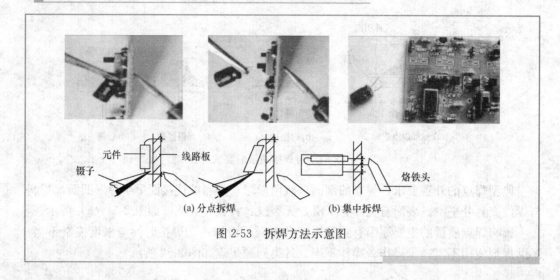

图 2-53　拆焊方法示意图

1. 手工焊接步骤划分有五步法和三步法两大类，简述"五步"具体是指哪五步，"三步"具体是指哪三步。

2. 简述在印制板上进行焊接操作时，加热及加焊料的要领。

实训　手工焊接和拆焊练习

1. 实训目的

学会五步操作手工焊接法；学会手工拆焊方法。

2. 实训所需器材

焊接装配工具一套（包括电烙铁及烙铁架、镊子、斜口钳、尖嘴钳、吸锡器或空心针管），印制电路板、铜导线、电阻、电容、二极管、三极管若干。

3. 实训步骤及操作要领

1）用斜口钳把铜导线剪成合适长度，去铜导线绝缘漆，并对线头搪锡。将铜导线及各元器件按要求弯曲成形，以便插入相应焊盘通孔内，焊在印制板上。严格按"五步操作法"（见图 2-54）进行练习。先做贴板安装焊接练习，再做间隔安装焊接练习。

2）焊接完毕，应用良好的溶剂清洗多余的松香，并检查每一个焊点的质量，看是否有虚焊、焊料过多或焊料太少的现象。

3）拆焊练习。对应不同类型的元器件，严格按照拆焊技术的操作要领，把印制板上元器件一一拆下后，再做反复焊接和拆焊练习。要求拆下的所有元器件能保持完整。

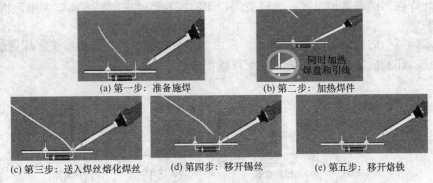

(a) 第一步：准备施焊   (b) 第二步：加热焊件

(c) 第三步：送入焊丝熔化焊丝   (d) 第四步：移开锡丝   (e) 第五步：移开烙铁

图 2-54 五步操作法步骤示意图

4. 实训报告

把实训过程中遇到的问题和体会都记录在报告中。

议一议

1. 面对集成电路的焊接，是否考虑过"拖焊"练习？

2. 出现焊点虚焊、用锡过多或过少、毛刺、无光亮成灰色、焊盘脱落等问题，你认为是什么原因引起的？

读一读

知识 6 自动焊接技术

1. 波峰焊接工艺技术

波峰焊是将熔融的液态焊料，借助机械泵的作用，在焊料槽液面形成特定形状的焊料波，插装了元器件的 PCB 置于传送链上，经过某一特定的角度以及一定的浸入深度穿过焊料波峰而实现焊点焊接的过程。

波峰焊机采用波峰焊接，能一次完成印制板上的全部焊点的焊接，适用大批量印制板的焊接。波峰焊机可分为单向波峰和双向波峰焊机。波峰焊接不但生产效率高，而且焊接质量也高，因而在工厂里取代了传统焊接工艺。通常采用改进后的双向波峰焊，让印制电路板在一次焊接过程中先后经过两个波峰。无铅波峰焊机及波峰焊接示意图如图 2-55 所示。

助焊剂 加温   焊料

图 2-55 无铅波峰焊机及波峰焊接示意图

波峰焊在锡锅和基板温度、波峰高度、印制板的传递速度等方面要求很严格。

波峰焊机的构造如图 2-56 所示，是由助焊剂喷雾系统、预热系统、焊锡炉、冷却系统、印制板输送系统和显示控制系统组成。

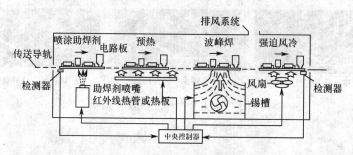

图 2-56　波峰焊机的工位组成及其功能

印制板经波峰焊机焊接时首先要经过助焊剂喷雾系统，当传感器检测到印制板进入波峰焊机后，控制系统打开位于印制板下方的喷嘴，在压缩空气的推动下助焊剂经喷嘴喷出雾状液体助焊剂，喷嘴自动沿前进方向的左右运动，使整块印制板都均匀地喷上助焊剂。

传输导轨将印制板继续往前送到预热区，预热区是由红外发热管或红外射灯组成的，预热温度由控制系统调整。印制板在预热区加热到 90～160℃，印制板上的助焊剂活性物质分解活化，与板上的氧化物和其他污染物反应生成残渣暂时附着在印制板上。预热区的长短和预热温度的高低对焊接效果都有影响。常见的预热方式有：空气对流加热、红外加热器加热和热空气和辐射相结合的方法加热。

经预热的印制板被传送导轨送到波峰炉，印制板先经较窄的紊乱波预焊以消除由气泡遮蔽效应和阴影效应造成的影响，再经过宽平波峰的精焊而完成印制板的焊接。

冷却系统是将已经焊接好的印制板用风扇快速降温，从而使焊锡尽快冷却，以便进入下一道工序。控制系统是对以上各部分进行调整控制的。

2. 表面贴装技术

表面贴装技术（SMT）是一种新的电子安装技术，它与传统的通孔插装技术相比，具有元器件安装密度高、产品体积小、重量轻（SMT 可使电子产品体积缩小 40%～60%，重量减轻 60%～80%）、可靠性高、抗震能力强、成本低等优点。目前，先进的电子产品，特别是在计算机及通信类电子产品中，已普遍采用表面贴装技术。

采用表面贴装技术后，贴装元件无引线或短引线，直接贴装在印制板上，元器件的引线不用打弯、剪短，电路板不需打孔，使整个生产过程缩短，提高了生产效率，有效地降低了生产成本。

SMT 技术由电子元件、集成电路的设计制造技术、电子产品的电路设计技术、电路板的制造技术、自动贴装设备的设计制造技术、电路装配制造工艺技术、装配制造中使用的辅助材料的开发生产技术等技术元素组成。

根据所采用的焊接方式不同，SMT工艺流程分为以下三类。

第一类：全部采用回流焊接（极少量元件采用手插手焊）；第二类：全部采用波峰焊接；第三类：混合采用回流焊接和波峰焊接，如图2-57所示。

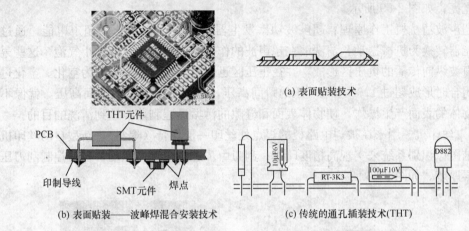

(a) 表面贴装技术

(b) 表面贴装——波峰焊混合安装技术　　　(c) 传统的通孔插装技术(THT)

图 2-57　SMT 与传统技术相比示意图

SMT辅料包括贴片胶、焊膏等，SMT辅料必须冷藏。贴片胶又叫固化胶，其作用是在波峰焊之前将表面贴装元件暂时固定在印制板上，以免波峰焊时贴片元器件发生偏移和掉落等问题。波峰焊接后贴片胶虽然不再起作用，但它仍然随着元器件留在PCB板上。焊膏是一种合金焊料粉末和触变性助焊剂系统均匀混合的黏稠状流体。焊膏在常温下具有一定的黏性，可将电子元件暂时粘在既定位置，在焊接温度下，随着溶剂和部分添加剂挥发，将被焊元器件与印制板焊盘互连在一起形成永久的连接。

SMT生产线的组合形式如下。

SMT表面贴装的步骤如图2-58所示。

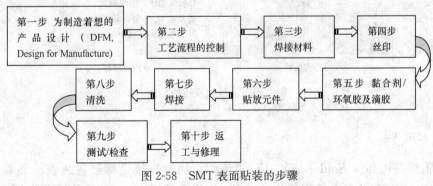

图 2-58　SMT 表面贴装的步骤

3. 表面贴装技术所用设备简要介绍

1）超声波清洗机。主要用于线路板助焊剂、油污等污渍的清洗，恢复线路板的清洁、光亮，如图 2-59 所示。

超声波清洗机工作原理：超声波功率发生器产生 20～40kHz 的超声电能，通过超声换能器转换为机械振动，清洗液在超声波的作用下，产生大量的微小气泡，这些气泡在超声波纵向传播的负压区形成，并在正压区迅速闭合，这种现象称为空化。空化过程气泡闭合时形成超过 1000 个大气压的瞬间高压，连续不断产生的瞬间高压，就像不断地在物体的表面产生爆炸，使物体表面和缝隙的污垢迅速剥落，达到清洗的目的。

2）丝印机。用来在被焊电路板的焊点处丝印一层焊膏（焊料）。新型自动丝印机采用电脑图像识别系统来实现高精度印刷；刮刀由步进电机无声驱动，容易控制刮刀压力和印层厚度，如图 2-60 所示。

图 2-59　超声波清洗机

图 2-60　丝印机

3）点胶机。用于在被焊电路板的贴片元器件安装处点滴胶合剂（红胶）。点胶机及点胶原理见图 2-61 所示。

(a) 点胶机

加压注射：将贴装胶灌入注射器中，施胶时从上面加压或用旋转机械泵加压，迫使贴片胶从针头排出，滴到 PCB 要求的位置上

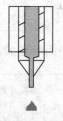

(b) 点胶原理

图 2-61　点胶机及点胶原理

4. 回流焊机

回流焊（Reflow Soldering）又称再流焊，回流焊接是将已置放表面黏着组件的 PCB，经过回流炉先行预热以活化助焊剂，再提升其温度至 183℃使锡膏熔化，组件脚与 PCB 的焊垫相连接，再经过降温冷却，使焊锡固化，即完成表面黏着组件与 PCB 的

接合。

　　回流焊机分为有铅回流焊机和无铅回流焊机。回流焊机一般由预热区、保温区、再流区、冷却区等几大温区组成，同时各大温区又可分成几个小温区。无铅回流焊机比有铅回流焊机具有更多的温区，其焊接工艺更复杂。大型八温区无铅回流焊接机如图 2-62 所示。

　　小型回流焊机实物外形如图 2-63 所示，它适合科研生产与中小批量线路板贴片焊接加工场合。特点是由多温度控制段替代多温区设计，大大降低设备复杂程度，减小设备体积；进仓、预热、保温、焊接、冷却、出仓全过程由计算机自动控制，并具有全过程的图形界面显示。

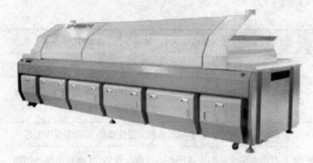

图 2-62　大型八温区无铅回流焊接机

图 2-63　小型回流焊主机

想一想

　　1. 简述波峰焊机的工位组成及作用。

　　2. 表面安装技术有哪些步骤？列举表面贴装技术所用设备的作用。

评一评

任务检测与评估

	检测项目	评分标准	分值	学生自评	教师评估
任务知识内容	电子装配工具	掌握常用电子装配工具使用特点	10		
	印制板电路的装接	掌握元器件成形的方法	10		
	电烙铁、焊料和焊剂的选用	能正确选用电烙铁、焊料和焊剂	10		
	手工插件	掌握常用元器件的插装工艺	15		
	手工焊接技术	掌握"五步操作"法	15		
	自动焊接技术	掌握波峰焊和回流焊的技术特点	10		
任务操作技能	手工焊接和拆焊练习	掌握手工焊接与拆焊技能	20		
	安全操作	安全用电、按章操作，遵守实训室管理制度	5		
	现场管理	按 6S 企业管理体系要求、进行现场管理	5		

任务二　收音机的安装与调试

1. 了解电子技术文件包括哪些内容；掌握设计文件和工艺文件的编写方法。
2. 掌握设计图和工艺图的画法和注意事项。

教学步骤	时间安排	教学方式(含教学内容、教学手段、如课件、举例等)
阅读教材	课余	自学、查资料、相互讨论
知识讲解	6课时	重点：设计文件和工艺文件包括的内容及编写方法；以收音机为实例，练习工艺文件的书写格式和编制方法
操作技能	8课时	结合收音机的装配与调试，练就元器件成形、安装与焊接工艺
评估检测	与课堂教学同步进行	教师与学生共同完成任务的检测与评估，并能对出现的问题进行分析与处理

读一读

知识1　电子技术文件

技术文件是电子产品从设计、生产到检验、储运，从销售服务到使用、维修全过程的基本依据。从事电子产品设计、生产和使用的人员总是要和各种各样的电气图、文字表格、说明书等打交道，这些图、文、表统称为技术文件。技术文件包括设计文件和工艺文件两大类。

1. 产品技术文件

设计文件是产品在研究、设计、试制和生产实践过程中积累而形成的图样及技术资料。

电子产品设计文件通常由产品开发设计部门编制和绘制，经工艺部门和其他有关部门会签，开发部门技术负责人审核批准后生效。

（1）设计文件

设计文件是产品研发设计过程中形成的反映产品功能、性能、构造特点及测试试验要求等方面的技术文件。

（2）工艺文件

工艺文件是指将组织生产实现工艺过程的程序、方法、手段及标准用文字及图表的形式来表示，用来指导产品制造过程的一切生产活动，使之纳入规范有序的轨道。工艺文件是指导工人操作和用于生产、工艺管理等各种技术文件的统称。

企业是否具备先进、科学、合理、齐全的工艺文件是企业能否安全、优质、高产低消耗地制造产品的决定条件之一。凡是工艺部门编制的工艺计划、工艺标准、工艺方案、质量控制规程都属于工艺文件的范畴。

工艺文件是带强制性的纪律性文件。不允许用口头的形式来表达，必须采用规范的书面形式，而且任何人不得随意修改，违反工艺文件属违纪行为。

工艺文件大致分两类：工艺技术类（工艺规程）和工艺管理类。工艺规程是规定产品或零部件制造工艺过程和操作方法等的工艺文件。

（3）工艺规程的分类和编制

1）按用途分类。

第一类：工艺规程的封面、工艺规程的目录。

第二类：各种汇总图表。包括工装明细表、消耗定额表、配套明细表、工艺流程图、工艺过程表。它们是作为材料供应、工装配置、成本核算、劳动力安排、组织生产的依据。

第三类：各种作业指导书。包括装联准备（元器件预成形、导线预加工等）、装配工艺规程（插件、焊接、总装等）、调试工艺规程、检验工艺规程。它们是组装操作的作业指导，一切生产人员必须严格遵照执行。

第四类：工艺更改单。有临时性更改及永久性更改两种。它们是实施工艺更改的依据。

2）按适用性分类。

专用工艺：是指适用于某一产品或某一组件的某一工艺阶段所编制的工艺规程，而对其他产品不适用。

通用工艺：是指适用于多种产品的工艺规程。通常，一些电子产品尽管型号、规格不同，但装联时的操作要领及质量要求是基本相同的，可以将它们上升为通用工艺规程。通用工艺一般只在企业内部通用。

典型工艺：是指在通用工艺的基础上进一步提炼的产物，有较大的通用性，不受企业具体条件的约束，只要是相同的工种，均可适用，如热处理典型工艺、氧化典型工艺。整机类电子产品的工艺规程目前尚未典型化。

2. 电子产品的设计文件的种类及作用

按文件的样式将设计文件分为三大类：文字性文件、表格性文件和工程图。

文字性设计文件作用及内容如表 2-1 所示。

表格性设计文件主要有以下一些。

明细表：明细表是构成产品（或某部分）的所有零部件、元器件和材料的汇总表，也叫物料清单。从明细表可以查到组成该产品的零部件、元器件及材料。

表 2-1　文字性设计文件

文件名称	作用或用途	主要内容
产品标准或技术条件	对产品性能、技术参数、试验方法和检验要求等所作的规定	反映产品技术水平
技术说明	用于研究、使用和维修产品，说明产品的性能、工作原理、结构特点	技术说明应包括产品技术参数、结构特点、工作原理、安装调整、使用和维修等
使用说明	提供给使用者	说明产品性能、基本工作原理、使用方法和注意事项
安装说明	为使用产品前的安装工作而编写的	说明产品性能、结构特点、安装图、安装方法及注意事项
调试说明	用来指导产品生产时，调试其性能参数	

软件清单：软件清单是记录软件程序的清单。

接线表：接线表是用表格形式表述电子产品两部分之间的接线关系的文件，用于指导生产时该两部分的连接。

电子工程图主要有以下一些。

1) 电路图。图 2-64 所示为 MF47 型万用表电路图。电路图也叫原理图，是用电气制图的图形符号的方式画出产品各元器件之间、各部分之间的连接关系，用以说明产品的工作原理。它是电子产品设计文件中最基本的图纸。

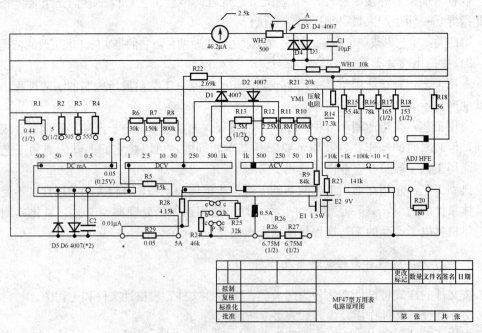

图 2-64　MF47 型万用表原理图

知识链接

绘制原理图注意事项

绘制电路图时，要注意做到布局均匀，条理清楚。

1）在正常情况下，采用电信号从左到右、自上而下的顺序，即输入端在图纸的左上方，输出端在右下方。

2）每个图形符号的位置，应该能够体现电路工作时各元器件的作用顺序。

3）把复杂电路分割成单元电路进行绘制时，应该标明各单元电路信号的来龙去脉，并遵循从左至右、自上而下的顺序。

4）串联的元件最好画到一条直线上；并联时，各元件符号的中心对齐。

5）根据图纸的使用范围及目的需要，设计者可以在电路图中附加以下并非必需的内容：①导线的规格和颜色；②某些元器件的外形和立体接线图；③某些元器件的额定功率、电压、电流等参数；④某些电路测试点上的静态工作电压和波形；⑤部分电路的调试或安装条件；⑥特殊元件的说明。

2）方框图。方框图是用一些方框表示某个电子产品电信号的流程和各个部件或功能模块关系的简图，供整机测试和排除故障时作为参考图使用，如图 2-65 所示。

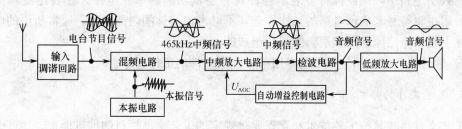

图 2-65　超外差中波收音机方框图

绘制方框图，要在方框内使用文字或图形注明该方框所代表电路的内容或功能，方框之间一般用带有箭头的连线表示信号的流向。在方框图中，也可以用一些符号代表某些元器件，例如天线、电容器、扬声器等。

方框图往往也和其他图组合起来，表达一些特定的内容。

对于复杂电路，方框图可以扩展为流程图。在流程图里，"方框"成为广义的概念，代表某种功能而不管具体电路如何，"方框"的形式也有所改变。流程图实际是信息处理的"顺序结构"、"选择结构"和"循环结构"以及这几种结构的组合。

3）装配图。装配图是用机械制图的方法画出的表示产品结构和装配关系的图。从装配图可以看出产品的实际构造和外观，如图 2-66 所示。

4）零件图。一般用来表示电子产品某一个需加工的零件的外形、结构、尺寸和偏差的图样。电子产品中最常见也是必须要画的零件图是印制板图。

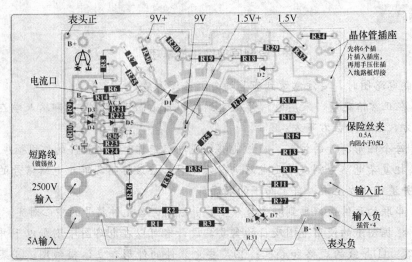

安 1. 4个输入插管、晶体管插座、电位器R8器垂直于线路板,并尽量插到底,焊接牢固,不松动;
装 2. 元器件、导线插正确、无错漏,焊点光滑、牢固、无虚焊;
要 3. R35是用3个2M电阻串联制成,并套上绝缘管;
求 4. R31是5A分流器,焊接部分不要超出线路板焊接面2mm,否则影响测量精度。

图 2-66　MF47 型万用表装配图

5)逻辑图。逻辑图是用电气制图的逻辑符号表示电路工作原理的一种工程图。

在数字电路中,用逻辑符号表示各种具有逻辑功能的单元电路。在表达逻辑关系时,采用逻辑符号来表示电路的工作原理,不必考虑器件的内部电路。通常所说的电路图实际上是由电路原理图和逻辑图混合组成的。

6)软件流程图。用流程图的专用符号画出软件的工作程序。

3. 工艺文件的格式

工艺文件格式是按工艺技术和管理要求规定的工艺文件栏目的编排形式。生产企业工艺文件常用格式有以下几种。工艺文件封面如图 2-67 所示。

1)工艺文件明细表。工艺文件明细表供装订成册的工艺文件编写目录用,反映产品工艺文件的齐套性,填写中"文件代号"栏填写文件的简号,不必填写文件的名称,其余各栏按标题填写,填写零件、部件、整件的图号、名称及其页数,如图 2-68所示。

2)配套明细表。配套明细表是编制装配需用的零部件、整件及材料与辅助材料清单,供各有关部门在配套及领、发料时使用,也可作为装配工艺过程卡的附页,其格式如图 2-69 所示。

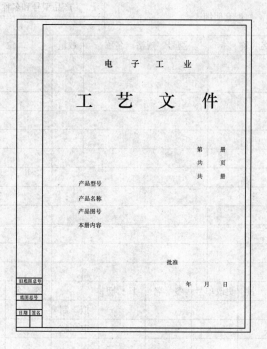

图 2-67 工艺文件封面

		工艺文件明细表			产品名称或型号		产品图号
	序号	文件代号、名称	零、部、整件图号		零、部、整件名称	页数	备注
使用性							
旧底图总号							
底图总号	更改标记	数量	文件号	签名	日期	签名	日期
						拟制		第 页
						审核		共 页
日期	签名						第 册	第 页

图 2-68 工艺文件明细表格式

配套明细表			产品型号和名称		产品图号
序号	名　称	型号、规格、名称	数量	位　号	装入何处
⋮	⋮	⋮	⋮	⋮	⋮

旧底图总号	更改标记	数　量	更改单号	签　名	日　期		签　名	日　期	第　页
						拟　制			
						审　核			共　页
底图总号						标准化			第　册　第　页

图 2-69　配套明细表格式

需填写的内容与要求：①按 1、2、3···填写顺序号；②按设计文件填写装联时需用的零、部、整件、外购件及材料的代号、名称及数量；③分别填写提供零、部、整件、外购件及材料的部门名称或代号；④填写接收部门的名称或代号。

各类明细表中，还有仪器仪表明细表、工位器具明细表等。

3）材料消耗定额表。该表列出生产产品所需的所有原材料（包括外购件、外协件和辅助材料）的定额，它是供应部门采购原料和财务部门核算成本的依据。

需填写的内容及要求：①按 1、2、3···填写顺序号；②按设计文件填写零件的图号及名称；③填写该零件在整件、产品中的总数量；④填写零件所用材料的名称、牌号、代号及规格；⑤填写各企业对材料的自行编号；⑥分别填写零件的净质量、总质量及工艺定额（若采用"件"为单位，则将"套"划去）。其格式如图 2-70 所示。

4）工艺路线表。该表是产品的整件、部件、零件在加工、准备过程中工艺路线的简明显示，供企业有关部门作为组织生产的依据。"装入关系"栏以方向指示线显示产品部件、整件的装配关系；"部件用量"和"整件用量"栏填写与产品明细线相对应的数量；"工艺路线及内容"栏填写整件、部件、零件加工过程中各部门（车间）及其工序的名称或代号。其格式如图 2-71 所示。

	材料消耗定额表			产品型号和名称		产品图号
	序号	材料名称	单机用量/kg	序号	材料名称	单机用量/kg
	⋮	⋮	⋮	⋮	⋮	⋮

旧底图总号	更改标记	数量	更改单号	签名	日期		签名	日期		
						拟制			第　页	
						审核				
底图总号									共　页	
						标准化				
									第　册	第　页

图 2-70　材料消耗定额表格式

	工艺路线表				产品名称或型号		产品图号
	序号	图号	名称	装入关系	部件用量	整件用量	工艺路线表内容
使用性							
旧底图总号							
底图总号	更改标记	数量	文件号	签名	日期	签名	日期		
						拟制		第　页	
						审核		共　页	
日期	签名						第　册	第　页

图 2-71　工艺路线表格式

5）工艺过程表。中夏 S66E 收音机工艺过程表填写示意图如图 2-72 所示。

工艺过程表			产品型号和名称	计划日产量
			S66E 中波收音机	台
序号	工位顺序号	作业内容摘要	工艺文件页号	
1	插件 1	插入电阻 11 个	S66E 专用工艺第 1 册第　页	
2	插件 2	插入瓷片电容 5 个	S66E 专用工艺第 1 册第　页	
3	插件 3	插入三极管 6 个	S66E 专用工艺第 1 册第　页	
4	插件 4	插入电解电容 4 个	S66E 产品工艺第 1 册第　页	
5	插件 5	插入耳机插孔 1 个	S66E 产品工艺第 1 册第　页	
6	插件 6	插入本振中周变压器 4 个	S66E 产品工艺第 1 册第　页	
7	插件 7	插入带开关音量电位器 1 个	S66E 产品工艺第 1 册第　页	
8	插件检验	检验插件工艺质量	装联通用工艺第 2 册第　页	
9	浸焊	印制板焊接	装联通用工艺第 2 册第　页	
10	补焊	修补焊点	S66E 产品工艺第 1 册第　页	
11	装硬件 1	发光二极管	S66E 产品工艺第 1 册第　页	
12	装硬件 2	装双联、磁棒支架	S66E 产品工艺第 1 册第　页	
13	装硬件 3	装音量电位器拨盘、上螺丝	S66E 产品工艺第 1 册第　页	
14	装硬件 4	装焊磁性线圈、装调谐盘	S66E 产品工艺第 1 册第　页	
15	A、B、C、D补焊	开口测量工作点、整机电流	S66E 产品工艺第 1 册第　页	
16	基板调试	调中频频率	S66E 产品工艺第 1 册第　页	
17	总装 2	装刻度板、指针	S66E 产品工艺第 1 册第　页	
18	总装 3	焊喇叭线、坚固喇叭	S66E 产品工艺第 1 册第　页	
19	总装 4	装塑料音窗、电池极片、焊电源线	S66E 产品工艺第 1 册第　页	
20	总装 5	整理、机芯进壳、上机芯螺柱	S66E 产品工艺第 1 册第　页	
21	整机调试	调接收频率范围	S66E 产品工艺第 1 册第　页	
22	整机调试	统调、检查跟踪点	S66E 产品工艺第 1 册第　页	
23	整机包装	装后盖，包装	S66E 产品工艺第 1 册第　页	

旧底图总号	更改标记	数　量	更改单号	签　名	日　期		签　名	日　期	第　页
						拟　制			
						审　核			共　页
底图总号						标准化			
									第　册　第　页

图 2-72   工艺过程表格式

6）工艺说明及简图。用来详细叙述插件操作的工艺要求。工艺说明用于编制对某一零、部、整件提出具体工艺技术要求或各种工艺规程的工艺文件。可供绘制工艺简图、编制文字说明及其他表格的补充文件用；也可供编制规定格式以外的其他工艺文件所用，如装配及调试说明等。常用来编制在其他格式上难以表达清楚、重要的和复杂的工艺。工艺说明文件格式如图 2-73 所示。工艺简图用来表达元器件所插入的区域及位置。

工艺说明及简图			名称		编号或图号	
			工序名称		工序编号	
使用性						
旧底图总号						
底图总号	更改标记	数量	文件号	签名	日期	签名　日期　第　页
					拟制	
日期　签名					审核	共　页
						第　页　第　页

图 2-73   工艺说明文件格式

7）装配工艺过程卡。该卡反映装配工艺的全过程，供机械装配和电气装配用，"装入件及辅助材料"栏的序号、图号、名称、规格及数量应按工序填写相应设计文件的内容，辅助材料在各道工序之后，"工序（步）内容及要求"栏填写装配工艺加工的内容和要求，空白栏处供画加工装配工序图用。填写格式如图 2-74 所示。

	装配工艺卡片		工序名称		产品名称
					单波段收音机
			插件（3）		产品型号
					S66E
序号	装入件及辅助材料代号、名称、规格	数量	工 艺 要 求		工装名称
VT1	三极管 9018	1	（1）插入位置见"插件工艺简图"（第　页）第　部分；		镊 子
VT2	三极管 9018	1			剪 刀
VT3	三极管 9018	1	（2）插入工艺要求见通用工艺"插件工艺规范".		
VT4	三极管 9014	1			
VT5	三极管 9013H	1			
VT6	三极管 9013H	1			

旧底图总号	更改标记	数 量	更改单号	签 名		签 名	日 期	第　页	
					拟制				
					审核			共　页	
底图总号					标准化			第　册	第　页

图 2-74　装配工艺卡片

8）工艺文件更改通知单。该通知单对工艺文件内容作永久性修改时用，填写中应填写更改原因、生效日期及处理意见。"更改标记"栏按有关图样管理制度字母填写，最后要执行更改会签审核、批准手续。其格式如图 2-75 所示。

更改单号		工艺文件更改通知单		产品名称		第　页	
				零部件名称		图号	
生效日期	更改期限	更改原因			处理意见		
更改标记	更改前			更改标记	更改后		
拟制	日期	审核	日期	批准	日期	第　册	共　页

图 2-75　工艺文件更改通知单

1. 电子产品制造工艺技术分哪几类？
2. 电子产品的技术文件是如何分类的？
3. 什么是工艺文件？试列举一些常用的电子产品工艺文件。

知识2　常用材料

电子产品组装的电气连接，主要采用印制导线连接、导线、电缆以及其他电导体等方式进行连接。另外还需要绝缘材料等。

1. 导线

电子产品常用的导线包括电线和电缆，又能细分为裸线、电磁线、绝缘电线电缆和通信电缆四种。选用导线主要考虑流过导线的电流，这个电流的大小决定了导线的芯线截面积的大小。使用不同颜色的导线便于区分电路的性质和功能以及减少接线的错误。

电子产品常用线料有：安装导线、电磁线、扁平电缆（平排线）、线束、屏蔽线和同轴电缆等。常用的安装线分为裸导线和塑胶绝缘电线。

1）裸导线是指没有绝缘层的光金属导线。它有单股线、多股绞合线、镀锡绞合线、多股编织线、金属板、电阻电热丝等。

2）塑胶绝缘电线是在裸导线的基础上，外加塑胶绝缘的电线，俗称塑胶线。它一般是由导电的线芯、绝缘层和保护层组成。线芯有软芯和硬芯之分。按芯线数也可分为单芯、二芯、三芯、四芯及多芯等，并有各种不同的线径。它广泛用于电子产品的各部分、各组件之间的各种连接。

3）电磁线是指由涂漆或包缠纤维作为绝缘层的圆形或扁形铜线。屏蔽线是在塑胶绝缘电线的基础上，外加导电的金属屏蔽层和外护套而制成的信号连接线，主要用于1MHz以下频率的信号连接（高频信号必须选用专业电缆）。屏蔽线具有静电（高电压）屏蔽、电磁屏蔽和磁屏蔽的作用。它能防止或减少线外信号与线内信号之间的相互干扰。常用的屏蔽有单芯、双芯、三芯等几种类型，每一种又有多种规格型号。材质、结构的不同，使屏蔽线的电特性也不同。最常见的屏蔽线有护套聚氯乙烯单芯、双芯屏蔽线。

4）电线电缆，又称安装电缆。一般由导电芯线、绝缘层和保护层组成。电子产品装配中的电缆主要包括同轴电缆、馈线和高压电缆。

5）电源软导线。主要作用是连接电源插座与电气设备。由于它用在设备外边、且与用户直接接触，并带有可能会危及人身安全的电压，所以其安全性就显得特别重要。这里所说的安全性，不仅要求产品符合安全标准，还应能在恶劣的条件下使用，并让用户感到安全、可靠。电源软导线都采用双重绝缘方式，即将两根或三根已带有绝缘层的芯线放在一起，在它们外面再加套一层绝缘性能和机械性能好的塑胶层。选用电源线时，除导线的耐压要符合安全要求外，还应根据产品的功耗，适当选择不同线径的导线。

6）排线。在计算机类产品中，数据总线、地址总线和控制总线等连接导线往往是成组出现的，其工作电平、导线走向都大体一致。安装排线又叫带状电缆或扁平安装电缆，它与安装插头、插座的尺寸、导线的数目相对应，不用焊接就能实现可靠的连接，方便又不易出错。目前使用较多的排线，单根导线内是 $\phi 0.1 \times 7$ 的线芯，外皮为聚氯乙烯。导线根数为 8、12、16、20、24、28、32、37、40 等规格。

2. 绝缘材料

绝缘材料能将电子产品中的电位不同的带电部分隔离开。电子产品中使用的绝缘材料应具有良好的介电性能，即较高的绝缘电阻、耐压强度；耐热性能好，稳定性高。此外，还应具有良好的导热性能、耐潮防霉性和较高的机械强度以及加工方便等特点。主要用于包扎、衬垫、护套等。

绝缘材料有绝缘纸、绝缘布、有机薄膜、塑料套管、橡胶制品以及云母制品等。

为了整机装配及维修方便，导线和绝缘套管的颜色通常按表 2-2 的规定选用。

表 2-2　导线和绝缘套管颜色选用规定

名称	电极	颜色	名称	电极	颜色
交流三相电路	A 相	黄色	半导体三极管	集电极 c	红色
	B 相	绿色		基极 b	黄色
	C 相	红色		发射极 e	蓝色
	零线或中性线	淡蓝色	半导体二极管	阳极	蓝色
	安全用接地线	黄和绿双色线		阴极	红色
直流电路	正极	棕色	可控硅	阳极	蓝色
	负极	蓝色		阴极	红色
	接地中线	淡蓝色		控制极	黄色
双向可控硅	控制极	黄色	有极性电容	正极	蓝色
	主电极	白色		负极	红色
半导体双基极管	发射极	白色	光电耦合器	输入端阳极	蓝色
	第一基极 b1	绿色		输入端阴极	红色
	第二基极 b2	黄色		输出端 e	黄色
场效应管	源极 S	白色		输出端 c	白色
	栅极 G	绿色	电子管	控制栅	绿色
	漏极 D	红色		灯丝（交流）	白色

3. 导线加工工艺

在电子产品整机装配过程中，导线在整机的电路之间、分机之间起到电气连接与相互间传递信号的作用。使用前须进行加工，导线的加工工艺有绝缘导线加工工艺和屏蔽导线端头加工工艺。

绝缘导线的加工工序为

$$剪裁 \rightarrow 剥头 \rightarrow 清洁 \rightarrow 捻头（对多股线） \rightarrow 浸锡$$

1）剪裁。剪裁导线应按先长后短的顺序，用斜口钳、剪线机进行剪切。剪裁绝缘导线时要拉直再剪。导线的绝缘层不允许损伤，否则会降低其绝缘性能。

2）剥头处理。将绝缘导线的两端去掉一段绝缘层而露出芯线的过程称为剥头。剥头时不应损伤芯线，多股芯线应尽量避免断股。大批量生产中多使用自动剥线机。手工操作时可用剪刀、剥线钳。特别是多芯导线时，要选择口径合适的剥线钳。

3）清洁和捻头处理。为提高导线端头的可焊性，在浸锡前进行清洁处理。用小刀刮去芯线表面的氧化层和油漆层，注意刮时用力适度，同时应转动导线，以便全面干净；或是用砂纸清除。捻头处理时，应按原来合股方向扭紧，不宜用力过猛，以防止捻断芯线。

4）浸锡。大批量生产中多使用锡锅浸锡。手工操作时，用烙铁蘸上焊料和助焊剂，在导线上涂抹，原则是全部浸润集中，不能松散。

注意观察导线线头处理情况：小股线线头只留 2～3mm，焊时简洁、牢靠，特别对多束线应捻紧后上锡。

对屏蔽导线如同轴电缆加工时，先剥掉最外层的绝缘层，然后用镊子把金属编织线根部扩成线孔，剥出一段内部绝缘导线，接着把根部的编织线捻紧成一个引线状，剪掉多余部分；切掉一部分内绝缘体，露出导线（注意在切除过程中不要伤到导线），最后给导线和金属编织网的引线上锡。

知识链接

布 线 原 则

在布线处理上有以下一些原则：①应减小电路分布参数，不要将信号线与电源线捆在一起，以防止信号受到干扰；②避免相互干扰和寄生耦合，输入、输出的导线不要排在一个线束内，以防止信号回绕；若必须排在一起时，应使用屏蔽导线；射频电缆不排在线束内，应单独走线；导线束不要形成回路，以防止磁感线通过环形线，产生磁、电干扰；③尽量消除地线的影响，接地点应尽量集中在一起，以保证它们是可靠的同电位；④应满足装配工艺的要求，导线束应远离发热体并且不要在元器件上方走线，以免发热元器件破坏导线的绝缘层及增加更换元器件的困难；尽量走最短距离的路线，转弯处取直角以及尽量在同一平面内走线。

想一想

1. 为什么电子产品中不用铝线，几乎都是使用铜线？

2. 常用的导线有几种类型？其主要用途是什么？

读一读

知识3　电子整机总装与调试

整机总装就是依据工艺文件的要求，把加工好的电路板、机壳、面板和其他部件等整体联装成电子整机。总装是对各部件和组件进行整合，其操作一般包含有电气连接和机械连接（粘接、螺接等），是电子产品与设备生产过程中的重要环节。整机装配后还需进行调试，经检验合格后才能最终成为产品。

1．整机总装

（1）整机总装的内容

整机总装包括机械的和电气的两大部分工作，具体地说，总装的内容，包括将各零、部、整件（如各机电元件、印制电路板、底座、面板以及装在它们上面的元件）按照设计要求，安装在不同的位置上，组合成一个整体，再用导线（线扎）将各零部件之间进行电气连接，完成一个具有一定功能的完整的机器，以便进行整机调整和测试。

整机总装的结构形式有：插件结构形式、单元盒结构形式、插箱结构形式、底板结构形式和机体结构形式。一类是可拆卸的连接，如螺钉、销钉、夹紧和卡扣连接等；另一类是不可拆卸连接，如粘接、铆接等。像计算机这类产品采用组合件装配，便于随时可以拆换。

（2）整机总装的基本原则

整机总装的目标是利用合理的安装工艺，实现预定的各项技术指标。整机总装的基本原则是：先轻后重、先小后大、先铆后装、先装后焊、先里后外、先下后上、先平后高、易碎易损件后装，上道工序不得影响下道工序的安装。安装的基本要求是牢固可靠，不损伤元件，避免碰坏机箱及元器件的涂复层，不破坏元器件的绝缘性能，安装件的方向、位置要正确。

（3）整机总装的工艺过程

整机总装的工艺过程为：

准备→机架→面板→组件→机芯→导线连接→传动机构→总装检验→包装

2．整机调试

调试工作包括调整和测试两个部分，调整主要是指对电路参数的调整，即对整机内可调元器件及电气指标有关的调谐系统、机械传动部分进行调整，使之达到预定的性能要求，测试则是在调整的基础上，对整机的各项技术指标进行系统的测试，使电子设备各项技术指标符合规定的要求，具体说来，调试工作的内容有以下几点。

1）正确合理地选择和使用测试仪器仪表。

2）合理地安排调试工艺流程。

　　一般的调试工艺流程安排原则是先调试结构部分，后调试电气部分；先调试独立项目，后调试有相互影响的项目；先调试基本指标，后调试对质量影响较大的指标。为了避免重复或调乱可调元件的现象，要求调试人员除了完成本工序调试任务外，不得调整与本工序无关的部分，调试完成后还要做好标记。

　　3）按照调试工艺对整机进行调整和测试。测试完毕，可用封蜡、点漆等方法紧固元器件的调整部位。

　　4）分析调试中出现的问题，排除故障。运用整机原理知识，分析和排除调试中出现的故障，不合格产品做好故障记录，然后送修理线。

　　5）对调试数据进行分析、处理。

　　6）编写调试工作总结，提出合理化建议。

　　对于简单电子产品（如半导体收音机），调试工作简便，一般在装配完成之后，可直接进行整机调试，而较为复杂的整机（如电视机）的调试工作较为繁重，通常先对单元板或分机进行调试，达到要求后，进行总装，最后进行整机总调。

　　3. 调试的一般程序

　　(1) 调试前的准备工作

　　1）技术文件的准备。技术文件是产品调试工作的依据。调试之前应准备好产品技术条件和技术说明书、电路原理图、调试工艺文件等。调试人员应仔细阅读调试说明及调试工艺文件，熟悉整机工作原理、技术条件及有关指标，了解各参数的调试方法和步骤。

　　2）仪器仪表的放置和使用。按照技术条件的规定，准备好测试所需的各类仪器设备，调试过程中使用的仪器仪表应是经过计量并在有效期之内的。但在使用前仍必须检查是否符合技术文件规定的要求，尤其是能否满足测试精度的需要。检查合格之后，应掌握这些仪器的正确使用方法并能熟练地进行操作。调试前，仪器应整齐地放置在工作台或专用仪器车上，放置应符合调试工作的要求。

　　3）被调试产品的准备。产品装配完毕之后，并经检查符合要求后，方可送交调试。根据产品的不同，有的可直接进行整机调试，有的则需要先进行分机调试，然后再进行总装总调。调试人员在工作前应检查产品的工序卡，查看是否有工序遗漏或签署不完整、无检验合格章等现象，查看产品可调元件是否连接牢靠等。此外，在通电前，应检查设备各电源输入端有无短路现象。

　　4）调试场地的准备。调试场地应按要求布置整洁，调试大型机高压部分时，应在机器周围铺设合乎规定的地板或绝缘胶垫，并将工作场地用拉网围好，必要时可加"高压危险"的警告牌，备好放电棒。

　　调试人员应按安全操作规定做好个人准备，调试用的图纸、文件、工具、备件等都应放在适当的位置上。

（2）调试的一般程序

由于电子整机产品类型多，电路复杂程度不一，各种产品单元电路的种类、数量和性能也不相同，所以调度程序也不尽相同，但一般来说，调试程序大致如下：

通电检查→电源调试→分级分板调式→整机调整→整机性能指标的测试→环境试验→整机通电老化→参数复调

调试的内容有直观检查（在不通电情况下，通过观察、触摸、敲击电路板，检查元器件、连接导线是否接错、是否漏接、是否虚焊、有无搭焊短路、机械部件是否松动等）、静态调试（用万用表等对电路静态时的电压、电流等直流参数进行测量调整，使之符合技术要求）和动态调试（用信号发生器、示波器、毫伏表等对电路动态时的电压、电流、波形等交流参数和波形进行测量调整，使之符合性能要求）。

想一想

1. 整机总装的基本原则是什么？
2. 整机总装工艺要求有哪些？简述整机总装的工艺过程。

读一读

知识 4　常用仪器的使用

1. 函数信号发生器的使用

函数信号发生器是一种产生正弦波、方波、三角波等函数波形的仪器，其频率范围约几毫赫兹至几十兆赫兹。现代函数信号发生器一般具有调频、调幅等调制功能和压控频率（VCF）特性，被广泛应用于生产测试、仪器维修等工作中。

下面以 EE1642C 函数信号发生器/计数器为例来介绍低频信号发生器的使用方法。

EE1642C 函数信号发生器/计数器是一种具有连续信号、扫频信号、函数信号、脉冲信号等多种输出信号，并具有多种调制方式和外部测频功能测试仪器。

（1）EE1642C 的工作原理

EE1642C 函数信号发生器/计数器整机框图如图 2-76 所示，整机电路由一片单片机进行管理，主要工作为：控制函数发生器产生的频率；控制输出信号的波形；测量输出的频率或测量外部输入的频率并显示；测量输出信号的幅度并显示；控制输出单次脉冲。

函数信号由专用的集成电路产生，该电路集成度大，线路简单、精度高并易于与微机接口，使得整机指标得到可靠保证。扫描电路由多片运算放大器组成，以满足扫描宽度、扫描速率的需要。宽带直流功放电路的选用，保证输出信号的带负载能力以及输出信号的直流电平偏移，均可受面板电位器控制。整机电源采用线性电路以保证输出波形的纯净性，具有过压、过流、过热保护。

（2）EE1642C 的面板功能说明

EE1642C 函数信号发生器/计数器前面板如图 2-77 所示。

现对其前面板说明如下。

1）频率显示窗口用来显示输出信号的频率或外测频信号的频率，如图 2-78 所示。

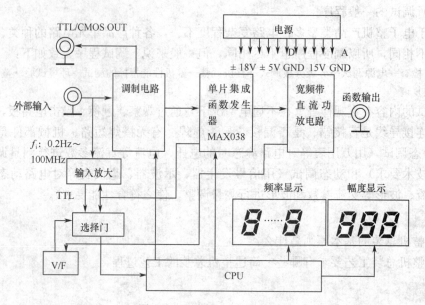

图 2-76　EE1642C 整机框图

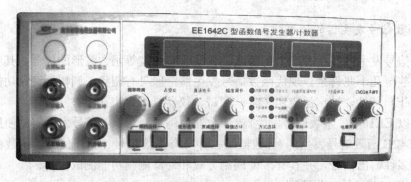

图 2-77　EE1642C 函数信号发生器/计数器前面板

图 2-78　频率显示窗口

2）幅度显示窗口用来显示函数输出信号的幅度，如图 2-79 所示。

3）频率微调电位器、输出波形占空比调节旋钮、函数输出信号直流电平调节旋钮、函数信号输出幅度调节旋钮，如图 2-80 所示。

调节频率微调旋钮（电位器）可改变输出频率的 1 个频程。输出波形占空比调节旋钮可改变输出信号的对称性，当电位器处在中心位置或 "OFF" 位置时，则输出对称信号。函数输出信号直流电平调节旋钮的调节范围：$-10 \sim +10V$（空载），$-5 \sim +5V$

图 2-79　幅度显示窗口

图 2-80　频率微调、输出波形占空比调节、函数输出信号直流电平和输出幅度调节旋钮

（50Ω 负载），当电位器处在中心位置时，则为零电平。调节函数信号输出幅度调节旋钮可改变输出的幅度，调节范围为 20dB。

4）扫描宽度/调制度调节旋钮、扫描速率调节旋钮、CMOS 电平调节旋钮如图 2-81 所示。

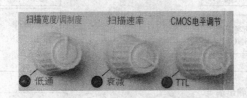

图 2-81　扫描宽度/调制度调节、扫描速率调节和 CMOS 电平调节旋钮

调节扫描宽度/调制度调节旋钮（电位器）可调节扫频输出的频率宽度。在外测频时，逆时针旋到底（绿灯亮），为外输入测量信号经过低通开关进入测量系统。调节此电位器可调节调频的频偏范围、调幅时的调幅度和 FSK 调制时的高低频率差值，逆时针旋到底为关调制。

调节扫描速率调节旋钮（电位器）可以改变内扫描的时间长短。外测频时，逆时针旋到底（绿灯亮），为外输入测量信号经过衰减"20dB"进入系统。

调节 CMOS 电平调节旋钮（电位器）可以调节输出的 CMOS 电平。当电位器逆时针旋到底（绿灯亮）时，输出为标准的 TTL 电平。

5）频段选择按钮，如图 2-82 所示。每按一次频段选择按钮，输出频率向左或向右调整一个频段。

6）波形选择按钮、衰减选择按钮、幅值选择按钮，如图 2-83 所示。

按波形选择按钮，可选择正弦波、三角波、脉冲波输出。按衰减选择按钮，可选择信号输出的 0dB、20dB、40dB、60dB 衰减的切换。按幅值选择按钮，可选择正弦波的幅度显示在峰—峰值（V_{P-P}）与有效值（V_{rms}）之间切换。

7）方式选择按钮、单脉冲选择按钮，如图 2-84 所示。

　　图 2-82　频段选择按钮

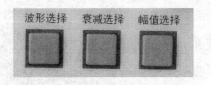
图 2-83　波形选择、衰减
选择和幅值选择按钮

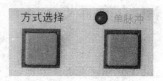
图 2-84　方式选择和单
脉冲选择按钮

　　使用方式选择按钮，可选择多种扫描方式、多种内外调制方式以及外测频方式。使用单脉冲选择按钮，可控制单脉冲输出，每按一次此按钮，单脉冲输出电平翻转一次。

　　8）外部输入端、函数输出端、同步输出端、单次脉冲输出端如图 2-85 所示。

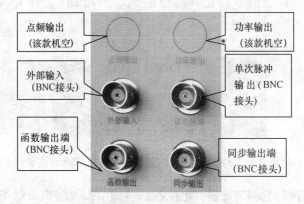

图 2-85　输出端子

　　当方式选择按钮选择在外部调制方式或外部计数时，外部调制控制信号或外测频信号由外部输入端输入。使用函数输出端，可输出多种波形受控的函数信号，输出幅度为 $20V_{P-P}$（空载）、$10V_{P-P}$（50Ω 负载）。当 CMOS 电平调节旋钮逆时针旋到底，从同步输出端输出标准的 TTL 幅度的脉冲信号，输出阻抗为 600Ω；当 CMOS 电平调节旋钮打开，则输出 CMOS 电平脉冲信号，高电平在 $5\sim13.5V$ 可调。单次脉冲输出端可输出："0" 电平（输出为小于或等于 0.5V 时），"1" 电平（输出为大于或等于 3V 时）。

　　EE1642C 函数信号发生器后面板外观如图 2-86 所示。

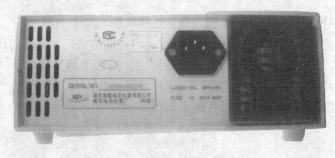

图 2-86　EE1642C 后面板

（3）EE1692C 的使用方法

在使用本仪器进行测试工作之前，可对其进行自校检查，以确定仪器工作正常与否。

> ☀ 注意
>
> 显示正弦波时，应把"占空比调节"、"直流电平调节"旋钮关闭。

1）仪器启动。按面板上的电源按钮，电源接通。面板上所有数码管和发光二极管全部点亮 2s 后，再闪烁显示仪器型号。例如：显示"EE1642C"1s，之后根据系统功能中开机状态设置，波形显示区显示当前波形"～"，频率显示区显示当前频率挡"1k"，衰减显示区显示当前衰减挡"0dB"；其余则保持上次关机前的状态。

2）50Ω 主函数信号输出。

第一步以终端连接 50Ω 匹配器的测试电缆，由前面板插座"函数输出端口"输出函数信号；第二步由频率选择按钮选定输出函数信号的频段，由频率调节旋钮调整输出信号频率，直到所需的工作频率值；第三步由波形选择按钮选定输出函数的波形分别获得正弦波、三角波、脉冲波；第四步由信号幅度选择器选定和调节输出信号的幅度；第五步由信号直流电平设定器选定输出信号所携带的直流电平；第六步输出波形占空比调节器可改变输出脉冲信号占空比，与此类似，输出波形为三角波或正弦波时可使三角波调变为锯齿波，正弦波调变为正与负半周分别为不同角频率的正弦波形，且可移相 180°。

例如，假定输出信号波形有关技术参数（三角波为频率为 34.5kHz，幅度 12V_{P-P}），其操作步骤如下。

第一步，将波形选择按钮选定至三角波挡；

第二步，将频率选择按钮选至 10k 挡，由频率调节旋钮调整输出信号频率至频率显示 34.5kHz；

第三步，调节幅度调节旋钮至幅度显示为 12V_{P-P}，输出波形如图 2-87 所示。

又例如，假定输出脉冲波为频率 450Hz，幅度 87mV_{P-P}，占空比为 70%，其操作步骤如下。

第一步，将波形选择按钮选定至脉冲波挡；

第二步，将频率选择按钮选至 100，由频率调节旋钮调整输出信号频率至 450Hz；

第三步，将衰减选择按钮选至 40dB，调节幅度调节旋钮和衰减选择旋钮至幅度显示为 87mV_{P-P}；

第四步，调节输出波形占空比调节旋钮至 70%。输出波形如图 2-88 所示。

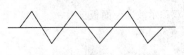

图 2-87 三角波输出波形示意图

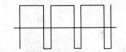

图 2-88 脉冲波输出波形

2. 示波器的使用

在实际测量过程中,常常需要同时观察两个(或两个以上)频率相同的信号,以方便比较分析,这就要用到双踪(或多踪)示波器。

(1) 双踪示波器的基本组成

双踪示波器基本组成框图如图 2-89 所示。

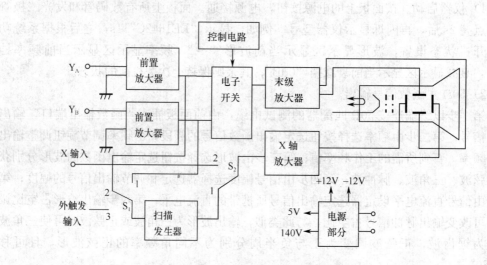

图 2-89　双踪示波器的基本组成框图

(2) 双踪示波器面板介绍

双踪示波器的种类很多,功能和使用方法基本相同,这里以 YB4320G 型双踪示波的面板(见图 2-90)为例来说明。

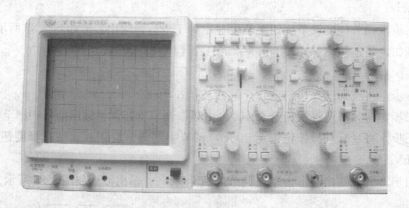

图 2-90　YB4320B 型双踪示波器前面板

1) 显示屏。显示屏外形如图 2-91 所示。

2) 主机电源开关与指示灯如图 2-92 所示。

3) 辉度旋钮。辉度旋钮又称亮度旋钮,它的作用是调节显示屏上光点或扫描线的

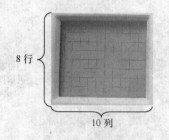

8 行

10 列

显示屏用来直观显示被测信号，是仪器的测量显示终端。在显示屏上标有8行10列的坐标格，YB4320B型双踪示波器采用方形屏，在屏幕正中央有一个十字架状的坐标，坐标将每个坐标格从横、纵方向分成五等份

图 2-91　显示屏

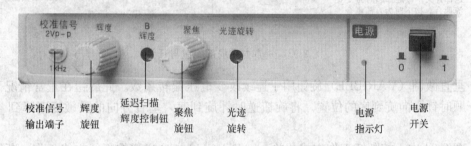

图 2-92　YB4320G 型示波器前面板局部

明暗程度。控制光点和扫描线的亮度，顺时针方向旋转旋钮，亮度增强。

4）聚焦旋钮。聚焦旋钮的作用是调节显示屏上光点或扫描线的粗细，以便显示出来的信号看上去清晰明亮。用辉度控制钮将亮度调至合适的标准，然后调节聚焦控制钮直至光迹达到最清晰的程度。虽然调节亮度时，聚焦电路可自动调节，但聚焦有时也会轻微变化，如果出现这种情况，需重新调节聚焦旋钮。

5）光迹旋转（TRACE ROTATION）。由于磁场的作用，当光迹在水平方向轻微倾斜时，该旋钮用于调节光迹与水平刻度平行。顺时针方向旋转延迟扫描辉度控制钮（B INTEN）可增加延迟扫描 B 显示光迹亮度。校准信号输出端子（CAL）可提供 $1kHz \pm 0.3\%$，$2V_{PP}$（峰峰值）$\pm 2\%$ 方波作为本机 Y 轴、X 轴校准用。

6）垂直方向部分（VERTIAL）旋钮与开关，如图 2-93 所示。

通道 1 输入端 [CH1 INPUT（X）] 用于垂直方向的输入，在 X—Y 方式时，作为 X 轴输入端。通道 2 输入端 [CH1 INPUT（Y）] 和通道 1 一样，但在 X—Y 方式时，作为 Y 轴输入端。

使用输入信号与放大器连接方式选择开关（AC、DC、GND）时，选择交流（AC）为放大器输入端与信号连接，由电容器来耦合；选择接地（GND）为输入信号与放大器断开，放大器的输入端接地；选择直流（DC）为放大器输入与信号输入端直接耦合。

衰减器开关或垂直灵敏度开关（VOLTS/DIV）用于选择垂直偏转系数，共 12 挡。如果使用的是 10：1 的探极，计算时将幅度×10。垂直灵敏度选择开关又称偏转因数开关，简称 V/div 开关，它的作用是步进式调节屏幕上信号波形的幅度。

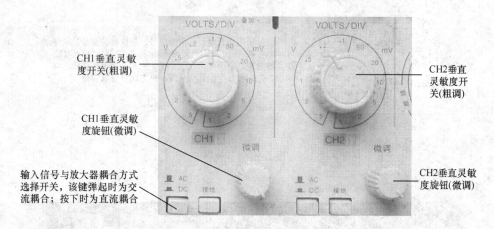

图 2-93　垂直方向局部旋钮与开关

　　垂直微调（VARIBLE）旋钮用于连续改变电压偏转系数。此旋钮在正常情况下应位于顺时针方向旋到底的位置。将旋钮逆时针旋到底，垂直方向的灵敏度下降到 40％以下。

　　图 2-94 中，按断续工作方式开关，CH1、CH2 二个通道按断续方式工作，断续频率为 250kHz，适用于低扫速。CH1、CH2 垂直移位旋钮（POSITION）垂直移位（POSITION）用于调节光迹在屏幕中的垂直位置。

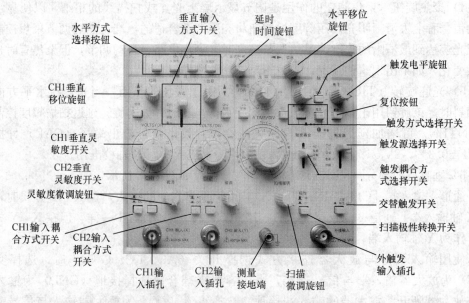

图 2-94　YB4320G 型双踪示波器前面板局部

　　垂直方式工作开关如图 2-95 所示。

　　通道 1 选择（CH1）：屏幕上仅显示 CH1 的信号；通道 2 选择（CH2）：屏幕上仅显示 CH2 的信号；双踪选择（DUAL）：屏幕上显示双踪，自动以交替或断续方式，同

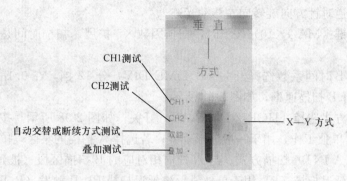

图 2-95　垂直输入方式开关

时显示 CH1 和 CH2 上的信号；叠加（ADD）：显示 CH1 和 CH2 输入信号的代数和。

图 2-94 中，按 CH2 极性开关（INVERT）时 CH2 显示反相信号。CH1 信号输出端（CH1 OUTPUT）：输出约 100mV/div 的通道 1 信号。当输出端接 50Ω 匹配终端时，信号衰减一半，约 50mV/div。该功能可用于频率计显示等。

7）水平方向部分（HORIZONTAL）旋钮与开关。

主扫描时间系数选择开关（TIME/DIV）共 20 挡，在 0.1～0.5s/div 范围选择扫描速率，如图 2-96 所示。主扫描时间系数选择开关又称为水平扫描速率选择开关，简称 T/DIV 开关，它的作用是步进式调节屏幕上信号波形的宽度。

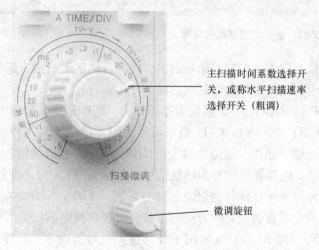

图 2-96　水平扫描速率选择开关

按入 X—Y 控制键，垂直偏转信号接入 CH2 输入端，水平偏转信号接入 CH1 输入端。

按入扫描非校准状态开关键：此键，扫描时基进入非校准调节状态，此时调节扫描微调有效。

扫描微调控制键（VARIBLE）旋钮以顺时针方向旋转到底时，处于校准位置，扫描由 TIME/DIV 开关指示。此旋钮逆时针方向旋转到底，扫描减慢 60％以上。

水平移位（POSITION）用于调节光迹在水平方向移动。顺时针方向旋转该旋钮向右移动光迹，逆时针方向旋转向左移动光迹。

扩展控制键（MAG×10）按下时，扫描因数×5扩展。扫描时间是TIME/DIV开关指示数值的1/5。

延迟扫描B时间系数选择开关（B TIME/DIV）分12挡，在$0.1\mu s/div\sim0.5ms/div$范围内选择B扫描速率，如图2-97所示。

水平工作方式选择（HORIZ DISPLAY）开关，如图2-98所示。按入主扫描（A）键，主扫描A单独工作，用于一般波形观察；若选择A扫描的某区段扩展为延迟扫描，可用A加亮（A INT）扫描方式。与A扫描相对应的B扫描区段（被延迟扫描）以高亮度显示；被延迟扫描（B）用于单独显示被延迟扫描B；B触发（B TRIG'D）用于选择连续延迟扫描和触发延迟扫描。

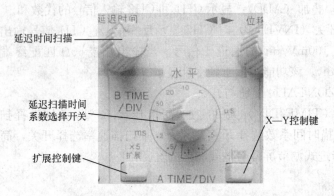

图2-97　延迟扫描系数选择开关　　　　图2-98　水平工作选择开关

延迟时间扫描对应于主扫描起始延迟多少时间启动延迟扫描，调节该旋钮，可使延迟扫描在主扫描全程任何时段启动延迟扫描。

8）触发系统（TRIGGER）。触发源选择开关（SOURCE）如图2-99所示。

通道触发（CH1，X—Y）：CH1通道信号为触发信号，当工作方式在X—Y方式时，拨动开关应设置于此挡；通道2触发（CH2）：CH2通道的输入信号是触发信号；电源触发（LINE）：电源频率信号为触发信号；外触发（EXT）：外触发输入端的触发信号是外部信号，用于特殊信号的触发。交替触发（TRIG ALT）在双踪交替显示时，触发信号来自于两个垂直通道，此方式可用于同时观察两路不相关信号。外触发输入插座（EXT INPUT）（用BNC插头）用于外部触发信号的输入。触发电平旋钮（TRIG LEVEL）用于调节被测信号在某选定电平触发，当旋钮转向"＋"时显示波形的触发电平上升，反之触发电平下降。

电平锁定（LOCK）：无论信号如何变化，触发电平自动保持在最佳位置，不需要人工调节电平。释抑（HOLD OFF）：当信号波形复杂，用电平旋钮不能稳定触发时，可用"释抑"旋钮使波形稳定同步。

触发极性选择按钮（SLOPE）用于选择信号的上升沿和下降沿触发。触发方式选择（TRIG MODE）有三种状态：在"自动"（AUTO）扫描方式时，扫描电路自动进行扫描。在没有信号输入或输入信号没有被触发同步时，屏幕上仍然可以显示扫描基线；常态（NORM）是指有触发信号才能扫描，否则屏幕上无扫描线显示。当输入信号的频率低于 50Hz 时，选用"常态"触发方式；当"自动"（AUTO）、"常态"（NORM）两键同时弹出被设置于单次触发工作状态（SINGLE）时，当触发信号来到时，准备（READY）指示灯亮，单次扫描结束后指示灯熄灭，复位键（RESET）按下后，电路又处于待触发状态。

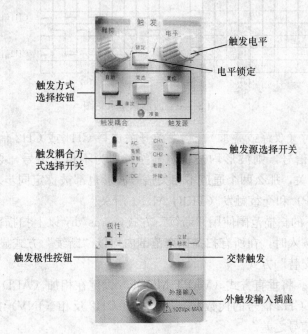

图 2-99　触发系统

（3）双踪示波器的使用操作方法

1）基本操作。将电源线接交流电源插座，然后，按如下步骤操作。

① 打开电源开关，确定电源指示灯变亮，约 20s 后，示波管屏幕上会显示光迹，如 60s 后仍未出现光迹，应检查开关和控制按钮的设定位置。

② 调节辉度（INTEN）和聚集（FOCUS）旋钮，将光迹亮度调到适当，且最清晰。

③ 调节 CH1 位移旋钮及光迹旋转旋钮，将扫线调到与水平中心刻度线平行。

④ 将探极连接到 CH1 输入端，将 2V_{P-P}校准信号加到探极上。

⑤ 将 AC—DC—GND 开关拨到 AC，屏幕上将会出现如图 2-100（a）所示的波形。

⑥ 调节聚集（FOCUS）旋钮，使波形达到最清晰。

⑦ 为便于信号的观察，将 VOLTS/DIV 开关和 TIME/DIV 开关调到适当的位置，使信号波形幅度适中。

⑧ 调节垂直移位和水平移位旋钮到适中位置，使显示的波形对准刻度线且电压幅度（V_{P-P}）和周期（T）能方便读出。

上述为示波器的基本操作步骤。CH2 的单通道操作方法与 CH1 类似。

2）双通道操作。将 VERT MODE（垂直方式）开关置双踪（DUAL），此时，CH2 的光迹也显示在屏幕上，CH1 光迹为校准信号方波，CH2 因无输入信号显示为水平基线。

如同通道 CH1，将校准信号接入通道 CH2，设定输入开关为 AC，调节垂直方向位移旋钮，使两通道信号如图 2-100（b）所示。

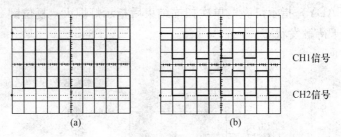

(a)　　　　　　(b)

CH1信号

CH2信号

图 2-100　波形调整示意图

双通道操作时（双踪或叠加），触发源开关选择 CH1 或 CH2 信号，如果 CH1 和 CH2 信号为相关信号，则波形均被稳定显示；如为不相关信号，必须使用交替触发（TRIG ALT）开关，那么两个通道不相关信号波形也都被稳定同步。但此时不可同时按下断续（CHOP）和交替触发（TRIG ALT）开关。

5ms/div 以下的扫描范围使用"断续"方式，2ms/div 以上扫描范围为"交替"方式，当断续开关按入时，在所有扫描速率范围内均以"断续"方式显示两条光迹，"断续"方式优选"交替"方式。

3）叠加操作。将垂直方式（VEPT MODE）设定在相加（ADD）状态，可在屏幕上观察到 CH1 和 CH2 信号的代数和，如果按下 CH2 反相（INV）按键开关，则显示为 CH1 和 CH2 信号之差。

如果想得到精确的相加或相减信号，可借助于垂直微调（VAR）旋钮将两通道偏转系数精确调整到同一数值上。

垂直位移可由任一通道的垂直移位旋钮调节，观察垂直放大器的线性，必须将两个垂直位移旋钮设定到中心位置。

4）探极校准。如前所述，为使探极能够在本机频率范围内准确衰减，必须有合适的相位补偿，否则显示的波形就会失真，从而引起测量误差。因此在使用之前，探极必须作适当的补偿调节。将探极 BNC 接到 CH1 或 CH2 输入端，将 VOLTS/DIV 设定为 5mV，将探极接到校准电压输出端，图 2-101 所示即为调节探极上的补偿电容到最佳方波。

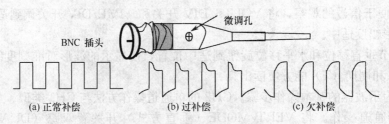

微调孔

BNC 插头

(a) 正常补偿　　　　　(b) 过补偿　　　　　(c) 欠补偿

图 2-101　探极校准示意图

知识链接

静电（ESD）防护

1. 静电在电子工业中的危害

人在地毯上行走，在工作台上工作，操作普通材料等活动都会产生上千伏的静电。如果静电电压的聚集产生火花放电，电子元件、印制板组件和其他电子组件会受到破坏或损坏。

集成电路中功能元件因体积小、电路密集更易受到 ESD 损害。电子零件在搬运过程中由于摩擦、振动或冲击也会受到 ESD 损害。

静电的基本物理特性为：吸引或排斥，与大地有电位差，会产生放电电流。这三种特性对电子元件的影响主要有以下几类。

1）即时失效（静电放电破坏，使元件受损不能工作）；另一种是静电放电造成器件内部相邻线路或绝缘层的击穿，造成器件内部的短路。

2）延时失效（静电放电电场或电流产生的热，使元件受伤）。延时失效是指器件受到 ESD 损伤后并没有立即产生短路或断路，但器件的品质已经受到影响，在使用一段时间后才发生失效，造成产品的大量早期损坏，严重影响产品在市场上的销售和公司的信誉。

3）静电吸附灰尘，降低元件绝缘电阻（缩短寿命）。

4）静电放电产生的电磁场幅度很大（达几百伏/米）频谱极宽（从几十兆到几千兆），对电子产器造成干扰甚至损坏。

2. 静电防护的基本原则

1）应抑制静电荷的积累。

2）迅速、安全、有效地消除已经产生的静电荷。

为有效地抑制静电电荷的积累，生产场地必须保持较高的湿度，并在生产中使用防静电的工具、材料。为有效、安全地消除已经产生的静电，必须使用安全的接地手腕带、脚腕带和台垫接地器。

为有效地防止静电危害，有必要设立防静电工作区（ESD 防护工作区）。ESD 防护工作区是由各种防 ESD 设施、器材及有明确定义的区域界限形成的工作场地。在该场地经培训的工作人员可以在具有最小的静电放电或静电场损害的情况下操作 ESD 敏感产品。可采用如下设备组成防静电工作区：①防静电安全工作台及防静电桌垫；②防静电地板/地垫；③防静电区域警示标志；④防静电元件盒（袋）；⑤防静电转运盒；⑥接地工具和设备；⑦离子风机和其他保护设备。

典型的防静电产品如表 2-3 所示。

表 2-3　典型的防静电产品

类别	典型产品
接地类	手腕带、脚腕带、台垫接地器等
地板及台垫类	防静电地板、防静电桌垫
离子消除器	离子风机、离子枪、离子炮等
检测仪器	手/脚腕带检测仪、表面电阻测试仪、静电场测试仪、屏蔽袋测试仪
ESD 包装材料	屏蔽袋、导电海绵、粉红色防静电气泡袋
防静电服装	工衣、手套、手指套、鞋套、帽子
防静电容器	防静电转运盒、防静电周转箱
防静电储运工具	防静电推车、防静电货架、专用货架
其他	干燥剂、镊子、吸笔、警示标志

想一想

1. 函数信号发生器通常有哪些功能？
2. 静电防护需注意哪些基本原则？

做一做

实训 1　信号发生器与示波器的使用

1. 实训目的

通过用示波器来观察信号发生器输出的各类及不同幅度的波形，来熟悉信号发生器和示波器的面板，掌握两者的使用方法和技巧。

2. 实训所需器材

YB4320G 型双踪示波器一台、EE1642C 函数信号发生器一台。

3. 实训步骤及操作要领

实训连接示意图如图 2-102 所示。

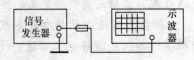

图 2-102　示波器使用实训图

（1）测量前的准备工作

进行面板一般功能检查。有关控制件按表 2-4 置位。

表 2-4　有关控制件位置

控制件名称	作用位置	控制件名称	作用位置
辉度	居中	触发方式	峰—峰值自动
聚焦	居中	扫描速度旋钮 T/div	0.5ms/div
位移 Y1、Y2、X	居中	极性	正
垂直方式	Y1	触发源	内
垂直灵敏度旋钮 V/div	10mV/div	内触发源	Y1
微调	校正位置	输入耦合	AC

1）接通电源，电源指示灯亮，稍候预热，屏幕上出现光迹，分别调节亮度、聚焦、迹线旋转，使光迹清晰并与水平刻度平行。

2）用 10∶1 探极将校正信号输入至 CH1 输入插座（BNC）。

3）调节 CH1 移位与 X 移位，使波形在窗口出现幅度适中、2～3 个周期波形。

4）将探极换至 CH2 输入插座，垂直输入方式置于"CH2"，出重复 3）操作。

（2）峰—峰值电压的测量

被测信号波形峰—峰值电压的测量步骤如下。

1）按表 2-4 设置面板控制件，然后将信号输入至 Y1。

2）设置垂直灵敏度旋钮并观察波形，使被显示的波形在 5div 左右，并将微调顺时针旋足至校正位置；调整电平使波形稳定（如果是峰值自动，无需调整电平）。

3）调节扫速控制器，使屏幕显示至少 1 个波形周期。

4）调整垂直位移，使波形底部在屏幕中某一水平坐标上。

5）调整水平位移，使波形顶部在屏幕中央的垂直坐标上。

6）读出垂直方向 a、b 两点之间的格数，具体如图 2-103（a）所示。

波形峰—峰值电压（此时探极处"×1"位置）等于垂直方向 a、b 两点之间的格数与垂直灵敏度旋钮的乘积。若探极处"×10"位置，说明输入到示波器的信号已被探极衰减 10 倍，因此，被测实际值还应再乘以 10。

（3）直流电压的测量

直流电压的测量步骤如下。

1）按表 2-4 设置面板控制件，使屏幕显示一条扫描基线。

2）设置被选用通道的耦合方式为"GND"。

3）调节垂直移位，使扫描基线在某一水平坐标上，定义此时电压值为"0"。

4）将被测电压馈入被选用的通道输入插座。

5）将输入耦合置于"DC"，调节电压衰减器，使扫描基线偏移在屏幕中一个合适的位置上（微调顺时针旋足至校正位置）。

6）读出扫描基线在垂直方向上偏移的格数。具体如图 2-103（b）所示。

（4）时间间隔的测量

对于一个波形中两点时间间隔的测量，可按下列步骤进行。

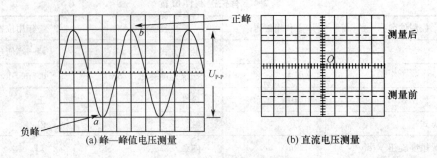

(a) 峰—峰值电压测量   (b) 直流电压测量

图 2-103   峰—峰值和直流电压的测量示意图

1）按表2-4设置面板控制件，然后将信号馈入 Y1。

2）将扫速微调顺时针旋足（校正位置），调整扫速控制器，使屏幕上显示1～2个信号周期，如图2-104所示。

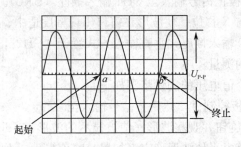

图 2-104   周期（时间间隔）的测量

3）分别调整垂直移位和水平移位，使波形中需测量的两点位于屏幕中央水平刻度线上，读出 a、b 两点的水平距离和扫描时间因数开关的位置，并代入公式

$$时间间隔(s) = \frac{两点之间水平距离(div) \times 扫描时间因数(时间/div)}{水平扩展倍数}$$

（5）测量正弦信号的电压及周期

将 EE1642C 函数信号发生器与双踪示波器 Y_B 相连。调节信号发生器使其输出正弦信号频率和电压值如表2-5所示，调整示波器，测出相应的幅度和周期。

表 2-5   测电压幅度

EE1642C 信号发生器输出		50Hz	100Hz	1kHz	10kHz	100kHz
		0.5V	1V	1.5V	2V	3V
电压测量	灵敏度旋钮 "V/div" 值					
	读数/格					
	U_{P-P}/V					
	U（有效值）/V					

（6）脉冲信号的测量

调节信号发生器使其输出脉冲信号频率如表2-6所示。调节占空比旋钮，使信号发生器输出对称的波形（占空比 50%）。调整示波器，测量出相应的频率和脉宽值，并填入表中。

表 2-6 测周期和频率

EE1642C 信号发生器输出		50Hz	100Hz	1kHz	10kHz	100kHz
电压测量	时间因数旋钮"t/div"值					
	读数/格					
	周期					
	频率					

4. 实训结果与分析

为什么每一次测量前，面板控制件均应调回到适当位置？当利用示波器观测某一直流信号时，示波器的输入耦合方式、触发耦合方式和扫描方式应如何选择？

做一做

实训 2 收音机的安装与调试

1. 实训目的

1）掌握手工电子焊接与收音机装配技术。能看懂收音机安装图。通过结合收音机的原理图、安装图和工艺图，熟悉电子产品组装工艺流程，并掌握收音机的调试检修方法。

2）按工艺要求完成整机装配，并用仪器仪表对所装收音机进行静态工作点、中频频率、频率刻度的测量和调整调试。

2. 实训所需设备及材料

中夏 S66E 收音机套件、电子装配工具一套、函数信号发生器一台、示波器一台。

3. 实训考核要求

1）按工艺要求，完成印制电路板上各种类型器件的装焊。

2）引脚和焊盘浸润良好，无虚焊、空洞或堆锡现象，焊点光泽好，无裂纹、桥接、拉尖现象。焊盘无翘起、脱落现象。

3）按调试工艺要求，完成收音机的频率覆盖和灵敏度调整。

4. 实训内容及步骤

（1）安装工序

安装工艺过程表格如图 2-72 所示。收音机原理图和装配图见随机图纸。

安装说明：按通孔插接方式，将元器件引脚从印制板相应位置的通孔插入，在印制板焊面将元器件引脚与铜箔焊起来,焊好后将多出的引脚剪掉。另外,安装时先装低矮和耐热的元器件(如电阻和无极性电容),然后装体积大的元器件(如中周、变压器),最后装不耐热的元器件(如电解电容和三极管)。

各种元器件安装焊接的注意事项如下。

1)电阻在安装时可以采用卧式紧贴印制板安装,也可以采用立式安装,高度要统一。

2)电容和三极管均采用立式安装,但不要安装过高,不能超过中周的高度,电解电容和三极管在安装时要注意各引脚的极性对号入座。

3)磁棒线圈的四根引线头可直接用电烙铁配合松香焊锡丝来回摩擦几次即可自动镀上锡,再焊在印制板铜箔上。

4)元器件和有关导线安装并焊接好后,再将印制板上 A、B、C、D 这 4 个缺口用焊锡焊好,这 4 个缺口是用来测收音机各级电路工作电流的,在调试和检修时可以将它们再断开。

5)装接时要特别注意避免元器件装插错误(常见的是不同参数或不同型号元器件焊错)和接线错误(如天线 4 个接线头焊错位置、电源开关和扬声器引线焊错)、假焊和烫伤元器件等现象的发生,这样,即可大大提高收音机的组装成功率。

收音机的质量如何,除了电路设计、元器件质量、整机装配工艺等因素外,调整和测试是相当关键的环节。装配完的收音部分或检修完该部分后,为了使其达到最佳工作状态,都需要调试。中夏收音机装配效果及调整位置示意图如图 2-105 所示。

图 2-105　中夏 S66E 收音机需调整位置

(2)收音机的调试

1)中频的调整。连接方式如图 2-106 所示。调整中频变压器(中周),使之谐振在465kHz 频率。中频变压器在出厂之前,已由仪器(如高频信号发生器和中频图示仪等)调整完好,在上板后,由于电路分布参数的变化,只需从后向前逐级反复微调 T$_4$、

T_3。若发现声音无变化，需将磁芯调回原位置。

若中频变压器已调乱，可找一台正常工作的收音机，先"粗调"，即把待调机的中频变压器的磁芯调到与正常机大致相同的位置，再依据上述方法进行细调。

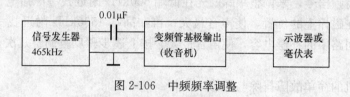

图 2-106　中频频率调整

2）接收频率范围的调整。连接方式如图 2-107 所示。

调整频率范围是指调整收音机的接收频率范围，使其能覆盖相应波段的频率范围。例如，中波波段频率范围为 525～1605kHz，通过调整后，收音机的中波波段必须覆盖该范围，并保有一定余量。

图 2-107　接收频率范围的调整

在业余条件下，可直接在波段的低端和高端各找一电台信号代替高频信号，来调整频率范围。先在低端找一广播电台信号，如中波段 529kHz，调整本振线圈的磁芯，使声音最大。再在高端找一广播电台信号，如中波段 1278kHz，调整本振回路中的补偿电容，使声音最大。按上述步骤反复调整几次，基本上能保证收音机的频率范围。

☼ 注 意

调整频率范围是在本振回路中进行的，低端调本振线圈磁芯，高端调本振回路补偿电容。

3）灵敏度的调整。连接方式如图 2-108 所示。

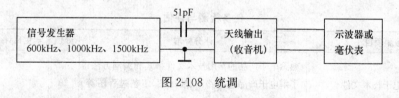

图 2-108　统调

灵敏度的调整又称统调。对于超外差收音机来说，只要调节双联可变电容器，就可以使输入回路和本振回路的频率同时发生变化，从而使这两个回路的频率差值保持在 465kHz 上，这就是所谓的跟踪。实际上，要使整个波段内每个频率点都达到准确跟踪是不容易的，所以在收音机中采用三点跟踪来解决这个问题。所谓三点跟踪是指在设计收音机输入回路和本振回路时，要求收音机在中间频率（中波 1000kHz）处达到跟踪，再通过调整，在低端（中波 600kHz）和高端（中波 1500kHz）各获得一个跟踪点。这样一来，在整个波段范围内若有三个频率点的跟踪是准确的，其他各频率点的跟踪也就基本准确了。

在业余条件下，同样利用电台广播实现统调。可以直接在波段的低端和高端各找一广播节目代替高频信号，来调整跟踪。先在低端600kHz附近找一广播电台信号，调整输入回路线圈在磁棒上的位置，使声音最大；再在高端1500kHz附近找一广播电台信号，调整输入回路中的补偿电容，使声音最大。按上述步骤反复调整几次，基本上能保证三点跟踪。

（3）收音机的简单故障排除与检修

1）直观法检查。主要内容有：检查电池及电池夹是否装好或接触不良；检查元器件是否碰极；检查各连接线是否脱落或断线；检查印制板有无断裂、焊盘是否松脱、焊点是否松动虚焊、焊点是否桥接短路等；检查元器件是否装错，特别是三极管、电解电容引脚或极性是否装错等。

2）电流法检查。先将收音机调谐盘调到无台（静态，指无信号输入）位置，再进行以下检查：万用表红黑表笔架在带开关的音量电位器开关两端，测S66E收音机整机静态电流，一般为5～8mA，如果电流过大，说明收音机内部电路存在短路；若电流很小，则说明某电路可能开路。接着测收音机A、B、C、D这4点电流（参照装配图中电流标示）。

3）干扰法检查。又称触碰法，主要引入人体感应信号，特别适合处理收音机"无声"故障，此时将万用表置于R×1挡或R×10挡。用这种方法可先触碰音量电位器中间抽头，判断"无声"是发生在收音机的低放级还是高频级。若仍然"无声"，说明是属低放级问题。若出现"喀喀"声，则证明是高频级故障。而后，从后级往前干扰VT3、VT2、VT1的基极，若干扰到某级无反应，则说明该级电路存在故障，主要检查电路之间的耦合元器件，如中周T4、T3内部线圈断线等。

5. 实训报告

按工艺要求，自制收音机装配与调试工艺文件。

评一评

任务检测与评估

	检测项目	评分标准	分值	学生自评	教师评估
任务知识内容	电子技术文件	熟悉电子产品的常用技术文件格式和编制方法；了解电子产品的电路图、装配图、工艺过程图等文件	20		
	常用材料	掌握导线加工工艺；了解布线原则	10		
	电子整机总装与调试	理解电子整机总装的工艺要求和工艺过程	10		
	常用仪器的使用	认识函数信号发生器和双踪示波器的面板和了解常用开关旋钮的作用	10		

续表

	检测项目	评分标准	分值	学生自评	教师评估
任务操作技能	常用仪器的使用	掌握信号发生器和示波器的基本操作和使用	10		
	收音机的安装与调试	掌握简单电子产品常用的装配工艺和焊接工艺	30		
	安全操作	安全用电、按章操作,遵守实训室管理制度	5		
	现场管理	按 6S 企业管理体系要求、进行现场管理	5		

巩固与练习

一、填空题

1. 电子产品的装配过程大致可分为＿＿＿＿、＿＿＿＿＿、＿＿＿＿＿、＿＿＿＿＿＿、＿＿＿＿＿＿等几个阶段。

2. 技术文件主要包括＿＿＿＿＿＿和＿＿＿＿＿＿两大类。

3. 手工锡焊的三步操作法为准备、＿＿＿＿＿＿和＿＿＿＿＿＿。

4. 手工焊接的五个步骤分别是 ＿＿＿＿＿、＿＿＿＿＿、＿＿＿＿＿、＿＿＿＿＿、＿＿＿＿＿。

5. 垂直灵敏度选择开关又称＿＿＿＿＿＿开关,其作用是步进式调节屏幕上信号波形的＿＿＿＿＿＿。

6. 水平扫描速率选择开关又称＿＿＿＿＿＿开关,其作用是步进式调节屏幕上信号波形在水平方向的＿＿＿＿＿＿。

7. 输入耦合方式转换开关的作用是选择 Y 通道被测信号的＿＿＿＿＿方式。它有＿＿＿＿＿＿＿＿三种方式,当开关拨到＿＿＿＿时,被测信号要经耦合电容隔离掉直流成分,只有＿＿＿＿输入 Y 通道。

8. 示波器可以测量交流信号的峰—峰值,峰—峰值是指交流信号＿＿＿＿和＿＿＿＿之间的电压值,单位是＿＿＿＿。

二、选择题

1. 将加工好的电路板、相关部件、机壳等组装成为一个完整的产品的过程称为（　　　）。

　　A. 印制板装配　　　B. 整机联装　　　C. 整机检验　　　D. 产品包装

2. 波峰焊接机中热风刀的作用是（　　　）。

　　A. 切割元器件引脚　　B. 去除桥连,减轻组件的热应力

　　C. 产生各种焊锡波　　D. 预热

3. 焊锡丝撤离焊盘后,电烙铁在焊盘的持续时间是（　　　）。

　　A. 5s　　　　　　B. 3s　　　　　　C. 1~2s　　　　　D. 4s

4. 回流焊峰值温度是（　　　）。

　　A. 180℃　　　　B. 250℃　　　　C. 150℃　　　　D. 230℃

三、判断题

1. 工艺文件通常分为工艺管理文件和工艺规程两大类。　　　　　　　（　　）
2. 助焊剂的作用和阻焊剂是一样的。　　　　　　　　　　　　　　　（　　）
3. 在元器件引线成形时，引线弯折处距离引线根部应为1.5mm。　　　（　　）
4. 信号发生器的衰减开关是用来控制输出信号幅度的。　　　　　　　（　　）
5. 函数信号发生器只能输出等幅正弦波信号。　　　　　　　　　　　（　　）
6. 双面表面安装电路板组装时，将两面的元器件分别贴片完后，再一起进行回流焊。　　　　　　　　　　　　　　　　　　　　　　　　　　　　　　（　　）

四、简答题

1. 简述波峰焊接的工艺流程。
2. 什么是设计文件？它有哪几种分类方法？
3. 工艺文件的程序和内容包括哪些？
4. 电子设备中常用的绝缘材料有哪几种？
5. 简述整机调试的一般程序与要求。

项目三

直流稳压电源的制作

直流稳压电源是进行电子制作和电子产品维修时的必备设备。本项目利用三端可调式稳压块制作直流稳压电源电路，为后续小产品的安装与调试提供直流电源。并以直流稳压电源为载体，讲解整流滤波电路、并联型二极管稳压电路、共射极基本放大电路的电路结构及原理。

知识目标

◆ 掌握二极管单相整流电路的组成、工作原理及简单计算；掌握电容滤波电路的基本形式，了解滤波电容的选用原则。

◆ 掌握稳压管并联型稳压电源的构成、稳压原理及电路特点。

◆ 了解放大器的功能，掌握单级低频小信号放大器的电路组成和工作原理；了解放大器静态工作点的作用及单级共发射极放大器对信号的放大和反相作用。

◆ 了解放大器的三种基本接法，它们各自的工作原理及特点。

◆ 掌握三极管串联型稳压电源的构成及稳压原理。

技能目标

◆ 掌握三端集成稳压器的使用方法。

◆ 了解集成稳压器的基本知识及其识读方法。

◆ 掌握直流稳压电源的安装与检测方法。

任务一　整流与滤波电路的检测

1. 掌握半波整流和桥式整流电路的结构及工作原理。
2. 掌握电容滤波电路工作特点。
3. 掌握并联型硅二极管稳压电路的结构与作用。

教学步骤	时间安排	教学方式(含教学内容、教学手段,如课件、举例等)
阅读教材	课余	自学、查资料、相互讨论
知识讲解	6课时	整流和滤波电路讲解时,均可采用多媒体课件加 Multisim 仿真软件组合形式
操作技能	2课时	结合视频投影,教师演示整流和滤波电路仿真测试操作过程
评估检测	与课堂教学同步进行	教师与学生共同完成任务的检测与评估,并能对出现的问题进行分析与处理

读一读

知识1　桥式整流电路

小功率直流稳压电源组成框图如图 3-1 所示。各部分电路作用如下。

1) 降压电路:将电网电压 u_1 降为所需要的交流电压 u_2,主要器件是降压变压器。

2) 整流电路:将交流电压 u_2 变为脉动的直流电压 u_3,主要利用二极管的单向导电性实现。

3) 滤波电路:滤除纹波,将脉动直流电压 u_3 转变为平滑的直流电压 u_4,主要利用储能元件电容和电感来实现。

4) 稳压电路:避免电源输出电压随电网电压、负载以及电路工作的环境温度的变化而变化;清除电网波动及负载变化的影响,保持输出电压 u_o 的稳定。

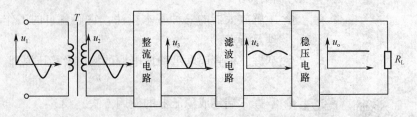

图 3-1　小功率直流稳压电源组成框图

常见的小功率整流电路,有单相半波、全波、桥式和倍压整流等。

1. 单相半波整流电路

如图 3-2 所示，输入波形的正半周，即 $u_2 > 0$ 时，二极管导通，忽略二极管正向压降，输出波形跟随输入波形，$u_o = u_2$。输入波形的负半周，$u_2 < 0$ 时，二极管截止，电路无输出电压，$u_o = 0$，因此在输出端得到只有正半周输出的信号。单相半波整流电路及输出电压波形如图 3-2 所示。

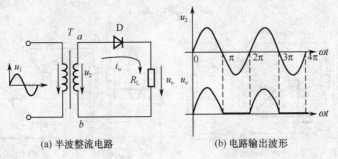

(a) 半波整流电路　　　　(b) 电路输出波形

图 3-2　半波整流电路结构及输出波形

输出电压平均值（定义为输出电压在一个周期内的平均值）$U_o = 0.45U_2$。

上式说明，半波整流负载上得到的直流电压只有变压器次级电压有效值的 45%，如考虑二极管的正向电阻、变压器的次级内阻等实际情况，得到的输出电压值会更低。

输出电流平均值（I_o）：$I_o = U_o/R_L = 0.45U_2/R_L$。

二极管上的平均电流为 $I_D = I_o$。

二极管所承受的最大反向电压为 $U_{DRM} = \sqrt{2}\,U_2$。

半波整流电路的优点是电路简单，采用器件数量少；而缺点为损失了负半周的信号，整流效率低。

2. 桥式整流电路

桥式整流电路如图 3-3 所示。该电路由 4 个二极管组成桥路，其他画法如图 3-4 所示。

原理：在输入信号 u_2 的正半周，D_1、D_3 导通，D_2、D_4 截止，负载获得由上至下的正半周电流。电流通路为 A→D_1→R_L→D_3→B。在输入信号 u_2 的负半周：D_2、D_4 导通，D_1、D_3 截止。负载上面仍然获得由上至下的负半周电流。电流通路为 B→D_2→R_L→D_4→A。

桥式整流电路输出电压是半波整流的两倍，因此有 $U_o = 0.9U_2$。

桥式整流电路的优点是，省略中间抽头变压器（非桥式全波整流电路采用），降低二极管耐压。缺点是，需要整流二极管的数量增加，电路比较复杂。几种常见的硅整流

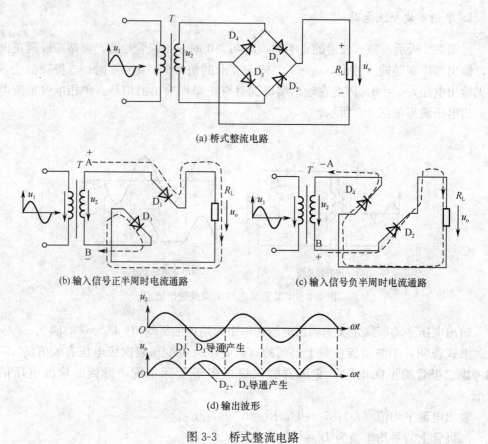

(a) 桥式整流电路

(b) 输入信号正半周时电流通路　　　　　　　(c) 输入信号负半周时电流通路

(d) 输出波形

图 3-3　桥式整流电路

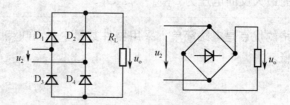

图 3-4　桥式整流电路其他画法

桥堆外形如图 3-5 所示。

　　平均电流（I_D）与反向峰值电压（U_{RM}）是选择整流管的主要依据。

　　例如：在桥式整流电路中，每个二极管只有半周导通，因此，流过每只整流二极管的平均电流 I_D 是负载平均电流的一半。

$$I_D = \frac{1}{2}I_o = 0.45\frac{U_2}{R_L}$$

二极管截止时两端承受的最大反向电压为

$$U_{DRM} = \sqrt{2}U_2$$

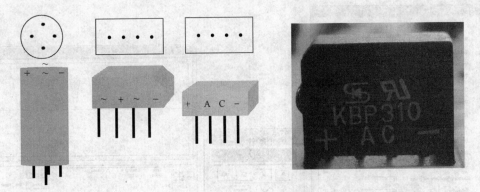

图 3-5 各类桥堆外形及实物

想一想

1. 全波整流电路与桥式整流电路相比，有何不同？
2. 桥式整流电路中，整流二极管选取时需要参考哪些参数？

做一做

实训 1 桥式整流电路的仿真测试

1. 实训目的

熟悉桥式整流电路的基本原理；掌握桥式整流电路检测方法。

2. 实训步骤和操作

双击 EWB（Multisim 10.0）仿真软件图标，进入 Multisim 10.0 工作界面，搭建和连接桥式整流仿真测试电路，如图 3-6 所示。

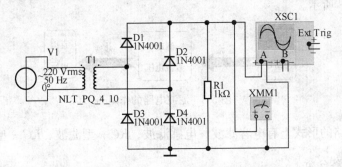

图 3-6 桥式整流仿真测试电路

用示波器 XSC1 观察桥式整流后输出波形，用万用表 XMM1 检测整流后输出电压。从图 3-7（c）示波器所测波形可以看出，桥式整流电路输出脉动直流电。

断开 D_2 或 D_4 或负载 R_1，观察万用表示值和示波器所显示波形的变化。

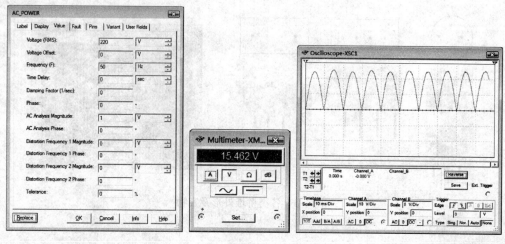

(a) 交流信号源面板参数设置　　　(b) 万用表所测电压　　　(c) 示波器观察到的输出波形

图 3-7　仿真设置及结果

3. 实训结果及分析

结合参数设置，分析实训结果。当断开 D_2 或 D_4 后，该仿真电路已成为何种电路？

读一读

知识 2　电容滤波电路

滤波电路的结构特点：电容与负载 R_L 并联，或电感与负载 R_L 串联。

滤波原理：利用储能元件电容两端的电压（或通过电感中的电流）不能突变的特性，滤掉整流电路输出电压中的交流成分，保留其直流成分，达到平滑输出电压波形的目的，如图 3-8 所示。

图 3-8　滤波电路的作用

在滤波电路的形式上有电容滤波、电感滤波、RC-π 型滤波、LC-π 型滤波。

1. 滤波电路分析

以单向桥式整流电容滤波为例进行分析，其电路如图 3-9 所示。

（1）R_L 未接入时（忽略整流电路内阻）

空载时，接入交流电（设 t_1 时刻接通电源）后，在一个周期的正、负半周，4 个二极管分别导通，电容被充电到交流电的最大值，由于二极管的反向电阻很大，电容几乎无放电回路，如图 3-10 所示。所以输出电压为 $U_o = \sqrt{2}U_2$。

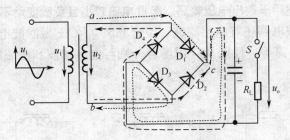

图 3-9　电容滤波电路

（2）R_L 接入（且 $R_L C$ 较大）时（忽略整流电路内阻）

在 u_2 的正半周，电容被充电，电容电压达到最大值后，通过负载放电，u_o 下降，一直持续到下一个 u_2 上升到和电容电压相等之后再次充电。如此重复得到输出波形，如图 3-11 所示。

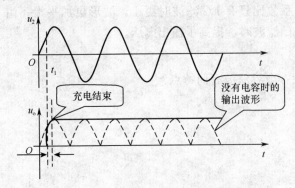

图 3-10　R_L 未接入时电容滤波前后效果

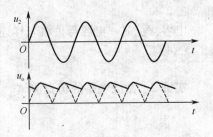

图 3-11　R_L 接入时电容滤波前后效果

电容通过 R_L 放电，在整流电路电压小于电容电压时，二极管截止，整流电路不为电容充电，u_o 会逐渐下降。只有整流电路输出电压大于 u_o 时，才有充电电流 i_D。因此整流电路的输出电流是脉冲波。

（3）R_L 接入（且 $R_L C$ 较大）时（考虑整流电路内阻）

电容充电时，电容电压滞后于 u_2。$R_L C$ 越小，输出电压越低。

2. 电容滤波电路的特点

（1）输出电压 U_o 与放电时间常数 $R_L C$ 有关

$R_L C$ 愈大 → 电容器放电愈慢 → U_o（平均值）愈大。

一般取 $\tau_d = R_L C \geqslant (3\sim5)\dfrac{T}{2}$（$T$ 为电源电压的周期）

近似估算　$U_o = 1.2 U_2$

（2）流过二极管瞬时电流很大

$R_L C$ 越大，U_o 越高，负载电流的平均值越大；整流管导电时间越短，i_D 的峰值电流越大；故一般选管时，取最大整流电流 $I_{DF} = (2\sim3)\dfrac{I_L}{2} = (2\sim3)\dfrac{1}{2}\dfrac{U_o}{R_L}$。

电容滤波电路适用于输出电压较高、负载电流较小且负载变动不大的场合。

其他形式的滤波电路还有电感滤波、组合滤波（RC-π型滤波电路、LC型滤波电路、LC-π型滤波电路等，性能及应用场合分别与电容滤波和电感滤波相似）等，如图 3-12 所示。

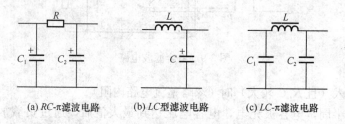

(a) RC-π滤波电路   (b) LC型滤波电路   (c) LC-π滤波电路

图 3-12   组合滤波电路

LC-π型滤波电路输出电压的脉动系数比只有 LC 滤波时更小，波形更加平滑；由于在输入端接入了电容，因而较只有 LC 滤波时，提高了输出电压。

想一想

电容滤波时，电容与负载怎样连接？电容滤波有何特点？

做一做

实训 2   滤波电路的仿真测试

1. 实训目的

熟悉电容滤波电路的基本原理及其特点；掌握电容滤波电路仿真检测方法。

2. 实训步骤和操作

双击 EWB（Multisim 10.0）仿真软件快捷图标，进入 Multisim 10.0 工作界面，搭建和连接电容滤波仿真测试电路，如图 3-13 所示。

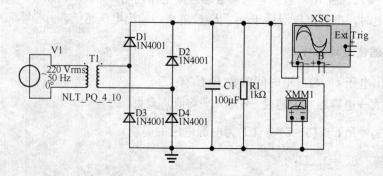

图 3-13   电容滤波仿真测试电路

交流信号源的主要参数设置为交流有效值 220V、50Hz。用示波器 XSC1 观察桥式整流后输出波形，万用表 XMM1 检测整流后输出电压。仔细观察，发现万用表所测示值从 16V 上升到 24V，而后逐渐稳定下来，如图 3-14 所示。

示波器所测波形如图 3-15 所示，可以看出，与桥式整流电路相比，加入电容滤波后，电路不再输出脉动直流电，而是较为平缓的直流电压。

图 3-14 万用表所测电压

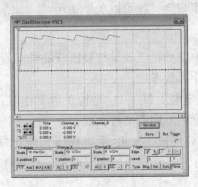

图 3-15 示波器观察到的输出波形

3. 实训结果及分析

分析实验结果，计算实验内容要求的参数。将滤波电容容量提高到 $1000\mu F$，观察输出波形会有何变化。

读一读

知识 3 并联型硅二极管稳压电路

经过整流和滤波后的电路已经能输出比较平稳的电压，但是，当电网电压或负载有变化时，还是会引起输出电压有较大的变化，对与之相连的电子设备会造成一定的危害，为防止此情况出现，还必须采取一定的措施，对输出电压进行稳定。把起稳定输出电压作用的电路称为稳压电路。最简单的稳压措施是采用硅稳压二极管来进行直流稳压。

1. 硅稳压二极管

硅稳压二极管是一种具有稳压作用的特殊二极管，其符号如图 3-16（a）所示。

硅稳压管之所以能起到稳压作用，主要是由其反向击穿时的伏安特性决定的。它的伏安特性曲线如图 3-16（b）所示。可以看出，在反向击穿区，流过稳压管的电流有很大的变化，但对应的电压只有很小的变化。如电流变化 ΔI，而电压仅有 ΔU 的变化，把稳压管并联在负载的两端，就能在一定条件下保持输出电压基本稳定。

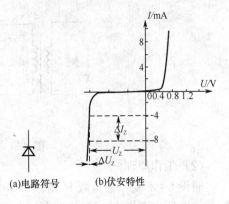

(a)电路符号　　(b)伏安特性

图 3-16 稳压二极管的伏安特性

　　需要注意的是，虽然硅稳压管也是二极管，但它是经过特殊工艺制造的，反向击穿时不会因为过热而被烧坏，因此，只要限制硅稳压管的反向电流，不超过它的最大功率损耗，就可以长期使用。

　　稳压电路的稳压效果与稳压管的性能直接相连。实际应用中，选择硅稳压管，可以从以下几个参数考虑。

　　1) 稳定电压 U_Z。U_Z 是指正常工作时，稳压管两端的反向电压。此值随工作电流和环境温度的不同而略有改变。

　　2) 稳定电流 I_Z。I_Z 是指稳压管能正常工作时的电流。它有一个范围，如图 3-16 所示。低于最小稳定电流 I_{Zmin} 起不到稳压作用；高于最大稳定电流 I_{Zmax}，则管子会因过热被烧坏。

　　3) 动态电阻 r_z。r_z 是指稳压管工作在稳压状态时，稳定电压变化量 ΔU_Z 与稳定电流的变化量 ΔI_Z 的比值。即

$$r_z = \frac{\Delta U_Z}{\Delta I_Z}$$

2. 硅稳压二极管稳压电路

(1) 电路组成

　　图 3-17 所示为硅稳压管稳压电路的原理图。经整流、滤波后的电压 U_i 作为输入电压，稳压管 D_Z 与负载 R_L 并联（注意稳定管的极性不能接反），电阻 R 作为限流电阻，保护稳压管；其次是当输入电压或负载电流变化时，通过该电阻上电压降的变化，取出误差信号以调节稳压管的工作电流，从而起到稳压作用。

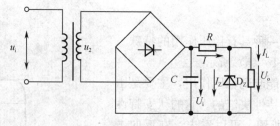

图 3-17　硅稳压管稳压电路

(2) 工作原理

　　假设 U_i 不变，当负载 R_L 减小时，I_L 会增大，$I = I_L + I_Z$，所以 I 会增大，加在 R 两端的电压也会增大，U_o 会降低。R_L 与 D_Z 并联，则 U_Z 也会降低，而 U_Z 有很小的变化，I_Z 会有很大的变化。所以，当 U_Z 有微小降低，I_Z 就会急剧下降，从而 I 降低，在电阻 R 上的压降减小，使得 U_o 升高，起到了稳压作用，上述过程可简单表述如下：

$$R_L\downarrow \to I_L\uparrow \to I\uparrow \to U_R\uparrow \to U_o\downarrow \to U_Z\downarrow \to I_Z\downarrow$$
$$U_o\uparrow \leftarrow U_R\downarrow \leftarrow I\downarrow$$

设负载电阻 R_L 不变，电网电压变化使 U_i 上升，则 U_o 上升，对应的 U_Z 上升，流过稳压管的电流 I_Z 也会上升，电阻 R 上的电流 I 也就上升，使电阻上的电压 U_R 增大，U_o 就会降低。电阻 R 上的压降抵消 U_i 的升高。上述过程可简单表述如下：

$$U_i\uparrow \to U_o\uparrow \to U_Z\uparrow \to I_Z\uparrow \to I\uparrow$$
$$U_o\downarrow \leftarrow U_R\uparrow$$

综上所述，负载或电网电压的变化，都能经稳压管稳压后使电压变得稳定，起到稳压作用，由于硅稳压管稳压电路简单，成本低，在一些小型的电子设备中经常采用。但其缺点是输出电压不能任意调节，稳压性能差，输出功率小，一般适用于电压固定、负载电流较小的场合，常用作基准电压源。

想一想

1. 硅二极管稳压电路在多数电子设备中，有何用途？
2. 在并联型硅二极管稳压电路中，限流电阻 R 还有何作用？

评一评

任务检测与评估

	检测项目	评分标准	分值	学生自评	教师评估
任务知识内容	整流电路	掌握桥式整流电路的原理与特点	30		
	滤波电路	掌握电容滤波电路的原理与特点	20		
	并联型硅二极管稳压电路	掌握并联型硅二极管稳压电路原理	20		
任务操作技能	桥式整流电路仿真测试	掌握桥式整流电路的结构与特点	10		
	电容滤波电路仿真测试	掌握电容滤波电路的结构与特点	10		
	安全操作	安全用电、按章操作，遵守实训室管理制度	5		
	现场管理	按 6S 企业管理体系要求，进行现场管理	5		

任务二 放大电路的检测

1. 了解双极型三极管的伏安特性和主要参数。
2. 掌握低频电压放大电路的电路结构及工作特点。

教学步骤	时间安排	教学方式(含教学内容、教学手段,如课件、举例等)
阅读教材	课余	自学、查资料、相互讨论
知识讲解	4课时	结合与放大电路有关的多媒体课件,重点讲授共射极基本放大电路
操作技能	2课时	结合仿真结果,强调共射极放大电路反相放大特点
评估检测	与课堂教学同步进行	教师与学生共同完成任务的检测与评估,并能对出现的问题进行分析与处理

读一读

知识 1　三极管的伏安特性

双极型三极管具有电流放大作用，它的应用比二极管更为广泛。

1. 三极管的工作原理

放大器的输入与输出共有 4 个端子，而三极管只有 3 个电极，用它组成放大器时，一个电极作为信号输入端，另一个电极作为输出端，第三个电极势必成为输入和输出信号的公共端。根据公共端选用发射极、基极或集电极的不同，三极管有共发射极、共基极和共集电极三种不同的连接方式，如图 3-18 所示。

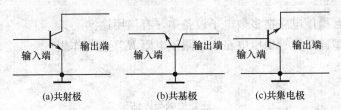

图 3-18　三极管的三种连接方式示意图

三极管的三种连接方式（或称为三种基本电路、三种组态）中，共发射极电路使用最多。下面以 NPN 型三极管的共发射极电路为例分析三极管的工作原理。

1）要三极管具有放大作用，各电极必须加上正确的工作电压。即对发射结加正向偏置（正偏）电压；对集电结加反向偏置（反偏）电压。

共发射极电路中，偏置电压的加入方式如图 3-19 所示。图 3-19（a）为 NPN 管的正确接法。图中发射结正向电压以 U_{BE} 表示，集电极电压用 U_{CE} 表示，只要保证 U_{CE} 大于 U_{BE}，即可使集电结加有反向电压。图 3-19（b）为 PNP 管的接法，加入偏置电压的方式是一样的，只是外接电源的极性应全部相反。

2）三极管中电流分配关系：$I_E = I_B + I_C$。即发射极电流等于集电极电流与基极电流之和。又因为基极电流很小，所以集电极电流与发射极电流近似相等，即 $I_C \approx I_E$。各极电流方向如图 3-20 所示。

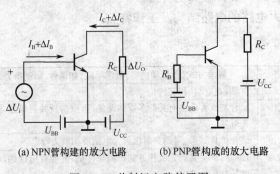

(a) NPN 管构建的放大电路　　(b) PNP 管构成的放大电路

图 3-19　共射极电路偏置图

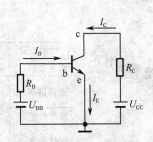

图 3-20　各极电流的关系

三极管的内部结构特点决定了 $I_C \gg I_B$，且 I_B 微小的变化会引起 I_C 较大的变化，这种现象称为三极管的电流放大作用。将集电极电流与基极电流之比用 $\bar{\beta}$ 表示，$\bar{\beta}$ 称为直流电流放大倍数，即

$$\bar{\beta} = \frac{I_C}{I_B}$$

若改变发射结的正向电压使 I_B 变化时，则可以控制 I_C 成 $\bar{\beta}$ 倍变化，即 I_B 对 I_C 有控制作用。这说明三极管是电流控制的器件。

2. 三极管的伏安特性曲线

三极管的伏安特性曲线是指三极管各极电压与电流之间的关系曲线。下面讨论共发射极输入和输出特性曲线。

三极管的特性曲线可以用晶体管特性图示仪得出，也可以用实验电路进行测试。图 3-21 所示为共发射极特性曲线测试电路。图中 V_{BB} 和 V_{CC} 是供给基极到发射极的直流电源电压，有时两者可以合用一组电源。

1）输入特性曲线。共发射极输入特性曲线是指当集电极到发射极之间的电压 U_{CE} 为某一常数时，基极电流 I_B 与基极到发射极之间的电压 U_{BE} 的关系曲线，用函数式可表示为

$$I_B = f(U_{BE}) \big| U_{CE} = 常数$$

图 3-22 为一个 NPN 型三极管在 $U_{CE} > 1V$ 时的输入特性曲线。由图可见，输入特性曲线是非线性的，与二极管的正向特性相似。

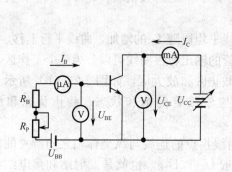

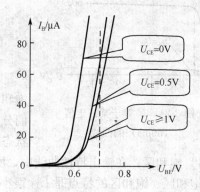

图 3-21　三极管特性曲线测试电路　　　图 3-22　三极管的输入特性曲线

三极管的输入特性有死区（即当 U_{BE} 较小时，I_B 近似为零），只有当加在发射结上的正向电压大于死区电压时，三极管才会出现较大的基极电流 I_B。锗三极管的死区电压约为 $0.1 \sim 0.2V$。三极管发射结的正向导通电压，硅管约为 $0.7V$，锗管约为 $0.3V$。

2）输出特性曲线。三极管共发射极的输出特性曲线是指当基极 I_B 为某一常数时，集电极电流 I_C 与集电极到发射极之间的电压 U_{CE} 的关系曲线，用函数表示为

$$I_C = f(U_{CE}) \big| I_B = 常数$$

实际测试时，调节 R_P，使 I_B 维持某一定值（例如 $40\mu A$），再改变 U_{CC}，逐次测得

U_{CE}和I_C，据此可绘出一条$I_B=40\mu A$时的输出特性曲线，如图3-23所示。下面对曲线加以讨论。

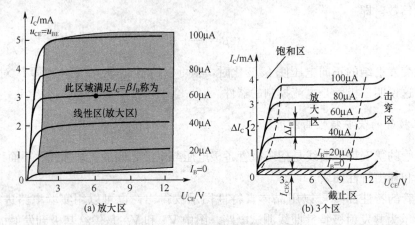

图 3-23　三极管的输出特性曲线

输出特性曲线的变化情况：每条输出特性曲线可分为"上升段"和"平坦段"两部分，下面以图3-24所示I_B等于某一定值（$60\mu A$）的曲线加以说明。

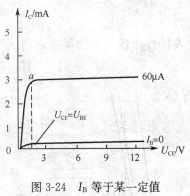

图 3-24　I_B 等于某一定值（$60\mu A$）的曲线

$U_{CE}=0$ 时，$I_C\approx0$。当U_{CE}较小时，随U_{CE}的增加I_C上升较快，曲线为上升段。当U_{CE}增加到等于U_{BE}时（对应的a点，称为拐点），曲线转入平坦段，a点之后U_{CE}再增加，I_C增加很少。

当U_{CE}大于一定的数值时，I_C只与I_B有关，即$I_C=\beta I_B$。

在曲线平坦段随I_B的增加，曲线平行上移。

三极管的输出特性曲线可以分为三个工作区，即饱和区、截止区和放大区，如图3-23（b）所示。它们分别对应三极管的饱和状态、截止状态和放大状态。

1）饱和区。在输出特性曲线中，所有曲线拐点的连线与纵坐标轴之间所夹的区域称为饱和区。饱和区的特点是U_{CE}很小，一般$U_{CE}<U_{BE}$，也就是发射结和集电结都处于正向偏置状态，即$U_{BE}>0$，$U_{BC}>0$。在饱和区，基极电流I_B的变化不能影响集电极电流I_C，即I_C不再受I_B的控制，三极管这时失去了放大作用。三极管工作在饱和状态时的U_{CE}电压称为集电极与发射极之间的饱和压降，用U_{CES}表示。小功率三极管U_{CES}小，硅管约0.3V左右，锗管约0.1V左右，并且它随I_C的增加而略有增加。

2）截止区。在输出特性中，$I_B=0$的那条曲线与横坐标之间所夹的区域称为截止区，此时三极管的发射结反偏或两端电压为零，即$U_{BE}\leq0$。在截止区，三极管各极电流基本为零，各极之间如同断开一样，处于截止状态而没有放大作用。

通常所指的开关状态，就是截止和饱和两种状态切换。

3）放大区。在三极管输出特性曲线中，除去饱和区与截止区，余下的部分称为放大区，也就是特性曲线比较平坦的部分。

在放大区 $U_{CE} > U_{BE}$，三极管的发射结处于正偏，集电结处于反偏。这时集电极电流 I_C 受基极电流 I_B 的控制，并且遵循 $I_C = \bar{\beta} I_B$ 的规律，也就是三极管具有放大作用。若 U_{CE} 保持不变，I_B 从 0、$20\mu A$、$40\mu A$、…增加，则对应的 I_C 也越来越大。在放大区，当 I_B 恒定时，I_C 基本不变，I_C 随 U_{CE} 的变化很小，这称为三极管的恒流特性。

3. 三极管的主要参数

BJT 三极管的主要参数有直流放大倍数 β、极间反向电流（I_{CEO}、I_{CBO}）和极限参数（I_{CM}、$U_{(BR)CEO}$、$U_{(BR)CBO}$、P_{CM}）。

根据用途，晶体三极管在选用时要考虑以下几个方面：工作频率、集电极最大耗散功率、电流放大系数、反向击穿电压、稳定性和饱和压降等。这些因素又有互相制约的关系。

（1）电流放大系数

1）共发射极直流电流放大系数 $\bar{\beta}$（有时写成 h_{FE}）。$\bar{\beta}$ 是集电极电流与基极电流之比，即 $\bar{\beta} = \dfrac{I_C}{I_B}$。

2）共发射极交流电流放大系数 β（有时写成 h_{FE}）。β 表示共发射极电路中输出端电压 U_{CE} 不变时，随输入端电压 U_{BE} 变化的集电极电流变化量 ΔI_C 与基极电流变化量 ΔI_B 之比，即

$$\beta = \frac{\Delta I_C}{\Delta I_B} \Big| U_{CE} = 常数$$

（2）极间反向饱和电流

1）集电极—基极反向饱和电流 I_{CBO}。I_{CBO} 是指发射极开路（即基极电流 $I_B = 0$）时，集电极加反向电压时流过集电极与基极的电流，质量优良的三极管 I_{CBO} 很小，但受温度影响，温度每升高 $10^\circ C$，I_{CBO} 大约增大一倍。小功率硅管的 I_{CBO} 约为 $0.1mA$，锗管的值要比它大 1000 倍，大功率硅管的 I_{CBO} 约为 mA 数量级，如图 3-25（a）所示。

2）集电极—发射极反向饱和电流 I_{CEO}。I_{CEO} 是指基极开路，集电极与发射极之间加反向电压时产生的集电极电流。由于 I_{CEO} 是在 $I_B = 0$ 时，从集电区穿过基区到达发射区的电流，所以又称为三极管的穿透电流，如图 3-25（b）所示。

I_{CEO} 是衡量三极管质量的重要参数，I_{CEO} 越大，管子的温度稳定性越差，噪声也越大，所以要求三极管的 I_{CEO} 越小越好。分析表明，$I_{CEO} = (1 + \bar{\beta}) I_{CBO}$，由于 I_{CBO} 随温度升高而增大，因此 I_{CEO} 受温度的影响程度将是 I_{CBO} 的 $(1 + \bar{\beta})$ 倍。$\bar{\beta}$ 越大，I_{CEO} 受温度的影响也越大。

（3）极限参数

极限参数是指三极管在工作时，不允许超过的极限数值，如图 3-26 所示。若超过这个数值，将可能造成三极管的永久性损坏。极限参数主要有以下几个。

1）集电极最大允许电流 I_{CM}。I_C 过大会使三极管的 β 值降低，为使三极管正常工作，就要限制 I_C 值。I_{CM} 就是指在满足三极管正常工作的条件下允许通过的最大集电极

电流。一般把 β 下降到正常值的 2/3 时对应的集电极电流定为 I_{CM}。

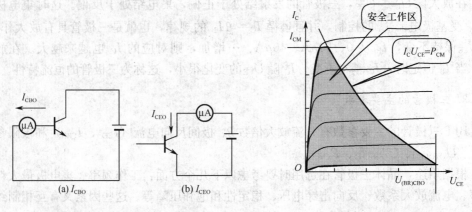

图 3-25　I_{CBO} 和 I_{CEO} 定义示意图　　　　　　　图 3-26　极限参数

2）最高允许结温 T_{JM}。T_{JM} 是三极管使用时集电结允许的最高温度。如果温度超过 T_{JM}，管子工作特性变差，寿命显著缩短，甚至烧毁。一般锗管的 T_{JM} 约为 75～100℃，硅管的 T_{JM} 约为 150～200℃。

3）集电极最大允许耗散功率 P_{CM}。指根据三极管允许的最高结温而定出的集电结最大允许耗散功率，以 P_C 表示。$P_C = I_C U_{CE}$。耗散功率将导致集电结发热，使结温升高。一般根据管子的最高允许结温 T_{JM}，定出集电极最大允许耗散功率 P_{CM}。在实际工作中三极管的 I_C 与 U_{CE} 的乘积要小于 P_{CM} 值，反之则可能烧坏管子。

三极管的 P_{CM} 还与环境温度和散热条件有关。一般手册给出的 P_{CM} 数值是常温下的数值。散热条件改善（如加装散热板），会使升温减缓，P_{CM} 可相应增大。

4）集电极—发射极反向击穿电压 $U_{(BR)CEO}$。$U_{(BR)CEO}$ 表示当基极开路时，加在集电极和发射极之间引起电击穿的电压值。

5）特征频率 f_T。指三极管的 β 值下降到 1 时所对应的工作频率。f_T 的典型值约在 100～1000MHz 之间。

想一想

1．当基极电流过小和过大时，三极管的放大倍数如何变化？

2．三极管的伏安特性有哪两种？它们能反映三极管哪些特性和参数？

3．三极管在电路中均处于放大状态，用电压表测得各电极对地的电压如图 3-27 所示，试判断三极管的类型（NPN 型还是 PNP 型）、材料（硅管还是锗管）及发射极。

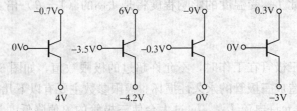

图 3-27　不同三极管的测量参数

知识拓展

场效应管的伏安特性

结型场效应管利用外加电压（u_{GS}、u_{DS}）改变导电沟道宽度，从而控制漏极电流 i_D 的大小，即利用半导体内电场效应，通过改变耗尽层宽度来改变导电沟道的宽窄，从而控制 i_D 的大小。

（1）u_{GS} 的控制作用（$u_{DS}=0$）

对于 N 型沟道，u_{GS} 应为负电压，即 PN 结应处反偏状态。u_{GS} 改变沟道的宽度。当 u_{GS} 绝对值增加时，耗尽层宽度增宽，导电沟道变窄。当 $u_{GS}=U_P$ 时，沟道被耗尽层夹断，导电沟道不存在，这种现象称为"全夹断"。U_P 称为夹断电压，即沟道刚处于全夹断时 u_{GS} 值。上述表明 u_{GS} 对 i_D 的影响或控制作用，控制示意图如图 3-28 所示。

（2）u_{DS} 的控制作用（$u_{GS}=0$）

由于沟道电位由 D 到 S 逐渐减小，所以导电沟道为不等宽的非均匀沟道。D 处耗尽层最宽，导电沟道最窄；而 S 处耗尽层最窄，导电沟道最宽，如图 3-29 所示。沟道内电子在 u_{DS} 的作用下，形成 i_D（从 D 到 S）。

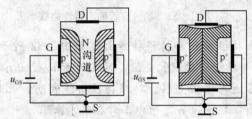
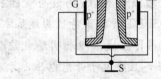

图 3-28　u_{GS} 对 i_D 的影响或控制示意图　　　图 3-29　u_{DS} 的控制作用示意图

u_{DS} 对 i_D 的控制变化曲线如图 3-30 所示。当 u_{DS} 较小时，i_D 随 u_{DS} 近似成正比例增加（OA 段），随着 u_{DS} 的增加，耗尽层加宽，沟道变窄，使 i_D 随 u_{DS} 增加的速度变缓（非线性，即 AH 段）。

若再增加 u_{DS}，使 $u_{DG}=U_P$，耗尽层在靠近 D（漏极端）处合拢（点接触）。这种靠近 D 处的导电沟道刚刚消失的状态称为"预夹断"。此时对应的 i_D 称为反向饱和漏电流 I_{DSS}。

继续增加 u_{DS}，沟道对应的状态由一点接触到一段接触（部分夹断）。i_D 基本不变（饱和，即 HB 段）。当 u_{DS} 增加到某值（BU_{DS}）时，i_D 急剧增加（大于 B 段），此时漏源电压为 PN 结击穿电压，称为漏源击穿电压。

（3）N-JFET 特性曲线及参数

由于 N-JFET 工作时，栅源电压是反偏，栅源 PN 结之间电阻很大，栅极电流等于零，即没有输入电流，也就没有输入特性曲线。用漏极电流 i_D 和栅源之间的电压 u_{GS} 来描述的关系曲线称为转移特性曲线。用漏极电流和漏源之间的电压来描述的关系曲线称为输出特性曲线。

图 3-31 所示为一场效应管输出特性曲线。图中输出特性区域有 3 个区，分别为可变电阻区、恒流区和夹断区。在可变电阻区对应预夹断以前的状态，此时场效应管等效为一个受 u_{GS} 控制的电阻 R_{DS}。恒流区（线性放大区，根据转移特性，此时 $U_P < u_{GS} < 0$）。对应预夹断后部分夹断状态，此时漏源之间等效为一个受 u_{GS} 控制的电流源。由输出特性曲线可对应作出转移特性曲线，转移特性曲线这里不作描述。

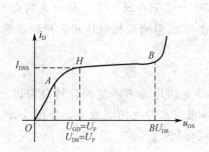

图 3-30 i_D 随 u_{DS} 变化曲线

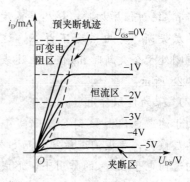

图 3-31   场效应管输出特性曲线

N 沟道增强型 MOS 场效应管输出特性曲线和转移特性曲线如图 3-32 所示，增强型 MOSFET 管输出特性曲线基本与结型场效应管类似。只是随着 u_{DS}、u_{DG} 的增大，出现第 IV 区域，即表明场效应管进入了击穿区。转移特性曲线表明，此时 u_{GS} 为正电压，且要大于开启电压，才有漏极电流 i_D，所以工作在第 I 象限。

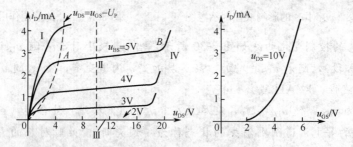

图 3-32   N 沟道增强型 MOSFET 管输出特性曲线和转移特性曲线

N 沟道耗尽型 MOSFET 管的特点和原理这里不再分析和说明。

总之，FET 是通过 u_{GS} 来控制 i_D 的，是电压控制器件。FET 输出特性区域一般可分为 3 个区：可变电阻区、恒流区和夹断区（或称截止区）。输出特性区域中可变电阻区、恒流区和夹断区对应的管子状态分别为未夹断状态、部分夹断状态和全夹断状态。在放大电路中，场效应管应工作在恒流区，即放大区。

要使 JFET 处放大状态，G、S 间的 PN 结为反向偏置；且 u_{GS}、u_{DS} 极性必须相反。当 $u_{GS}=0$ 时就存在原始沟道，外加 u_{DS} 后，形成 i_D。从工作方式来说，结型场效应管属于耗尽型管。从结型场效应管内部看，D 和 S 极可互换使用。

场效应管的主要参数分直流参数、交流参数、极限参数。直流参数中，耗尽型有夹断电压和饱和漏电流；增强型有开启电压。交流参数有跨导和输出电阻。极限参数包括漏极最大耗散功率、漏源击穿电压和栅源击穿电压。

读一读

知识 2 低频电压放大器

放大器的种类很多，按照信号的频率划分，可分为低频放大器、中频放大器、高频放大器和直流放大器等。按器件类型分，可分为晶体管放大电路、场效应管放大电路和集成运算放大电路。按输入信号的强弱来分，有大信号放大器和小信号放大器。按放大对象分，可分为电压放大器、功率放大器。

对放大电路的要求主要有两个方面：第一是要具有一定的放大能力，用放大倍数来表示，如电压放大倍数和功率放大倍数；第二是失真要小，即放大后输出信号的波形应尽可能保持与输入信号波形一致。

低频电压放大器主要对频率 20Hz～20kHz 的信号进行放大。

1. 电路组成及各元件的作用

图 3-33 所示是单管共发射极基本放大电路。电路左边两点间 aa' 为输入端，u_i 加于输入端；右边 bb' 两点间为输出端，外接负载 R_L。电路以发射极作为公共电极，所以属于共发射极电路。

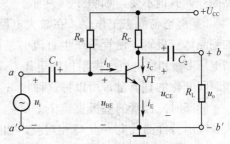

图 3-33 共射极基本放大电路

三极管 VT 是放大电路的核心元件，利用它的电流放大作用可放大输入信号。偏置电阻 R_B 的作用是向三极管发射结加正向偏置电压，并向基极提供合适的偏置电流。集电极电阻 R_C 的作用有两个，一个是给集电结加反向偏置电压，另一个是将集电极电流的变化量转换为集电极电压的变化量，也就是通过 R_C 把三极管的电流放大特性转化为电压放大特性。集电极直流电源 U_{CC} 一方面通过 R_B 给三极管提供发射结正偏电压，通过 R_C 给三极管的集电结提供反偏所需的电压，使三极管处于放大工作状态；另一方面它又是整个放大电路的能源。C_1 和 C_2 为输入/输出耦合电容，隔断直流同时，作为交流信号的通路。

2. 电压、电流符号和正方向的规定

放大电路工作时，三极管各极电压和电流都是变化量，每一时刻电压、电流的数值称为瞬时值，这个瞬时值又包括直流分量和交流分量。为了清楚地表示瞬时值、直流分

量和交流分量，以下通过电压、电流符号的大小写和下角标的大小写加以区别，如表 3-1 所示。

表 3-1　放大电路电压、电流符号规定

符号 ＼ 下角标		大写下角标	小写下角标
电压或电流符号	小写	瞬时值 i_B、i_C、u_{BE}、u_{CE}	交流分量 i_b　i_c　u_{be}　u_{ce}
	大写	直流分量 I_B、I_C、U_{BE}、U_{CE}	交流有效值(或最大值) $I_b(I_{bm})$ $I_c(I_{cm})$ $U_{be}(U_{bem})$ $U_{ce}(U_{cem})$

电压和电流的正方向是相对而言的，为了便于分析，一般规定：不论是电压的瞬时值、直流分量或交流分量，都以"地"为参考点（零电位）；电流不论是瞬时值、直流分量或交流分量，都以流入晶体管的基极和集电极为电流正方向。

3．共射极放大电路分析

（1）静态工作情况

1）直流通路。直流通路就是放大电路的直流等效电路，它是指 $u_i＝0$ 时，放大电路的直流电流流通的路径。计算放大电路的静态工作点（如 I_{BQ}、I_{CQ}、U_{CQ}、U_{CEQ} 等）时用直流通路。由于电容器对直流电相当于断开，因此画直流通路时，把有电容器的支路断开，其他不变，如图 3-34 所示。

2）静态与静态工作点。在放大电路没有输入信号（$u_i＝0$）时，U_{CC} 通过 R_B 和 R_C 加到晶体三极管，使管子产生直流的基极电流 I_B、集电极电流 I_C，并呈现直流的发射结电压 U_{BE} 和集电极—发射极间电压 U_{CE}。由于 $u_i＝0$ 时，电路中的电流、电压都是不随时间变化的直流量，所以称这种状态为直流工作状态，简称静态。

静态时三极管的基极直流 I_B、U_{BE}，集电极直流 I_C、U_{CE} 的数值，与晶体三极管输入、输出特性曲线上一点 Q 相对应，如图 3-35 所示。Q 点称为放大电路的静态工作点。为了表明 I_B、I_C、U_{BE}、U_{CE} 是对应于 Q 点的静态值，分别将它们写作 I_{BQ}、I_{CQ}、U_{BEQ}、U_{CEQ}。

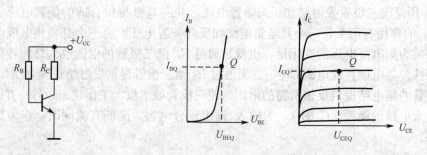

图 3-34　直流通路 　　　　　　图 3-35　静态工作点的表示

由于 C_1 和 C_2 的容量一般均选得足够大，这样加入交流信号后，电容两端的直流电压数值基本不变。

3) 静态工作点的意义。通过控制 I_{BQ}、I_{CQ}、U_{BEQ}、U_{CEQ} 的数值，可以改变静态工作点。正确安排静态工作点，信号将不失真放大，如图 3-36 所示。甚至可最大不失真放大，如图 3-37 所示。如果静态工作点安排不合适，放大器将不能正常工作。

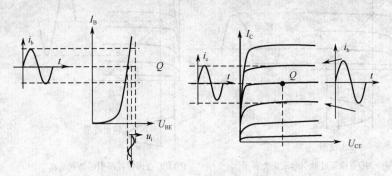

图 3-36　正确安排静态工作点，信号不失真放大

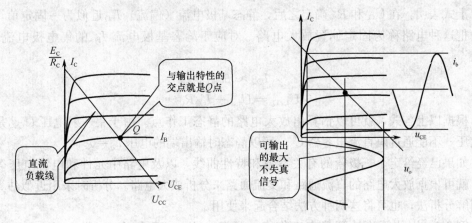

图 3-37　最大不失真放大

在放大电路中，输出信号应该成比例地放大输入信号（即线性放大）；如果两者不成比例，则输出信号不能反映输入信号的情况，放大电路产生非线性失真。

为了得到尽量大的输出信号，要把 Q 设置在交流负载线的中间部分。如果 Q 设置不合适，信号进入截止区或饱和区，造成非线性失真。若 Q 点过低，信号进入截止区，造成截止失真；若 Q 点过高，信号进入饱和区，造成饱和失真，如图 3-38 所示。

4) 静态工作点的计算。静态工作点可根据直流通路求得。由图 3-34 所示直流通路可得

$$U_{CC} = I_{BQ}R_B + U_{BEQ}$$

即

$$I_{BQ} = \frac{U_{CC} - U_{BEQ}}{R_B}$$

当 $U_{CC} \gg U_{BEQ}$ 时，$I_{BQ} \approx \dfrac{U_{CC}}{R_B}$。

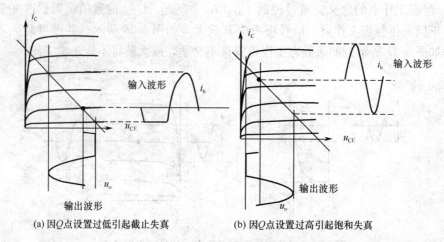

(a) 因Q点设置过低引起截止失真 　　　　　(b) 因Q点设置过高引起饱和失真

图 3-38　发生失真现象

上式表明，在 U_{CC} 和 R_B 确定之后，静态基极电流（偏流）I_{BQ} 近似为一固定值，因此常把这种电路称为固定偏置放大电路。对应于静态基极电流 I_{BQ} 的集电极电流 I_{CQ} 应为

$$I_{CQ} \approx \beta I_{BQ}$$
$$U_{CEQ} = U_{CC} - I_{CQ} R_C$$

根据以上各式，就可以估算出放大电路的静态工作点。由于集—射电压 U_{CEQ} 是直流电压，不能通过隔直流电容器 C_2，所以静态时输出端的电压 $u_o = 0$。

如果已经给定了三极管的有关参数和特性曲线，以及电路中元件和电源电压等数值，就可根据放大电路的直流通路和交流通路来分析放大电路。分析时采用近似估算法或图解分析法，也可将这两种方法结合起来使用。

例 3-1　用估算法计算静态工作点。已知：$U_{CC} = 12V$，$R_C = 4k\Omega$，$R_B = 300k\Omega$，$\beta = 37.5$。

解：

$$I_B \approx \frac{U_{CC}}{R_B} = \frac{12}{300} = 0.04 \ mA = 40(\mu A)$$

$$I_C \approx \beta I_B = \beta I_B = 37.5 \times 0.04 = 1.5 \ (mA)$$

$$U_{CE} = U_{CC} - I_C R_C = 12 - 1.5 \times 4 = 6(V)$$

（2）交流工作状态

1）动态时三极管各极电压和电流的波形。在如图 3-39 所示电路中，设输入信号为一幅度很小的正弦波，即 $u_i = U_{im} \sin\omega t$，则三极管各极电压和电流的波形如图 3-40 所示。

加入 u_i 后，三极管基极—发射极间的瞬时值电压 u_{BE} 为电容 C_1 两端电压和 u_i 的叠加，由于耦合电容取值较大，使得在 u_i 正、负交变时 C_1 两端电压保持 U_{BEQ} 基本不变，所以 u_{BE} 等于 U_{BEQ} 与 u_i 的叠加，即

$$u_{BE} = U_{BEQ} + u_i = U_{BEQ} + U_{im} \sin\omega t$$

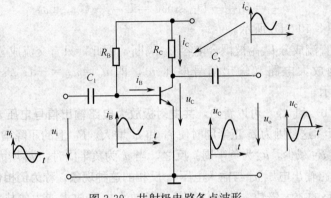

图 3-39　共射极电路各点波形

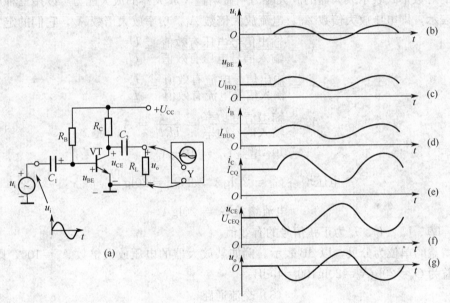

图 3-40　放大电路中各点波形

这是一个只有大小变化而没有正、负变化的单向脉动直流，如图 3-40（c）所示。

随 u_{BE} 的增大和减小，基极电流 i_B 也相应增大和减小，故 i_B 也是单向脉动直流，如图 3-40（d）所示。这时的基极电流 i_B 是由两个电流成分叠加而成，一个是由 U_{CC} 和 R_B 所决定的静态直流 I_{BQ}（直流分量），另一个是由 u_i 引起的交流电流（交流分量，$i_b = I_{bm}\sin\omega t$），即

$$i_B = I_{BQ} + i_b = I_{BQ} + I_{bm}\sin\omega t$$

随 i_C 的变化，在 R_C 两端产生的压降 u_R 也是一个单向脉动直流电压，由直流（直流分量）和交流（交流分量）两个电压叠加。即 $u_R = U_{RQ} + U_{rm}\sin\omega t$。

由集电极回路可知，集电极瞬时电压 u_{CE} 为

$$u_{CE} = U_{CC} - u_R = U_{CC} - U_{RQ} - U_{Rm}\sin\omega t = U_{CEQ} - U_{Rm}\sin\omega t$$

所以集电极瞬时电压 u_{CE} 也是一个单向脉动电压，即

$$u_{CE} = U_{CEQ} - U_{Rm}\sin\omega t = U_{CEQ} - U_{cem}\sin\omega t$$

其波形如图 3-40（f）所示。

由于 u_{CE} 的直流成分 U_{CEQ} 被耦合电容 C_2 隔断，因此，只有交流成分可以通过 C_2 到达输出端，成为放大电路和输出信号电压 u_o，即 $u_o = u_{ce} = -U_{cem}\sin\omega t$。其波形如图 3-40（g）所示。

由图 3-40（b）和（g）可以看出，**共发射极放大电路输出信号电压 u_o 与输入信号电压 u_i 的相位相反。** 这是因为 u_i 正半周时使 i_B 和 i_C 增大，R_C 上的压降增大，从而使集电极电压的瞬时值 u_{CE} 减少，u_o 为负半周。反之，当 u_i 为负半周时，u_{CE} 增大，u_o 为正半周。共发射极放大电路输出电压 u_o 与输入电压 u_i 反相的**这种现象，称为倒相作用。**

2）放大电路的放大倍数。放大倍数是衡量放大电路放大能力的技术指标。用放大倍数的对数形式表示放大器的放大能力叫做增益。放大器的放大能力可以用三种放大倍数来表示，即电压放大倍数 A_u、电流放大倍数 A_i、功率放大倍数 A_p，它们的定义式是

$$A_u = \frac{输出信号电压有效值}{输入信号电压有效值} = \frac{U_o}{U_i}$$

$$A_i = \frac{输出信号电流有效值}{输入信号电流有效值} = \frac{I_o}{I_i}$$

$$A_p = \frac{输出信号功率}{输入信号功率} = \frac{U_o I_o}{U_i I_i} = A_u A_i$$

$$功率增益\ G_p = 10\lg A_p$$

$$电压增益\ G_u = 20\lg A_u，如\ G_u = 20\lg\frac{U_o}{U_i}$$

$$电流增益\ G_i = 20\lg A_i$$

式中，U_o、U_i、I_o、I_i 为正弦信号的有效值。

增益的单位为分贝，以 dB 表示。例如某放大器的电压放大倍数 $A_u = 100$，则其电压增益为 $G_u = 20\lg A_u = 20\lg 100 = 40$dB。

（3）交流通路

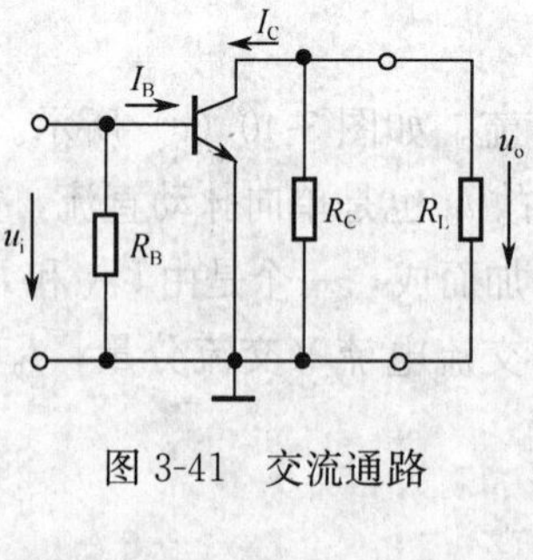

放大器中交流信号流通的路程称为交流通路。在图 3-33 所示放大电路中，由于直流电源内阻很小，耦合电容对交流电流的阻抗也很小，可以把它们近似看成对交流分量短路，因此可画成如图 3-41 所示的交流通路。其中，I_B 经过晶体管放大，形成集电极电流交流分量 I_C（βI_B）。

由图 3-41 可见，集电极电阻 R_C 和负载电阻 R_L 都接在集电极和地之间，两者并联，称为交流负载电阻，用 R_L' 表示，即 $R_L' = R_C // R_L$。

图 3-41　交流通路

在静态时，放大电路工作于直流情况，因此静态工作点的计算必须按直流通路考虑；在动态时，交流分量之间关系的分析（如放大倍数的计算等）则必须按交流通路考虑。

（4）电压放大倍数的计算

当放大电路接负载时，电压放大倍数为 $A_u = \dfrac{U_o}{U_i} = \dfrac{-\beta I_b R'_L}{I_b r_{be}} = -\beta \dfrac{R'_L}{r_{be}}$。

式中，负号表示输出电压与输入电压相位相反。

对于低频小功率管，其输入电阻 r_{be} 的阻值从几百欧到几千欧。可利用下面的公式近似计算：$r_{be} = 300(\Omega) + (1+\beta)\dfrac{26(\mathrm{mV})}{I_E(\mathrm{mA})}$。

当放大电路输出端不接负载电阻（$R_L \to \infty$）时，$R'_L = R_c$，则电压放大倍数为

$$A_u = -\beta \dfrac{R_c}{r_{be}}$$

可见，放大电路接有负载电阻 R_L 时的电压放大倍数小于 R_L 开路时的电压放大倍数。

想一想

1. 试画出固定偏置共射极放大器的电路，并说明各元件的作用。
2. 为什么低频电压放大电路又称为反相放大电路？

读一读

知识3 稳定静态工作点的偏置电路

放大器在工作时环境温度、电路参数的变化和电源电压的波动等都会影响静态工作点的变化，从而影响放大器的正常工作。其中温度变化是影响静态工作点稳定的主要原因。

1. 温度变化对静态工作点的影响

由于三极管内部载流子的运动受温度的影响，所以当环境温度变化时，其参数均会发生变化。如温度升高时，I_{BQ} 将随温度的升高而增大，故 $I_{CQ} = \beta I_{BQ} + I_{CEO}$ 也将随温度的升高而增大。为了稳定静态工作点，除了选用质量好的三极管以外，还应采用具有稳定作用的偏置电路。

2. 分压式电流负反馈偏置电路

分压式电流负反馈偏置电路是晶体管电路中应用最广泛的偏置电路，如图 3-42（a）所示。R_{b1} 为上偏置电阻，R_{b2} 为下偏置电阻，R_e 是发射极电阻，C_e 为发射极旁路电容。

在研究静态工作时，应使用电路的直流通路，如图 3-42（b）所示。稳定静态工作点的物理过程如下：当某种因素造成静态工作点变化，如温度上升使静态工作点上移，I_{CQ} 增大，因为 $I_{EQ} = I_{BQ} + I_{CQ}$，则 I_{EQ} 在 R_e 电阻上的压降 U_{EQ} 也增大。由于基极电位 $U_{BQ} = U_{BEQ} + U_{EQ}$ 由电阻 R_{b1}、R_{b2} 的分压决定，是固定的，所以随 U_{EQ} 增大将使 U_{BEQ} 减小，从而使 I_{BQ} 减小，进而使 I_{CQ} 减小，趋向原来数值。这一稳定过程，可用符号表示如下：

$$T\uparrow \to I_{CQ}\uparrow \to I_{EQ}\uparrow \to U_{EQ}\uparrow \to U_{BEQ}\downarrow \to I_{BQ}\downarrow \to I_{CQ}\downarrow$$

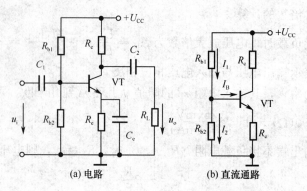

(a) 电路   (b) 直流通路

图 3-42　分压式电流负反馈偏置电路及直流通路

上述将输出回路的电流变化，反映到输入回路，从而使之作相反的变化的方式称为电流负反馈。

例 3-2　在图 3-42 所示电路中，已知 $U_{CC}=24V$，三极管 3DG6 的 $\beta=100$，$R_c=3.3k\Omega$，$R_e=1.5k\Omega$，$R_{b1}=33k\Omega$，$R_{b2}=10k\Omega$。试求静态工作点 I_{CQ}、U_{CEQ}、I_{BQ}。

解：

$$U_{BQ}=U_{CC}\frac{R_{b2}}{R_{b1}+R_{b2}}=24\times\frac{10}{10+33}=5.6(V)$$

$$I_{CQ}=\frac{U_{BQ}-U_{BEQ}}{R_e}=\frac{5.6-0.7}{1.5}=3.3(mA)$$

$$U_{CEQ}\approx U_{CC}-I_{CQ}(R_c+R_e)=24-3.3\times(3.3+1.5)=8.2(V)$$

$$I_{BQ}=\frac{I_{CQ}}{\beta}=\frac{3.3}{100}=0.033mA=33(\mu A)$$

3. 其他具有稳定静态工作点的偏置电路

除了上述的偏置电路具有稳定静态工作点的作用，还有一些如集电极—基极偏置电路，如图 3-43 所示；用热敏电阻进行温度补偿的偏置电路，如图 3-44 所示；用二极管作温度补偿的偏置电路，如图 3-45 所示；等等，也具有稳定静态工作点的作用。

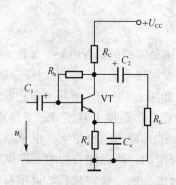

图 3-43　集电极—基极偏置电路

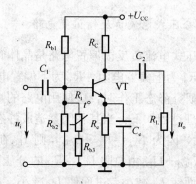

图 3-44　热敏电阻补偿的偏置电路

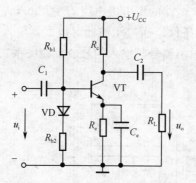

图 3-45 二极管补偿的偏置电路

想一想

1. 温度对放大器工作有何影响？
2. 分压偏置式共射极放大电路有何特点？它与共射极放大电路结构有何区别？

做一做

实训 低频电压放大电路的仿真测试

1. 实训目的

学会单管放大和分压偏置式共射极放大电路的仿真测试。

2. 实训步骤和操作

（1）单管共射极放大电路的创建和测试

双击 EWB（Multisim 10.0）仿真软件快捷图标，进入 Multisim 10.0 工作界面，搭建和连接单管共射极放大电路仿真测试电路，如图 3-46 所示。图中，信号源输出有效值为 10mV、1kHz 的正弦交流信号，用万用表观察放大器 c~e 间电压，示波器同时观察放大器输入/输出波形。

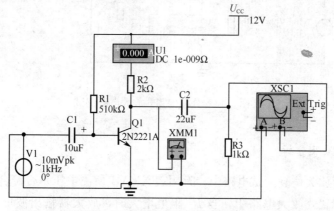

图 3-46 单管共射极放大电路测试

　　从仿真结果不难看出，电路的集电极电流 I_c 达 2mA 左右，符合一般放大器对集电极电流 I_c 在 1～5mA 间的条件。通过示波器对放大器输入及输出信号幅度对比，可以看到信号被明显放大，且输出信号与输入信号成反相关系，如图 3-47 所示。

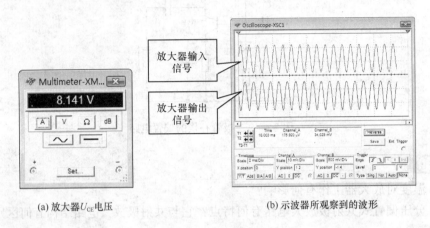

(a) 放大器 U_{CE} 电压　　　　　　　　　　(b) 示波器所观察到的波形

图 3-47　信号电压和波形

　　(2) 分压偏置式放大电路的创建和测试

　　搭建和连接分压偏置式共射极放大电路仿真测试电路，如图 3-48 所示。用示波器观察放大器输入/输出波形。

　　按 A 键或 Shift＋A 键改变电位器 R_5 阻值（图 3-48 中，按 A 键增大 R_5 串入阻值，按 Shift＋A 键减小 R_5 串入阻值），观察输出波形的变化。

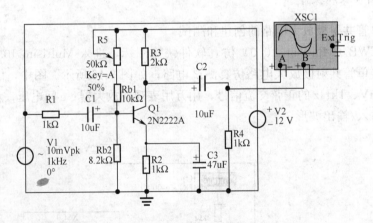

图 3-48　分压偏置式放大电路测试

3. 实训结果及分析

　　1) 在单管放大仿真测试电路中，万用表 XMM1 所测电压是否符合放大条件？

　　2) 分压偏置式放大电路中，当 R_5 阻值增大时，放大器输出波形有何变化？而减小时，又有何变化？

知识 4　多级放大器的概念

1．多级放大器的概念

要把一个微弱的信号放大为能够推动负载（电动机转动、扬声器发声等）的信号，靠一级放大是不够的，所以产生了多级放大器。有时为了提高放大器输入电阻或减小输出电阻，在放大器前面或后面加一级射极输出器，也构成了两级或多级放大器。实际应用的放大器通常都是多级的，即把几个单级放大器适当连接起来构成的放大器，如图 3-49 所示。

图 3-49　多级放大电路的组成

输入级主要完成与信号源的衔接并对信号进行放大，一般都采用输入电阻高的放大器，如共集电极电路；中间级主要用于对信号进行电压放大，将微弱的信号电压放大到设计规定的幅度，一般都采取几级共发射极放大器来完成这个任务；输出级主要用于对信号进行功率放大，输出负载所需要的功率并完成和负载的匹配。

多级放大器中，级与级之间的连接称为级间耦合。对级间耦合电路的基本要求如下。

1）必须保证放大器各级有合适的静态工作点。

2）必须保证被放大的信号顺利地由前级传送到后级。

常用的级间耦合方式有阻容耦合、变压器耦合、直接耦合和光电耦合。要求：波形不失真，减少压降损失。

（1）阻容耦合

所谓阻容耦合，就是利用电容器作为耦合元件将前级和后级连接起来的耦合方式，如图 3-50 所示。

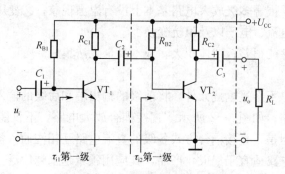

图 3-50　阻容耦合两级放大电路

阻容耦合方式的优点：①前级的输出信号通过电容耦合给后一级，适当地选取电容数值，可以保证交流信号顺利耦合到下一级；②电容具有隔直作用，所以使各级直流通路互不相通，各级的静态工作点是彼此独立的，因此静态工作点的设计、调试和分析比较简单；③电容器具有体积小、质量小、成本低的优点。在传输过程中，交流信号损失少，只要耦合电容选得足够大，则较低频率的信号也能由前级几乎不衰减地加到后级，实现逐级放大。

但是，阻容耦合方式不适合传送变化极为缓慢的信号，因为这种信号通过电容会受到较大的损耗，至于直流信号则根本不能通过电容器。

缺点：①无法集成；②低频特性差；③只能使信号直接通过，而不能改变其参数。

（2）变压器耦合

变压器耦合是利用变压器将前级的输出端与后级的输入端连接起来的耦合方式。图3-51所示为变压器耦合两级放大电路。

输入交流信号 u_i 经第一级 VT_1 放大后，交流信号电流 i_{c1} 通过变压器 T_1 的互感作用，在次级感应出信号电压并加到 VT_2 的输入端，经第二级放大后由输出变压器 T_2 传送到负载 R_L。由于变压器不传送直流量，所以各级静态工作点也是独立的。变压器耦合方式的一个重要特点是具有阻抗变换作用，例如通过变压器可以方便地将负载电阻变换成放大器所需求的最佳负载值。

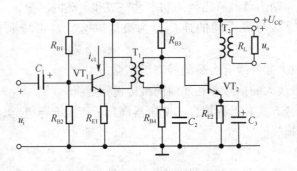

图 3-51　变压器耦合两级放大电路

优点：①变压器耦合多级放大电路基本上没有温漂现象；②变压器在传送交流信号的同时，可以实现电流、电压以及阻抗变换。

缺点：①低频性能很差；②体积大，成本高，无法集成。

（3）直接耦合

直接耦合方式是不经过电抗元件，将前级的输出端和后级的输入端直接（或经过电阻）连接起来的电路；如图3-52所示。直接耦合放大电路，不仅能放大交流信号，还能放大直流信号。但是，直接耦合方式各级的直流电路互相沟通，各级的静态工作点互相影响。直接耦合电路适宜于集成化产品，其应用领域越来越广泛。

优点：①由于级间是直接耦合，所以电路可以放大缓慢变化的信号和直流信号；②由于电路中只有晶体管和电阻，没有电容器和电感器，因此便于集成。

缺点：①各级的静态工作点不独立，相互影响，会给设计、计算和调试带来不便；②引入了零点漂移问题，零点漂移对直接耦合放大电路的影响比较严重。

（4）光电耦合

前级信号通过光电耦合器以光作媒介传递到后级，这种耦合方式称为光电耦合，如图 3-53 所示。光电耦合抗干扰能力强，前、后级间的隔离性能好。

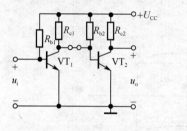

图 3-52 直接耦合放大电路

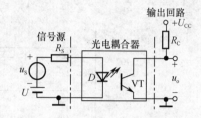

图 3-53 光电耦合放大电路

2. 多级放大器的电路特性

（1）电压放大倍数

在多级放大器中，前一级的输出信号电压就是后一级的输入信号电压。因此，多级放大器的总电压放大倍数 A_u 等于各级电压放大倍数的乘积，即

$$A_u = \frac{U_o}{U_i} = \frac{U_{o1}}{U_i} \times \frac{U_{o2}}{U_{o1}} \times \cdots \times \frac{U_{on}}{U_{o(n-1)}} = \frac{U_{o1}}{U_i} \times \frac{U_{o2}}{U_{i2}} \times \cdots \times \frac{U_{on}}{U_{in}}$$

$$= A_{u1} A_{u2} \cdots A_{un}$$

但必须注意，每一个单级都是带负载的，即前级的交流负载是它的 R_C 与后级输入电阻的并联。

（2）通频带

通常规定，当放大器电压放大倍数下降到中频放大倍数 A_{um} 的 $\frac{1}{\sqrt{2}}$ 时，所对应的低频频率和高频频率，分别称为下限频率 f_L（也称为下限截止频率）和上限频率 f_H（也称为上限截止频率），如图 3-54 所示。f_H 与 f_L 之间的频率范围称为放大器的通频带（或称带宽），以 BW 表示，即 BW $= f_H - f_L$。由于 $f_H - f_L \gg f_L$，所以 BW $\approx f_H$。通频带越宽，表示放大器工作的频率范围越大。

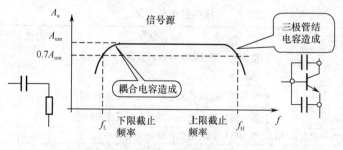

图 3-54 通频带

采用直接耦合的方式可降低放大电路的下限截止频率，扩大通频带。

多级放大器的通频带总是比单级的通频带窄。图 3-55（c）为两级放大器的幅频特性。假设两级的幅频特性相同，如图 3-55（a）、（b）所示，其上限频率为 f_{H1}，下限频率为 f_{L1}。

由式可知，两级放大器的放大倍数为：

$$A_u = A_{u1} A_{u2}$$

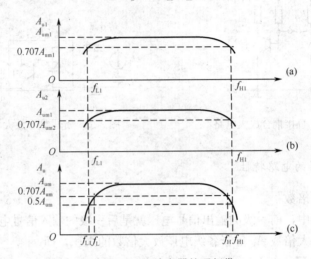

图 3-55　两级放大器的通频带

两级放大器在中频段的放大倍数为 $A_{um} = A_{um1} A_{um2}$。

在两级放大器的上、下限频率处的放大倍数为

$$A_{ul} = 0.707 A_{um1} \times 0.707 A_{um2} = 0.5 A_{um}。$$

这说明总的频率特性在高、低频段比单级时的下降得更快，即 $f_H < f_{H1}$，$f_L > f_{L1}$，如图 3-55（c）所示。

想一想

1. 多级放大器有哪几种耦合方式？各有什么优点？
2. 多级放大器与单级放大器相比，电路特性有哪些不同？

评一评

任务检测与评估

检测项目		评分标准	分值	学生自评	教师评估
任务知识内容	三极管的伏安特性	能根据三极管输出特性曲线，确定 3 个状态区域特点	20		
	低频电压放大电路	掌握低频电压放大电路结构及反相放大特点	30		
	多级放大电路	理解多级放大电路的耦合方式及电路特性	10		
任务操作技能	低频电压放大电路的仿真测试	学会搭建和测试共射极放大电路	30		
	安全操作	安全用电、按章操作，遵守实训室管理制度	5		
	现场管理	按 6S 企业管理体系要求、进行现场管理	5		

任务三 串联型稳压电路的安装与检测

任务目标
1. 掌握串联可调式稳压电路结构以及各组成单元电路的作用。
2. 学会分析串联型稳压电路原理。

任务教学方式

教学步骤	时间安排	教学方式(含教学内容、教学手段,如课件、举例等)
阅读教材	课余	自学、查资料、相互讨论
知识讲解	2课时	重点讲授串联型稳压电路组成以及 LM317 的应用电路结构
操作技能	6课时	突出 LM317 电路结构及元器件间相互关联性,特别强调实训安全
评估检测	与课堂教学同步进行	教师与学生共同完成任务的检测与评估,并能对出现的问题进行分析与处理

读一读

知识 串联型稳压电路

1. 串联型稳压电源方框图

串联可调式稳压电源的组成框图如图 3-56 所示。它由调整管、取样电路、比较放大电路和基准电路(以及保护电路)组成。

作为稳压电路的核心部件,调整元件一般选用低频大功率管,并以共集电极电路的结构形式,把负载电阻作为射极电阻,以整流滤波后的输出电压为电源,工作点设定于放大区。取样网络由电阻分压构成,其阻值选择以尽可能不影响负载流过的电流为准,同时使取样电压与比较放大电路尽量无关。电路的基准电压通常由稳压管提供,比较放大电路的形式是单管放大、差动放大或采用集成运放。

串联可调式稳压电源电路如图 3-57 所示。

1) 取样电路:由电阻 R_4、R_W、R_3 组成分压器,它取出部分输出电压接至比较放大器的反相输入端。

2) 基准电压:稳压管 D_z 提供,接至比较放大管 VT_2 的发射极,R_1 为限流电阻。

3) 比较放大器:VT_2 为比较放大管,它将采样电压 U_{B2} 与基准电压 U_Z 的差值放大,其输出送至调整管的基极。

4) 调整管:在比较放大器的输出电压的控制下,改变其管压降 U_{CE} 的值,以使 U_o 稳定,通常由大功率管构成。

电路的基准电压由稳压管 D_z 提供,取样电压和稳压管电压进行比较,其差值由放大环节 VT_2 进行放大,由放大的差值信号对调整管 VT_1 进行负反馈控制,使 VT_1 的管

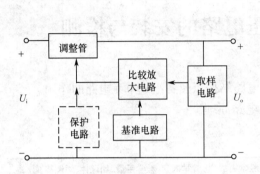

图 3-56　串联可调式稳压电源的组成方框图

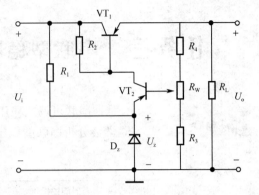

图 3-57　串联可调式稳压电路

压降 U_{CE} 做相应的变化，在调整管发射极产生与原输入电压的变化相反极性的电压，该电压与 U_i 的变化相抵消，从而实现稳定输出电压。

2. 串联型稳压电源电路参数分析

（1）输出电压 U_o 及其可调节范围

当电位器调节至最下端时，输出电压是最大值，其大小为

$$U_{o\,max} = \frac{R_4 + R_W + R_3}{R_3}(U_Z + U_{BE2})$$

当电位器调节至最上端时，输出的电压是最小值，其大小为

$$U_{o\,min} = \frac{R_4 + R_W + R_3}{R_3 + R_W}(U_Z + U_{BE2})$$

至此，输出电压的可调节范围是 $U_{o\,max} \sim U_{o\,min}$。

（2）对调整管的考虑

由于调整管承担了全部的负载电流，因此，调整管的选择一般是低频大功率管，同时还必须考虑以下几项指标。

1）调整管的 I_{CM}：$I_{CM} > I_{cmax} = I_{omax} + I'$，其中 I_{omax} 为负载电流最大额定值，I' 为取样、比较放大以及基准电源等消耗的电流总值。

2）调整管的 P_{CM}：选管时要求 $P_{CM} > P_{cmax}$。调整管可承受的最大功率损耗为

$$P_{cmax} = U_{cemax} \cdot I_{cmax} = (U_{imax} - U_{omin}) \cdot I_{cmax}。$$

式中，U_{imax} 是考虑电网电压波动 $+10\%$ 时稳压电路输入电压的最大值，U_{omin} 是稳压电源输出电压最小值。

3）调整管的击穿电压 BU_{CEO}：当负载短路时，输入的最大电压 U_{imax} 全部加在调整管上，因此要求：$BU_{CEO} > U_{imax}$。

提高稳压性能的措施有如对电路的比较放大环节用辅助电源供电，由此克服输入电压波动对比较环节的影响，提高电路的稳定性。若比较部分采用差动放大电路或集成运放，可提高对温度的稳定性。

3. 集成稳压器电路分析

集成稳压器是指将不稳定的直流电压变为稳定的直流电压的集成电路。由于集成稳压器具有稳压精度高、工作稳定可靠、外围电路简单、体积小、重量轻等显著优点，在各种电源电路中得到了普遍的应用。

集成稳压器按使用情况大致可分为三端固定式、三端可调式、多端可调式及开关式集成稳压电源等几种。

常用的集成稳压器有金属圆形封装、金属菱形封装、塑料封装、带散热板塑封、扁平式封装、双列直插式封装等。在电子制作中应用较多的是三端固定输出稳压器。

集成稳压器可分为串联调整式、并联调整式和开关式稳压器三大类。

目前常用的是能够输出正或负电压的三端集成稳压器，由于它只有输入、输出和公共端，故称为三端稳压器，三端式稳压器由启动电路、基准电压电路、取样放大电路、调整电路和保护电路组成，如图 3-58 所示。三端固定式集成稳压器的型号组成及其意义如图 3-59 所示。

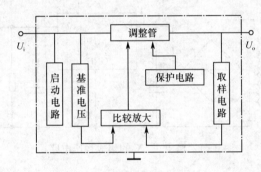

图 3-58　三端稳压器内部结构

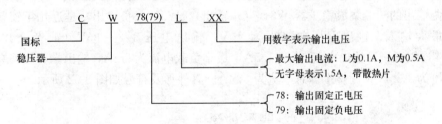

图 3-59　三端固定式集成稳压器的型号组成及其意义

三端固定式稳压器是一种串联调整式稳压器。它将取样电阻、补偿电容、保护电路等都做在同一芯片上，只有 3 个引出端。缺点是输出电压保持恒定不能进行调节。典型产品有 78xx 系列三端固定正压集成稳压器和 79xx 系列三端固定负压集成稳压器。

78xx 系列集成稳压器实物外形如图 3-60 所示，其典型应用电路如图 3-61 所示。这是一个输出正 5V 直流电压的稳压电源电路。IC 采用集成稳压器 7805，C1、C2 分别为输入端和输出端滤波电容，R_L 为负载电阻。

78xx　系列 3 端稳压器　5V~24V，1A
78Lxx　系列 3 端稳压器　5V~24V，0.1A
78SMxx 系列 3 端稳压器　5V~24V，0.5A
78Sxx　系列 3 端稳压器　5V~24V，2A

79xx　系列 3 端负电压稳压
器 -5V~24V，1A
79Lxx 系列 3 端负电压稳压
器 -5V~24V，0.1A

图 3-60　三端固定稳压器的实物外形

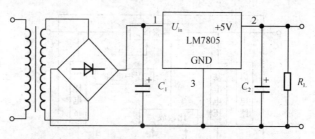

图 3-61　输出正 5V 的集成稳压电路

值得注意的是，当输出电压较大时，7805 应配上散热片以免造成过热损坏。

三端可调集成稳压器有正电压可调稳压器 W117 系列和输出负电压的 W137 系列等。

可调输出的三端集成稳压器 W317（正输出）、W337（负输出）是近几年较新的产品，其最大输入、输出电压差极限为 40V，输出电压 1.2~35V（或者 -1.2V~-35V）连续可调，输出电流 0.5~1.5A，最小负载电流为 5mA，输出端与调整端之间基准电压为 1.25V，调整端静态电流为 $50\mu A$。其外形及符号如图 3-62 所示。

示例：

正电压可调稳压器系列
LM117 1.2V~37V，1.5A
LM217 1.2V~37V，1.5A
LM317 1.2V~37V，1.5A

负电压可调稳压器
LM137-1.2V~-37V，1.5A
LM237-1.2V~-37V，1.5A
LM337-1.2V~-37V，1.5A

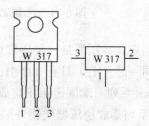

图 3-62　三端可调稳压器实物外形

三端可调试集成稳压器的突出特点：使用方便，只需外接两个电阻就可在一定范围内确定输出电压；各项性能指标都优于三端固定式集成稳压器；具有全过载保护功能，包括限流、过热和安全区域的保护，即便调节端悬空，所有的保护电路仍然有效。

图 3-63 为三端可调式稳压应用电路。图中 D_1 是为了防止输入短路时，C_1 放电而损坏三端集成稳压器内部调整管发射结而接入。如果输入不会短路、输出电压低于 7V 时，D_1 可不接。D_2 是为了防止输出短路时，C_2 放电损坏三端集成稳压器中放大管发射结而接入。如果 R_P 上电压低于 7V 或 C_2 容量小于 $1\mu F$ 时，D_2 也可省略不接。

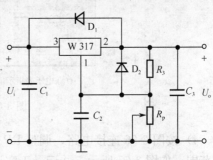

图 3-63　三端可调式稳压应用电路

W317 是依靠外接电阻给定输出电压的，要求 R_P 的接地点应与负载电流返回点的接地点相同。同时，R_1、R_P 应选择同种材料做的电阻，精度尽量高一些。输出端电容 C_2 应采用钽电容或采用 $33\mu F$ 的电解电容。

做一做

实训 1　三端固定稳压电源的仿真测试

1. 实训目的

学会三端稳压电源的使用方法。

2. 实训步骤和操作

1）按图 3-64 所示连接电路，改变开关的位置，观察输出电压的变化。

双击 EWB（Multisim 10.0）仿真软件快捷图标，进入 Multisim 10.0 工作界面，搭建和连接三端稳压电源电路，如图 3-64 所示。用万用表 XMM1 观察稳压电源输出示值。

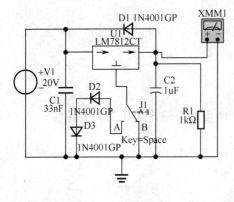

图 3-64　三端稳压电路

当单刀双位开关 J_1（控制键 Space）置于 B 位置时，集成稳压器 U1 公共端直接接地，此时稳压输出如图 3-65（a）所示；当开关 J_1 置于 A 位置时，U1 公共端通过 D_2、D_3 串接接地，输出电压提升，见图 3-65（b）所示。

2）将开关置于接地（连接 B 处），对电压源 V1 进行参数扫描分析（V1 值取 12V、13V、15V、18V、20V、25V），观察输出电压是否变化，并记录实训报告中。

3）改变 R1 的取值，看看输出电压有何变化。

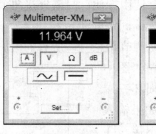

(a) 电压表指示值1　　　　(b) 电压表指示值2

图 3-65　电压表指示值

4）按图 3-66 连接电路，调整 RP（通过按 A 或 Shift＋A 键），观察输出电压的变化范围，如图 3-67 所示，并记录于实训报告中。

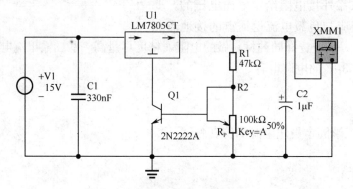

图 3-66　输出电压可调的稳压电源

图 3-67　电压表某一示值

3. 实训结果及分析

在可调的稳压电源电路中，当 R2 的阻值发生改变时，输出电压有何变化？

做一做

实训2　直流稳压电源的安装、调试与维修

本实训介绍一种制作简便、性能优良、价格便宜、输出电压 1.25～20V 连续可调、

输出电流为 1.5A 的直流稳压电源。

1. 实训目的

进一步熟悉三端可调稳压块的功能；掌握直流稳压电源的安装、调试与维修方法。

2. 所需设备及材料

图 3-68 所示直流稳压电源套件中元器件的参数如表 3-2 所示。

表 3-2　直流稳压电源元器件选择

位　号	说　明	参　数	备　注
R_{p1}	电位器	4.7kΩ	最好选用多圈电位器，以达到精确调节的目的
R_2	电阻器	200Ω	
C_1	铝电解电容器	1000μF/25V	
C_2	铝电解电容器	10μF/25V	
C_3	铝电解电容器	220μF/25V	
C_4	瓷片电容	10nF/50V	
$D_1 \sim D_6$	二极管	1N4007	$D_1 \sim D_4$ 作整流用
U_1	三端可调稳压器	LM317(CW317)	自带散热板（H 型）及固定螺钉
F_1	保险管(含座)	0.5A	与电源线连接在一起
T	电源变压器	25W220V/18V	也可用 15W220V/9V 加静电屏蔽层

MF47 型万用表一只、一字与十字螺丝刀各一把、电子装配工具一套。

3. 实训内容与步骤

(1) 原理分析

本电路采用三端可调稳压集成电路 LM317 制作，如图 3-68 所示。变压器 T 输出交流 18V 经 $D_1 \sim D_4$ 整流，C_1、C_2 滤波后送至 LM317 输入端，再经取样电阻 R_2 和输出

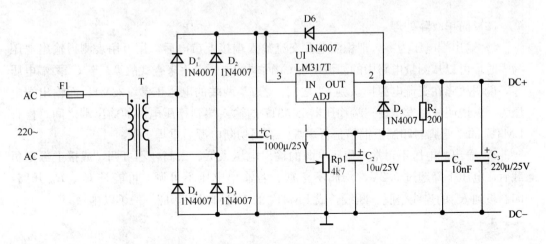

图 3-68　小功率直流稳压电源原理图

电压调节电位器 R_{P1} 的控制，就可在输出端得到 $1.25\sim20\text{V}$ 连续可调的电压。电路中，C_2 是减小 R_{P1} 两端纹波电压的滤波电容；D_6 用来防止输入端短路时 C_3 的放电电流损坏三端稳压器；D_5 是用于防止输出端短路时 C_2 的放电电流损坏三端稳压器。

（2）电路装配

1）在印制板上，将电路所有元件安装完毕，装配美观、均匀、端正、整齐，不能歪斜，高矮有序。

2）元件横平竖直，高度符合要求。电解电容器、瓷片电容直立安装，尽量插到底，元件离印制板最高为 4mm。

3）电阻、二极管采用卧式水平安装紧贴印制板。电阻的色环方向一致。电位器采用残留剪脚引三根线插入印制板，并加焊。

4）三端集成稳压电路 LM317 与散热板接触良好，并直立安装。

焊点要求圆滑、光亮，防止虚焊、假焊、搭焊和散锡。焊面要求干净整洁，无焊接残留物和硬物损伤痕迹。检查插装与焊接质量。三端可调式稳压电源实物如图 3-69 所示。

在通电测试前，电源变压器的初级线圈与电源插头之间串接保险管座，并需对变压器连线接合部位进行胶带缠固绝缘。

图 3-69　三端可调式稳压电源实物

（3）简单故障处理

1）输出端电压为零。把稳压电源交流输入端接上市电后，用万用表测得输出电压为零时，可以从测量电路中的滤波电容 C_1 两端的电压着手来查找故障。若 C_1 两端电压零，说明故障在交流电源插头到 C_1 之间。若 C_1 两端的电压正常（23V），而输出端电压为零。说明故障发生在三端稳压器 LM317 的输入端到稳压电源的输出端之间。检查 LM317 的 3 管脚与印制板铜箔是否虚焊，否则切断电源后重焊一下。

2）输出端电压不正常。稳压电源的输出电压太低、太高、不可调，或接上额定负载后，电压下降超过 0.2V，均属不正常。若输出电压不可调，可能是 R_2、R_{p1} 开路，印制板到 R_{p1} 的连线松脱、断线，或 LM317 的 1 管脚虚焊，应一一予以排除。

议一议

1. 图 3-68 所示电路中，Rp1、D5 和 D6 的作用是什么？电路中能否取消 D5 和 D6？

2. 桥式整流电路中，若有一只整流二极管击穿或烧断，各将会出现什么现象？

知识拓展

开关稳压电路

开关型稳压电源采用功率半导体器件作为开关，通过控制开关的占空比调整输出电压。当开关管饱和导通时，集电极和发射极两端的压降接近零，在开关管截止时，其集电极电流为零，所以其功耗小，效率可高达 70%～95%。而功耗小，散热器也随之减小，同时开关型稳压电源直接对电网电压进行整流滤波调整，然后由开关调整管进行稳压，不需要电源变压器；此外，开关工作频率在几十千赫，滤波电容器、电感器数值较小。因此开关电源具有重量轻、体积小等特点。另外，由于功耗小，机内温度降低，从而提高了整机的稳定性和可靠性。而且其对电网的适应能力也有较大的提高，一般串联稳压电源允许电网波动范围为 220V±10%，而开关型稳压电源在电网电压在 110～260V 范围内变化时，都可获得稳定的输出电压。

开关型稳压电源的分类方式很多。

按调整管与负载的连接方式可分为串联型和并联型。

按稳压的控制方式可分为脉冲宽度调制型（PWM）、脉冲频率调制型（PFM）和混合调制（即脉宽-频率调制）型。

按调整管是否参与振荡可分为自激式和他激式。

按使用开关管的类型可分为晶体管、VMOS 管和晶闸管型。

开关稳压电源电路框图如图 3-70 所示。交流输入电压经桥式整流器与电容平滑（一次整流滤波电路）后的直流电压供给直流/直流变换器，直流/直流变换器由将直流变换为高频交流的逆变器与二次整流滤波电路等构成，二次整流滤波电路由将高频交流变换为直流的高速二极管、扼流圈及电解电容等组成。逆变器的控制电路由比较放大电路以及控制通/断时间比率电路等构成。

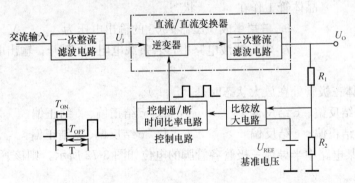

图 3-70　开关电源的组成基本框图

评一评

任务检测与评估

检测项目		评分标准	分值	学生自评	教师评估
任务知识内容	串联型稳压电路	掌握串联可调式稳压电路的结构组成与各单元电路作用 掌握三端稳压器种类、结构与工作特点	40		
任务操作技能	三端固定稳压电源的仿真测试	理解三端固定稳压块的工作特点	10		
	直流稳压电源的安装与调试	学会三端直流稳压电源的安装与调试	40		
	安全操作	安全用电、按章操作,遵守实训室管理制度	5		
	现场管理	按 6S 企业管理体系要求、进行现场管理	5		

巩固与练习

一、填空题

1. 单相桥式整流电容滤波电路接正常负载,已知变压器次级电压有效值 $U_2 = 15V$,则输出电压平均值 U_o 为 _____ V。

2. 稳压二极管稳压工作时,是工作在其特性曲线的 _____ 区。

3. 某放大状态晶体管,已知 $I_B = 0.02mA$,$\beta = 50$,忽略其穿透电流,则 $I_E =$ _____ mA。

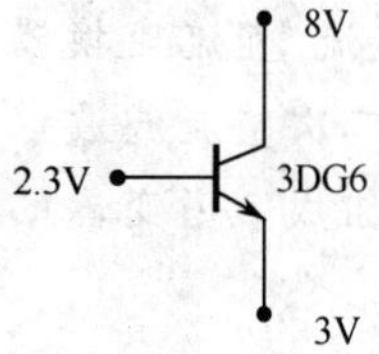

8V

2.3V ┤ 3DG6

3V

图 3-71

4. 单相桥式整流电路输出平均电压为 36V,则变压器付边电压有效值为 _____ V。

5. 已经测得某晶体管各极对地的电压如图 3-71 所示,则表明该晶体管工作在 _____ 状态。

6. 三端集成稳压器 7905 的输出电压为 _____ V。

7. 电容滤波电路中,若负载电阻 R_L 断开,输出电压将 _____。

二、选择题

1. 半导体三极管处在放大状态时是 ( )。
   A. c 结反偏、e 结反偏 　　　　B. c 结正偏、e 结正偏
   C. c 结正偏、e 结反偏 　　　　D. c 结反偏、e 结正偏

2. 测得某电路中半导体三极管各管脚的电位如图 3-72 所示,则该管处在 ( )。
   A. 放大状态 　　　　　　　　B. 饱和状态
   C. 截止状态 　　　　　　　　D. 不确定状态

3. 场效应管与半导体三极管比较,场效应管 ( )。
   A. 输入电阻低,输出电阻低
   B. 电压控制器件

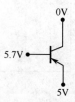

0V

5.7V ┤

5V

图 3-72

C. 输入电阻低，热稳定性能好

D. 输入电阻低，输入电流小

4. NPN 型三极管，处在饱和状态时是（　　）。

　　A. $U_{BE}<0$，$U_{BC}<0$　　　　　　　　　　B. $U_{BE}>0$，$U_{BC}>0$

　　C. $U_{BE}>0$，$U_{BC}<0$　　　　　　　　　　D. $U_{BE}<0$，$U_{BC}>0$

5. 某放大状态的三极管，测得各管脚电位为：①脚电位 $U_1=2.3V$，②脚电位 $U_2=3V$，③脚电位 $U_3=-9V$，则可判定（　　）。

　　A. Ge 管①为 e　　B. Si 管③为 e　　C. Si 管①为 e　　D. Si 管②为 e

6. 若要求放大电路输入电阻高，且稳定输出电压，在放大电路中应引入的负反馈类型为（　　）。

　　A. 电流串联　　　　B. 电流并联　　　　C. 电压串联　　　　D. 电压并联

7. 桥式整流电容滤波电路如图 3-73 所示，已知变压器次级电压有效值 $U_2=20V$，则输出直流电压 U_o 为（　　）。

　　A. 24V　　　　　　B. $-24V$　　　　　　C. 18V　　　　　　D. $-18V$

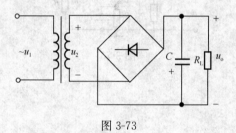

图 3-73

8. 单相桥式整流电路，U_2 为变压器副边电压有效值，则二极管承受的最大反向电压 U_{RM} 为（　　）。

　　A. $2\sqrt{2}U_2$　　　　　　B. $\sqrt{2}U_2$　　　　　　C. $2U_2$　　　　　　D. U_2

三、判断题

1. 放大器具有能量放大的作用。　　　　　　　　　　　　　　　　　　（　　）

2. 放大电路必须加上合适的直流电源才能正常工作。　　　　　　　　　（　　）

3. 多级放大器的级数越多，通频带越宽。　　　　　　　　　　　　　　（　　）

4. 在桥式整流电路中，若有一只二极管开路，则电路变为半波整流电路。（　　）

5. 滤波电路的目的是将交直流混合量中的交流成分滤掉。　　　　　　　（　　）

四、计算题

1. 直流稳压电源如图 3-74 所示，u_2 的幅值为 10V。要求：

(1) 画出 S_1 断开时 u_2 及 A 点的波形。

(2) 画出 S_1 接通时 B 点的波形。

(3) 画出 S_1 接通、S_2 断开时 C 点的波形。

(4) 画出 S_1、S_2 均接通时 D 点的波形。

2. 图 3-75 所示放大电路中，已知 $U_{CC}=12V$，$U_{BE}=0.7V$，$\beta=75$，$r_{be}=1.5k\Omega$，$R_{B1}=50k\Omega$，$R_{B2}=25k\Omega$，$R_c=3k\Omega$，$R_E=2k\Omega$，$R_L=6k\Omega$，C_1、C_2、C_E 对信号的影响

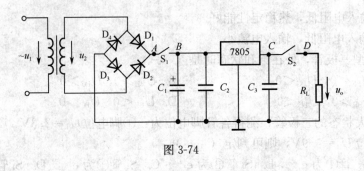

图 3-74

可忽略。要求：

(1) 估算静态值 I_{CQ}，U_{CEQ}。

(2) 计算电压放大倍数 A_u。

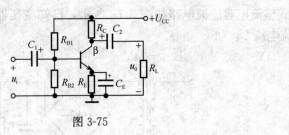

图 3-75

项目四

红外人体感应开关的制作

集成运算放大器简称集成运放，是具有高增益的多级直接耦合放大器。在信号运算、信号处理、信号测量及波形产生等方面有广泛应用。

本项目以分析红外人体感应开关电路为载体，感受集成运放电路在线性和非线性状态下的应用特点。

◆ 掌握功放电路分类及 OTL 和 OCL 电路的构成及特点。

◆ 了解差模信号、共模信号、零点漂移概念，理解差分放大器抑制零点漂移的原理。

◆ 了解集成运放的电路结构，掌握集成运放的图形符号，熟知反相输入端和同相输入端的功能。

◆ 了解负反馈对放大器性能的影响，初步掌握引入负反馈改进放大器性能的方法。

◆ 掌握理想集成运放工作于线性和非线性状态时的特点。

◆ 掌握比例、加减电路的工作原理及运算关系。能运用"虚断"等概念分析各种运算电路输出与输入的关系。

◆ 了解电压比较器的工作原理。

◆ 掌握集成运放应用电路的安装与调试方法，初步具有排除集成运放电路常见故障的能力。

◆ 能正确安装与调试红外光控感应开关电路；理解反相放大电路和电压比较器的应用特点。

任务一　低频功率放大电路的检测

1. 掌握 OCL、OTL 低频功率放大电路结构与工作特点。
2. 掌握集成功率放大电路的安装与检测。

教学步骤	时间安排	教学方式(含教学内容、教学手段,如课件、举例等)
阅读教材	课余	自学、查资料、相互讨论
知识讲解	4 课时	结合课件,重点讲授 OTL 和 OCL 基本功放,介绍 TDA2030 功放的应用
操作技能	2 课时	教师采用示范搭建互补功放仿真电路,投影演示操作过程
评估检测	与课堂教学同步进行	教师与学生共同完成任务的检测与评估,并能对出现的问题进行分析与处理

读一读

知识　功率放大器概述

1. 功率放大器的技术要求

一般情况下,多级放大器的末级是功率放大电路,它要求能输出一定的功率去带动负载,如继电器的动作、扬声器的发声等。因此功率管工作时的电压和电流较大,因此对功率放大器有一些特殊的要求。

1）具有足够大的输出功率。也就是使三极管集电极电流 i_c 和集电极电压 u_{ce} 有尽可能大的变化幅度,使三极管尽可能接近极限状态时的参数。

2）效率要高。功率放大器实质上是将直流电源的直流功率转换为受输入信号控制的交流功率输出。因此,将同样大小的直流能量转换成尽可能大的交流能量,尽量提高其转换效率。

3）非线性失真要小。由于功率放大管处于大信号工作状态。u_{ce} 和 i_c 的变化幅度较大,有可能超出特性曲线的线性范围,功放管功率越大,非线性失真往往越严重。要求功率放大器的非线性失真尽量小。

4）功放管的散热问题。在功率放大器中,有相当大的功率消耗在功放管的集电结上,使功放管的结温和管壳温度升高,为了使功放管输出足够的功率,采取措施使功放管有效地散热是必要的。

2. 功率放大电路的分类

功率放大电路的常见分类方式如下。

1）按处理信号的频率分类：低频功放（涉及音频范围，从几十赫兹到几十千赫兹）和高频功放（射频范围，从几百千赫兹到几十兆）。

2）按功放电路中晶体管的导通时间分类如下。

甲类（又称 A 类）功放：输入信号的整个周期内，晶体管均导通，有电流流过。

乙类（又称 B 类）功放：输入信号的整个周期内，晶体管仅在半个周期内导通。

甲乙类（又称 AB 类）功放：输入信号的整个周期内，晶体管导通时间大于半个周期而小于全周期。

丙类功放：输入信号的整个周期内，晶体管导通时间小于半个周期。

3. 互补功率放大电路分析

（1）OCL 电路的组成及工作原理

1）OCL 电路组成如图 4-1 所示。电路由一对特性和参数完全相同的 PNP 管和 NPN 管组成射极输出电路，输入信号接于两管基极，负载接两管发射极，由正负双电源供电。

由于输出没有接电容而把这种形式的电路称为无输出电容的功率放大电路（OCL）。

2）工作原理。

设两管的门限电压均等于零。VT_1 和 VT_2 两管工作性能对称、互为补偿。

当输入信号 $U_i=0$，则 $I_{CQ}=0$，两管均处于截止状态，故输出 $U_o=0$。

当输入信号为正半周时，三极管 VT_2 因反向偏置而截止，三极管 VT_1 因正向偏置而导通，三极管 VT_1 对输入的正半周信号实施放大，在负载电阻上得到放大后的正半周输出信号。当输入信号为负半周时，三极管 VT_1 因反向偏置而截止，三极管 VT_2 因正向偏置而导通，三极管 VT_2 对输入的负半周信号实施放大，在负载电阻上得到放大后的负半周输出信号。这样，VT_1、VT_2 两管交替工作，输出的正、负半周信号将在负载电阻 R_L 上合成一个完整的输出信号，如图 4-2 所示。因此该电路称为互补对称功率放大电路。

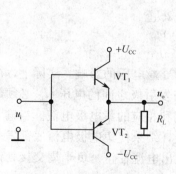

图 4-1　OCL 电路基本组成

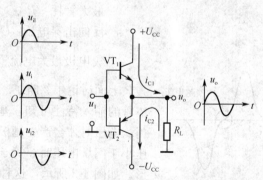

图 4-2　OCL 电路原理示意图

3）OCL 电路的输出功率及效率。

输出功率：负载 R_L 取得的功率就是功放电路的输出功率，用 P_o 表示，它是负载两端交流电压的有效值和交流电流有效值的乘积，用 U_{om} 和 I_{om} 分别表示交流电流和交流电压输出幅值，则

$$P_o = U_o I_o = \frac{U_{om}}{\sqrt{2}} \frac{U_{om}}{\sqrt{2} R_L} = \frac{1}{2} \cdot \frac{U_{om}^2}{R_L}$$

当 $U_{om} = U_{CC}$，即忽略 U_{CES} 时，可获得最大功率：

$$P_{omax} = \frac{1}{2} \cdot \frac{U_{cem}^2}{R_L} \approx \frac{U_{CC}^2}{2R_L}$$

每管最大管耗和电路的最大输出功率具有的关系是

$$P_{Tmax} = \frac{U_{CC}^2}{\pi^2 R_L} \approx 0.2 P_o$$

直流电源提供的功率：直流电源提供的功率包括负载得到的功率、功率管消耗的功率。静态时：$P_E = 0$；有信号输入时：

$$P_E = \frac{2U_{CC} \cdot U_{om}}{\pi R_L}$$

最大功率：

$$P_E = \frac{2U_{CC}^2}{\pi R_L}$$

一般情形下电路的效率：

$$\eta = \frac{\pi U_{om}}{4 U_{CC}}$$

理想情况下的效率：

$$\eta = \frac{\pi}{4} = 78.5\%$$

4）功率管的选择。

由以上分析可知，在负载匹配的条件下，增大输入信号或者提高电源电压，均能增大输出功率，但是受到功率管极限参数的限制。根据乙类工作状态及理想条件，管子的极限参数可以分别按照下式选取。

最大管耗：$P_{CM} \geqslant 0.2 P_{om}$

反向击穿电压：$U_{CEO} > 2U_{CC}$

集电极最大电流：$I_{CM} \geqslant \dfrac{U_{CC}}{R_L}$

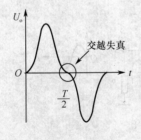

图 4-3　交越失真现象

上面讨论中忽略了三极管导通电压的影响。实际上，由晶体管的输入特性可知，基极与发射极之间的电压 U_{BE} 必须超过门坎电压时才会产生基极电流和相应的集电极电流。当输入电压小于门坎电压时，管子截止，结果使集电极电流底部发生变形，如图 4-3 所示，这种使输出电流在正、负半周交接处产生的失真称之为交越失真。

交越失真的产生是由于功放管工作在死区范围内，因此消除交越失真的最好方法是在两管的基极回路中加上合适的偏置电压，使管子在静态时能处于微导通状态。加上信号后，管子在大于半个周期内导通，即工作在甲乙类放大状态。电路如图 4-4 所示。

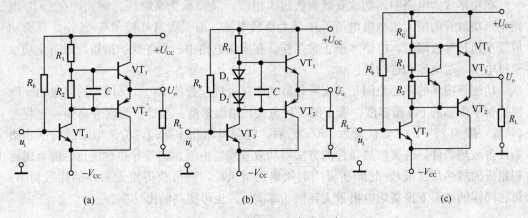

图 4-4　消除交越失真的电路

（2）OTL 电路的工作原理

图 4-5 所示为 OTL 电路原理。VT_1、VT_3 和 VT_2、VT_4 组成准互补对称放大电路，VT_1 和 VT_3、VT_2 和 VT_4 组成复合管结构，分别相当于一个 NPN 和一个 PNP 的晶体管，二极管 D_1、D_2 和电阻 R 用于消除交越失真向两个复合功率管提供临界偏压，使两个复合功率管保持在临界导通的状态，两管射极通过电容连接负载；静态时，调节电路使得：$U_A = \dfrac{1}{2} U_{CC}$。

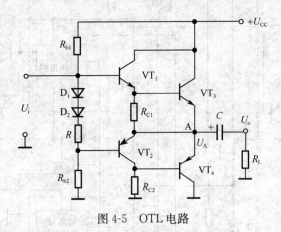

图 4-5　OTL 电路

1）工作原理。

当正半周信号输入时，VT_1、VT_3 导通，VT_2、VT_4 截止，电流通过电源、VT_1、VT_3 管的集电极、发射极、电容流到负载上。与此同时，对输出电容进行充电。

当负半周信号输入时，VT_2、VT_4 导通，VT_1、VT_3 截止，电容通过 VT_2、VT_4 和负载放电，由于电容容量大，放电时间常数远大于输入信号周期，电容 C 通过 VT_2

放电的同时输出负半周放大信号。

大容量的电容器 C 除了是交流信号的耦合电容外，还是功放管 VT_2 的供电电源。

2）功放电路的安全运行。

在功率放大电路中，功放管既要流过大电流，又要承受高电压。例如，在 OCL 电路中，功放管的最大集电极电流等于最大负载电流，而最大管压降等于 $2U_{CC}$。只有功放管不超过其极限值，电路才能正常工作。在实用电路中，常加保护措施，以防止功放管过电压、过电流和过功耗。

功放管损坏的重要原因是其实际耗散功率超过额定数值 P_{CM}。晶体管的耗散功率取决于管子内部的 PN 结温度。管子的功耗愈大，结温愈高。当管子温度升高到一定程度（锗管一般为 75~90℃，硅管为 150℃）后，就会损坏晶体结构，应采取功放管散热措施改善散热条件。改善散热条件的方法：功放管加装由铜、铝等导热性能良好的金属材料制成的散热片（板）。此外还可用电风扇强制风冷，则可获得更大一些的耗散功率；可在同样的结温下提高集电极最大耗散功率 P_{CM}，也可提高输出功率。

4. 集成功率放大电路应用

（1）TDA2030A 集成功放的内部结构

TDA2030A 音频功放集成电路内部结构如图 4-6 所示。它主要由输入级、中间级（又称驱动级）和准互补输出级三部分组成。

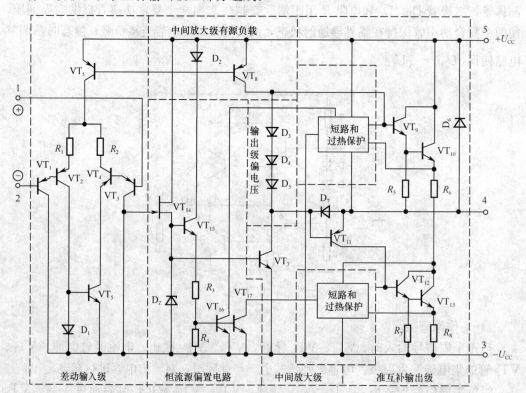

图 4-6　TDA2030 集成电路内部结构

（2）TDA2030A 集成功放的典型应用

1）双电源（OCL）应用电路。

图 4-7 所示电路是双电源时 TDA2030A 的典型应用电路。输入信号 U_i 由同相端输入，R_1、R_2、C_2 构成交流电压串联负反馈，因此，闭环电压放大倍数为

$$A_{uf} = 1 + \frac{R_1}{R_2} = 33$$

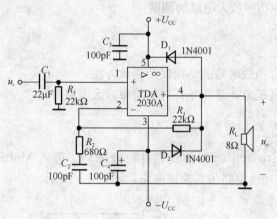

图 4-7　OCL 应用电路

为了保持两输入端直流电阻平衡，使输入级偏置电流相等，选择 $R_3 = R_1$。D_1、D_2 起保护作用，用来泄放 R_L 产生的感生电压，将输出端的最大电压钳位在 $(U_{CC} + 0.7V)$ 和 $(-U_{CC} - 0.7\ V)$ 上。

2）单电源（OTL）应用电路。

对仅有一组电源的中、小型扩音系统，可采用单电源连接方式，如图 4-8 所示。由于采用单电源供电，故同相输入端用阻值相同的 R_1、R_2 组成分压电路，使 K 点电位为 $U_{CC}/2$，经 R_3 加至同相输入端。在静态时，同相输入端、反向输入端和输出端皆为 $U_{CC}/2$。

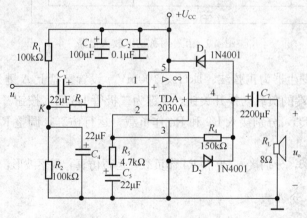

图 4-8　OTL 应用电路

想一想

1. 功率放大器有哪些种类？互补对称功放电路的交越失真由何而来？怎样消除？
2. 简要说明 OCL 电路和 OTL 电路的特点。

做一做

实训　互补对称功率放大电路的测试

1. 实训目的

1）熟悉互补对称功放电路的结构以及测试方法。
2）观察交越失真现象，掌握互补对称功率放大电路特点。

2. 实训步骤和操作

双击 EWB（Multisim 10.0）仿真软件快捷图标，进入 Multisim 10.0 工作界面，搭建和连接互补对称功放电路仿真测试电路，如图 4-9 所示。

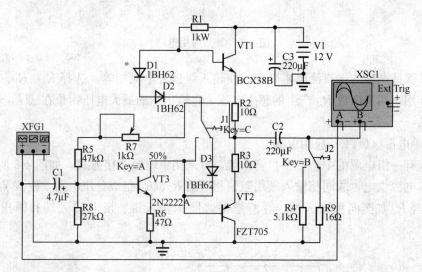

图 4-9　互补对称功率放大电路

1）设置信号发生器为正弦波、1kHz、100mV。设置键盘上 A 键为电位器 R7 的控制键，B 键为输出端的负载切换开关钮，C 键为二极管 D3 切入按钮。
2）电路接入 D3，分别接入 R9 和 R4 作负载，运行仿真，调整 R7，观察波形，并记录分析结果。
3）电路不接 D3，分别接入 R9 和 R4 作负载，运行仿真，观察波形，并记录分析结果。

3. 实训结果及分析

1）将测试数据、图表记录于实训报告中，并记录分析结果。着重分析交越失真。
2）总结功率放大电路特点及测量方法。

任务检测与评估

	检测项目	评分标准	分值	学生自评	教师评估
任务知识内容	功率放大器概述	掌握 OCL 和 OTL 功率放大器的结构与特点	50		
任务操作技能	互补对称功率放大器的测试	学会搭建和测试 OTL 电路	40		
	安全操作	安全用电、按章操作,遵守实训室管理制度	5		
	现场管理	按 6S 企业管理体系要求、进行现场管理	5		

任务二　集成运放的应用

1. 了解差分放大电路的结构;理解零点漂移的概念。
2. 掌握集成运放的特点和信号运算的线性应用。
3. 掌握集成运放的非线性应用——电压比较器的原理。
4. 掌握集成运放应用电路的安装和调试方法。

教学步骤	时间安排	教学方式(含教学内容、教学手段,如课件、举例等)
阅读教材	课余	自学、查资料、相互讨论
知识讲解	10 课时	采用多媒体课件,重点介绍差分放大器输入与输出方式及特点;重点讲解反相和同相比例运算放大线性应用电路
操作技能	8 课时	简单介绍热释电传感器件的原理,重点说明红外感应开关电路结构
评估检测	与课堂教学同步进行	教师与学生共同完成任务的检测与评估,并能对出现的问题进行分析与处理

知识1　差分放大电路

1. 直接耦合放大电路中的零点漂移问题

零点漂移现象是指输入电压为零而输出电压不为零且缓慢变化的现象。

零点漂移产生的原因：温度变化所引起的半导体器件参数的变化是产生零点漂移现象的主要原因,因而也称零点漂移为温度漂移,简称温漂。

　　抑制零点漂移的方法有：①引入直流负反馈稳定工作点；②利用热敏元件补偿；③在输入级采用差分式放大电路。

2. 一般差分电路的特性分析

　　图 4-10 所示为带射极公共电阻 R_e 的差动放大电路（差放），也叫长尾式差动放大器。它由两个完全相同的单管共射极电路组成。差动式放大电路有两个输入端，两个输出端，要求电路对称，即 VT_1、VT_2 的特性相同，外接电阻对称相等，$R_{c1} = R_{c2}$，各元件的温度特性相同。

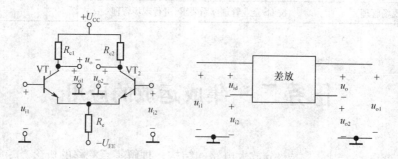

图 4-10　基本差分式放大电路

　　差分放大电路的特点是：电路对称，射极电阻共用，或射极直接接电流源（大的电阻和电流源的作用是一样的），有两个输入端、两个输出端。

　　（1）静态分析

　　静态时 $U_{i1} = U_{i2} = 0$。由于电路左右对称，输入信号为零时，$I_{C1} = I_{C2}$，$U_{C1} = U_{C2}$，则输出电压 $U_o = \Delta U_{C1} - \Delta U_{C2} = 0$。

　　当电源电压波动或温度变化时，两管集电极电流和集电极电位同时发生变化。输出电压仍然为零。可见，尽管各管的零漂存在，但输出电压为零，从而使得零漂得到抑制。

　　（2）抑制零点漂移的原理

　　在差动式放大电路中，无论是电源电压波动或温度变化都会使两管的集电极电流和集电极电位发生相同的变化，相当于在两输入端加入共模信号。由于电路的完全对称性，使得共模输出电压为零，共模电压放大倍数 $A_c = 0$，从而抑制了零点漂移。这时电路只放大差模信号。

　　（3）差分式放大电路中的一般概念

　　差模信号 $u_{id} = u_{i1} - u_{i2}$；共模信号 $u_{ic} = \dfrac{1}{2}(u_{i1} + u_{i2})$。

　　这样有 $u_{i1} = u_{ic} + \dfrac{u_{id}}{2}$；$u_{i2} = u_{ic} - \dfrac{u_{id}}{2}$。

差模电压增益 $A_{UD} = \dfrac{u'_o}{u_{id}}$。

共模电压增益 $A_{UC} = \dfrac{u''_o}{u_{ic}}$。

总输出电压 $u_o = u'_o + u''_o = A_{UD}u_{id} + A_{UC}u_{ic}$。

（4）差分放大电路的输入/输出方式

根据差分式放大电路输入/输出端口的接法不同，可以有四种工作方式。

双端输入和双端输出差分放大电路如图 4-11（a）所示，该电路利用电路两侧对称性及 R_e（或恒流源）的共模反馈来抑制零漂；图 4-11（b）为双端输入、单端输出差分放大电路，单端输出的电路已不具备对称性，抑制零漂主要靠射极电阻 R_e 的共模反馈来实现；图 4-11（c）为单端输入、双端输出差分放大电路；而图 4-11（d）为单端输入、单端输出差分放大电路。后三种接法的电路已不具备对称性，抑制零漂主要靠射极电阻 R_e（或恒流源）的共模反馈来实现。

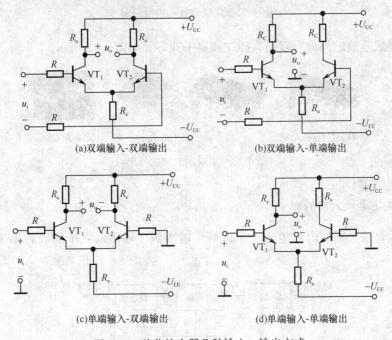

(a)双端输入-双端输出 (b)双端输入-单端输出

(c)单端输入-双端输出 (d)单端输入-单端输出

图 4-11　差分放大器几种输入、输出方式

在差分放大器的不同连接方式中，输出方式影响电压放大倍数，单端输出的差模放大倍数是单管放大倍数的一半；双端输出方式的差分电路的差模放大倍数与单管放大倍数相同；输入方式不影响电压放大倍数。

想一想

1. 抑制直流放大器的零点漂移一般采取哪两种措施？

2. 差分放大器有哪几种连接方式？可利用何种连接电路的对称性来抑制零点漂移？

知识 2　集成运算放大电路概述

1. 集成运放的图形符号及外形

集成运算放大器的图形符号如图 4-12 所示。u_+ 为同相输入端，由此端输入信号，输出信号与输入信号同相。u_- 为反相输入端，由此端输入信号，输出信号与输入信号反相。

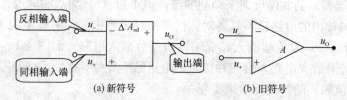

(a) 新符号　　　　　　　　　　　(b) 旧符号

图 4-12　集成运放的电路符号

常见集成运放的外形有双列直插式和扁平式等，如图 4-13 所示。

(a)双列直插式　　　　　(b) 扁平式　　　　　(c) 运放实物

图 4-13　集成运放实物外形

2. 集成运算放大器的组成

集成运算放大器的内部包括 4 个部分：输入级、输出级、中间级和偏置电路，如图 4-14所示。

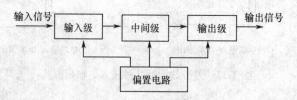

图 4-14　集成运放组成框图

输入级要求输入电阻高、能够抑制零点漂移和干扰信号。因此输入级都采用差分放大电路，它有同相和反相两个输入端。中间级主要进行电压放大，要求电压放大倍数高，一般由共射极放大电路组成。输出级与负载配接，要求其输出电阻低，带负载能力强，一般由互补对称电路或射极输出器组成。偏置电路的作用是为上述各级电路提供稳定和合适的偏置电流，决定各级的静态工作点。一般由各种恒流源组成。

3. 集成运算放大器的主要参数

开环电压放大倍数 A_{uo}，指运放在无外反馈情况下的空载电压放大倍数（差模信号）。它是决定运算精度的重要因素，其值越大越好。一般为 $10^4 \sim 10^7$，即 $80 \sim 140\text{dB}$。

差模输入电阻 r_{id}。指运放在差模输入时的开环输入电阻，一般在几十千欧到几十兆欧。r_{id} 越大，性能越好。

开环输出电阻 r_o。指运放无外加反馈回路时的输出电阻，开环输出电阻 r_o 越小，带负载能力越强。一般为 $20 \sim 200\Omega$。

共模抑制比 K_{CMR}。用来综合衡量运放的放大和抗零漂、抗共模干扰的能力，K_{CMR} 越大，抗共模干扰能力越强。一般在 $65 \sim 75\text{dB}$ 之间。

集成运放还有输入失调电压 U_{io} 和输入失调电流 I_{io} 以及最大输出电压 U_{opp} 等指标。

4. 理想集成运算放大器的条件及分析依据

理想化条件：开环电压放大倍数 $A_{uo} \to \infty$；差模输入电阻 $r_{id} \to \infty$；开环输出电阻 $r_o \to 0$；共模抑制比 $K_{CMR} \to \infty$。

由于实际运算放大器的上述指标足够接近理想化条件，因此在分析运算放大器时，一般可将它看成是一个理想运算放大器。

理想运算放大器的图形符号如图 4-15（a）所示，图中的"∞"表示电压放大倍数 $A_{uo} \to \infty$。图 4-15（b）为运算放大器的传输特性曲线。实际运放特性曲线分为线性区和饱和区，理想化特性曲线无线性区。实际运算放大器可工作在线性区，也可工作在饱和区，但分析方法截然不同。当运算放大器工作在线性区时，它是一个线性放大元件，u_o 和（$u_+ - u_-$）是线性关系，满足 $u_o = A_{uo}(u_+ - u_-)$。

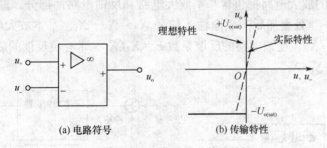

(a) 电路符号　　　　(b) 传输特性

图 4-15　集成运放符号及传输特性

由于 A_{uo} 很高，即使输入毫伏级以下的信号，也足以使输出电压饱和，其饱和值为 $\pm U_{o(sat)}$，在数值上接近正、负电源电压。另外，由于干扰，在线性区工作难于稳定。所以，要使运算放大器工作在线性区，通常引入深度负反馈。

当运算放大器的工作范围超出线性区而在饱和区时，输出电压和输入电压不再满足 $u_o = A_{uo}(u_+ - u_-)$ 表示的关系，此时输出只有两种可能，即

$u_+ > u_-$ 时，$u_o = +U_{o(sat)}$；$u_+ < u_-$ 时，$u_o = -U_{o(sat)}$。

运算放大器工作于线性区时，依据"虚短"、"虚断"两个重要的概念对运放组成的

电路进行分析，可极大地简化分析过程。

1) 由于 $A_{uo} \to \infty$，而输出电压是有限电压，从 $u_o = A_{uo}(u_+ - u_-)$ 可知 "$u_+ - u_- = u_o / A_{uo} \approx 0$，即 $u_+ = u_-$。这可说明同相输入端和反相输入端之间相当于短路。由于不是真正的短路，故称"虚短"。

2) 由于运算放大器的差模电阻 $r_{id} \to \infty$，而输入电压 $u_i = u_+ - u_-$ 是有限值，两个输入端电流 $i_+ = i_- = u_i / r_{id}$，即 $i_+ = i_- = 0$。这说明同相输入端和反相输入端之间相当于断路。由于不是真正的断路，故称"虚断"。

想一想

1. 什么是"虚短"？什么是"虚断"？
2. 理想条件下，集成运放有哪些性质？

读一读

知识3 负反馈放大器

反馈在模拟电子电路中有非常广泛的应用。在放大电路中引入负反馈可以稳定静态工作点，稳定放大倍数，改变输入、输出电阻，展宽通频带，减小非线性的失真等。

凡是将放大电路输出信号 X_o（电压或电流）的一部分或全部通过某种电路（反馈电路）引回到输入端，就称为反馈。若引回的反馈信号削弱输入信号而使放大电路的放大倍数降低，则称这种反馈为负反馈，若反馈信号增强输入信号，则为正反馈。图 4-16 中分别为无负反馈的基本放大电路和带有负反馈的放大电路的方框图。显然，任何带有负反馈的放大电路都包含基本放大电路和反馈电路两部分。输入信号 X_i 与反馈信号 X_f 在"⊕"处叠加后产生净输入信号 $X_d = X_i - X_f$。基本放大电路（开环）的放大倍数 $A = X_o / X_d$，反馈电路的反馈系数 $F = X_f / X_o$。带有负反馈的放大电路（闭环）的放大倍数 $A_f = X_o / X_i$。

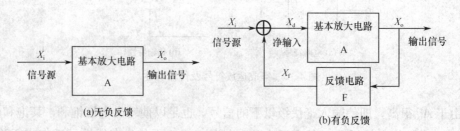

图 4-16 反馈放大电路框图

1. 反相类型的判别方法

（1）有无反馈的判别

判断有无反馈，就是判断有无反馈通道，即在放大电路的输出端与输入端有无电路连接，如果有电路连接，就有反馈，否则就没有反馈。反馈网络一般由电阻或电容组成。

（2）正、负反馈的判断

> 用瞬时极性法，首先在放大器输入端设输入信号的极性"＋"或"－"，再依次按相关点的相位变化推出各点对地交流瞬时极性，最后根据反馈回输入端（或输入回路）的反馈信号瞬时极性看其效果，使净输入信号减少的是负反馈，否则是正反馈。

例如图 4-17（a）所示电路中净输入 $u_d=u_i-u_f$，图 4-17（b）所示电路中净输入 $i_d=i_i-i_f$，它们都是负反馈。如果图中 u_f 的极性相反，i_f 的方向相反，则净输入增加，那它们就是正反馈了。晶体管的净输入是 u_{be} 或 i_b。集成运放的净输入是 u_+-u_- 或 i_- 及 i_+。

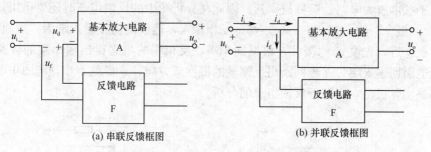

(a) 串联反馈框图　　　　　(b) 并联反馈框图

图 4-17　正/负反馈及串/并联反馈的判别

（3）电流、电压反馈的判断

> 如图 4-18 所示，反馈信号取自于输出电压，且 $X_f \propto u_o$，是电压反馈；若反馈信号取自于输出电流，且 $X_f \propto i_o$，是电流反馈。实用的判断方法是：将输出电压短接，若反馈量仍然存在，并且与 i_o 有关，则为电流反馈；若反馈量不存在或与 i_o 无关，则为电压反馈。

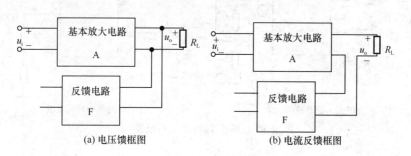

(a) 电压馈框图　　　　　(b) 电流反馈框图

图 4-18　电压电流反馈的判别

（4）交、直流反馈的判断

直流通道中的所具有的反馈称为直流反馈。在交流通道中所具有的反馈称为交流反馈。例如分压偏置电路中，由于电容 C 的通交作用使 R_e 上只有直流反馈信号，并且使净输入 U_{BE} 减少，所以是直流负反馈。直流负反馈的目的是稳定静态工作点。再比如射极输出器中的 R_e 既在直流通道上也在交流通道上，所以交、直流反馈都有。交流负反馈的目的是改善放大电路的性能。

（5）串联、并联反馈的判断

如图 4-17 所示，若输入信号 u_i 与反馈信号 u_f 在输入端相串联，且以电压相减的形式出现，即 $u_d = u_i - u_f$ 为串联负反馈；若输入信号 i_i 与反馈信号 i_f 在输入回路并联且以电流相减形式出现，即 $i_d = i_i - i_f$ 为并联负反馈。

2. 负反馈放大器的四种组态

综合上述反馈类型，负反馈有四种组态（类型）。

由于基本放大电路是运算放大器，因此在分析图中的反馈组态时还要运用"虚断"、"虚短"的概念。图 4-19（a）、（c）都是反相输入，运放的反相输入端为"虚地"。明确了上述概念后，先设 u_i 的极性，根据同相端、反相端的概念得出输出端的极性，再由反馈通道引回输入端，逐步判断出反馈量的极性或方向，这样就不难理解图中电压标注的 $\oplus$ 都是实际极性，有助于反馈组态的分析。

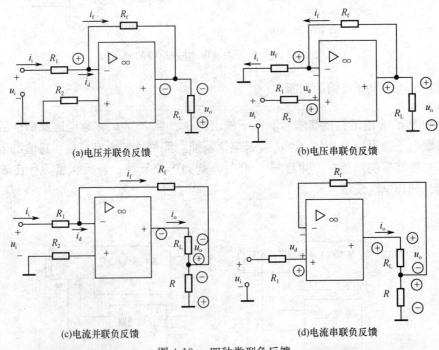

(a)电压并联负反馈　　　(b)电压串联负反馈

(c)电流并联负反馈　　　(d)电流串联负反馈

图 4-19　四种类型负反馈

图 4-19（a）所示电路，从输入端看，净输入 $i_d = i_i - i_f$，因此是并联反馈。从反馈量看 $i_f = -u_o/R_f > 0$（由图中 u_o 的实际极性可知，$u_o < 0$），因此既是负反馈，又是电压反馈。综上所述，反馈组态为电压并联负反馈。

图 4-19（b）所示电路，从输入端看，净输入 $u_d = u_i - u_f$，因此是串联反馈。从反

馈量看 $u_f = R_1 u_o / (R_f + R_1) > 0$（由图中 u_o 的实际极性可知，$u_o > 0$），因此即是负反馈，又是电压反馈。综上所述，反馈组态为电压串联负反馈。

图 4-19（c）所示电路，从输入端看，净输入 $i_d = i_i - i_f$，因此是并联反馈。由虚地可看出 R_f 与 R 相当于并联的关系，所以反馈量 $i_f = -R i_o / (R_f + R) > 0$（由图中 i_o 的实际方向可知，$i_o < 0$），因此既是负反馈，又是电流反馈。综上所述，反馈组态为电流并联负反馈。

图 4-19（d）所示电路，从输入端看，净输入 $u_d = u_i - u_f$，因此是串联反馈。由于反相输入端的电流为零，因此 R 与 R_L 是串联关系，反馈量 $u_f = R i_o > 0$（由图中 i_o 的实际方向可知 $i_o > 0$），因此既是负反馈，又是电流反馈。如果将输出 u_o 短接，反馈信号仍然存在，也可判断出是电流反馈。综上所述，反馈组态为电流串联负反馈。

从上述分析可以得出以下一般规律。

1）反馈电路直接从输出端引出的，是电压反馈；反馈电路是通过一个与负载串联的电阻上引出的，是电流反馈。

2）输入信号和反馈信号分别加在两个输入端上的，是串联反馈；加在同一个输入端上的，是并联反馈。

3）反馈信号使净输入信号减小的，是负反馈，否则，是正反馈。

4）由分立元件组成的反馈电路，可仿照运放组成的反馈电路的分析方法进行分析，其关键是要通晓分立元件与运放输入输出端子的对应关系。

3. 负反馈对放大电路性能的影响

1）改善非线性失真。

2）降低放大倍数及提高放大倍数的稳定性。根据反馈放大电路框图，可以推导出具有负反馈（闭环）的放大电路的放大倍数为

$$A_f = \frac{X_o}{X_i} = \frac{A}{1 + AF}$$

F 为反馈量的大小，其数值在 $0 \sim 1$ 之间，$F = 0$ 时，表示无反馈；$F = 1$，则表示输出量全部反馈到输入端。显然，有负反馈时，$A_f < A$。

上述中的 $(1 + AF)$ 是衡量负反馈程序的一个重要指标，称为反馈深度。$1 + AF$ 越大，放大倍数 A_f 越小。当 $AF \gg 1$ 时称为深度负反馈，此时 $A_f \approx 1/F$，可以认为放大电路的放大倍数只由反馈电路决定，而与基本放大电路放大倍数无关，即基本不受外界因素变化的影响，这时放大电路的工作非常稳定。

3）对输入电阻和输出电阻的影响。

① 负反馈对输入电阻的影响。取决于反馈信号在输入端的连接方式。串联负反馈使输入电阻提高，并联负反馈使输入电阻降低。

② 负反馈对输出电阻的影响。取决于输出端反馈信号的取样方式。电压负反馈降低输出电阻，目的是稳定输出电压；电流负反馈提高输出电阻，目的是稳定输出电流。

4）展宽通频带。通频带是放大电路的重要指标，放大器的放大倍数和输入信号的频率有关。放大器引入负反馈后，电路幅频特性变得平坦，通频带变宽。

想一想

1. 判断有无反馈有何依据？正、负反馈的判断常用何种方法？
2. 负反馈对放大器的性能有何影响？负反馈放大器有哪四种组态？

读一读

知识 4　运算放大器的线性应用

由运放组成的电路可实现比例、积分、微分、对数及加减乘除等运算，此时电路都要引入深度负反馈使运放工作在线性区。运放也可工作于饱和区（非线性应用），实现电压比较、波形转换等。

1. 反相比例运算电路

图 4-20 所示为反相比例运算电路。

电路分析：同相输入端经电阻 R_2 接地，输入电压 u_i 从反相输入端加入，在输出端和反相输入端接有负反馈电阻 R_f，构成电压并联负反馈电路。R_2 为平衡电阻（使输入端对地的静态电阻相等）。其阻值 $R_2 = R_1 // R_f$。由于 $i_{b+} = 0$，$u_+ = 0$，$u_- = u_+ = 0$，$i_1 = i_f + i_{b-} = i_f$，$i_{b-} = 0$，$\dfrac{u_i}{R_1} = -\dfrac{u_o}{R_f}$。电路特点是输入电阻小，$r_i = R_1$。

电路的闭环电压放大倍数：$A_u = \dfrac{u_o}{u_i} = -\dfrac{R_f}{R_1}$。

例 4-1　$R_1 = 10\text{k}\Omega$，$R_f = 20\text{k}\Omega$，$u_i = -1\text{V}$。求：u_o、R_2 应为多大？

解：$A_u = -(R_f/R_1) = -20/10 = -2$

$u_o = A_u \times u_i = (-2)(-1) = 2\text{V}$

$R_2 = R_1 // R_f = 10 // 20 = 6.7\text{k}\Omega$

2. 同相比例运算电路

图 4-21 所示为同相比例运算电路。

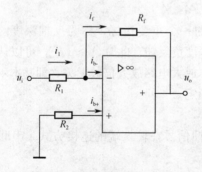

图 4-20　反相比例运算电路

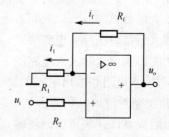

图 4-21　同相比例运算电路

电路分析：输入信号 u_i 通过 R_2 接至同相输入端，反馈电阻 R_f 与 R_1 将输出电压反馈到反相输入端，形成电压串联负反馈。为使输入端保持平衡，应使 $R_2=R_1//R_f$。由于 $i_{b+}=0$，$u_-=u_+=u_i$，$i_{b-}=0$，$i_f=i_1$，$\dfrac{u_o-u_i}{R_f}=\dfrac{u_i}{R_1}$，因此 $A_u=1+\dfrac{R_f}{R_1}$。

该电路特点：输入电阻大。

例 4-2　$R_1=10\text{k}\Omega$，$R_f=20\text{k}\Omega$，$u_i=-1\text{V}$。求：u_o、R_2 应为多大？

解：$A_u=1+\dfrac{R_f}{R_1}=1+\dfrac{20}{10}=3$

$u_o=A_u\times u_i=3\times(-1)=-3\text{V}$

$R_2=R_1//R_f=10//20=6.7\text{ k}\Omega$

在 $A_u=1+\dfrac{R_f}{R_1}$ 式中，当 $R_f=0$ 时，$A_u=1$，$u_o=u_i$。此电路是电压串联负反馈，输入电阻大，输出电阻小，在电路中作用与分立元件的射极输出器相同，但是电压跟随性能好，如图 4-22 所示。

3. 差动放大器

图 4-23 为差动比例运算电路。电路分析：采用差分输入方式。电路由反相比例运算放大器和同相比例运算放大器组合而成。输入信号 u_{i1} 加到反相输入端，另一输入信号 u_{i2} 通过 R_2 加到同相输入端，R_f 为反馈电阻，R_3 为平衡电阻。按外接电阻平衡要求，应满足 $R_1//R_f=R_2//R_3$。当 $R_3=R_f$ 时，该电路的输出与输入关系可由这两种比例运放的运算关系叠加而得到。

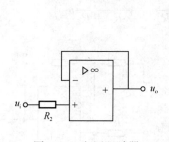

图 4-22　电压跟随器

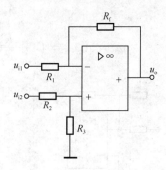

图 4-23　差动比例运放电路

令 $u_{i2}=0$，只输入 u_{i1}，该电路为反相输入的运放电路，则有 $u_{o1}=-\dfrac{R_f}{R_1}u_{i1}$。

令 $u_{i1}=0$，只输入 u_{i2}，该电路为同相比例运算放大器，根据该电路的运算关系有：

$$u_{o2}=\left(1+\frac{R_f}{R_1}\right)\left(\frac{R_3}{R_2+R_3}\right)u_{i2}$$

当 u_{i1}、u_{i2} 同时作用时，可将两个运算电路的输出电压叠加，得

$$u_o=u_{o1}+u_{o2}=\left(1+\frac{R_f}{R_1}\right)\left(\frac{R_3}{R_2+R_3}\right)u_{i2}-\frac{R_f}{R_1}u_{i1}$$

当 $R_1 = R_2$，且 $R_f = R_3$ 时上式变为

$$u_o = \frac{R_2}{R_1}(u_{i2} - u_{i1})$$

比较以上电路归纳出：①它们都引入电压负反馈，因此输出电阻都比较小；②反相输入的输入电阻小，同相输入的输入电阻高；③以上放大器均可级联，级联时放大倍数分别独立计算。

4. 反相求和运算电路

图 4-24 所示为反相比例求和电路。电路分析：在反相比例运算电路的基础上，增加一个输入端，可以实现 u_{i1} 和 u_{i2} 两个电压的相加。电路中，取 $R_P = R_1 // R_2 // R_f$。

根据"虚短"的概念，$u_+ = u_- = 0$；根据"虚断"的概念，$i_{b-} = 0$，$i_{b+} = 0$。

因 $i_1 + i_2 = i_f$，有 $\dfrac{u_{i1}}{R_1} + \dfrac{u_{i2}}{R_2} = \dfrac{-u_o}{R_f}$，因此

$$u_o = -\left(\frac{R_f}{R_1}u_{i1} + \frac{R_f}{R_2}u_{i2}\right)$$

若 $R_1 = R_2 = R$，$u_o = -\dfrac{R_f}{R}(u_{i1} + u_{i2})$。式中，负号是由信号从反相端输入引起的。

5. 同相求和运算电路

图 4-25 所示为同相求和运算电路。电路中，取 $R_1 // R_2 = R_f // R_3$。根据同相比例运算电路公式，得出

$$A_u = 1 + \frac{R_f}{R_3}$$

$$u_o = A_u u_+ = \left(1 + \frac{R_f}{R_3}\right)\left(\frac{R_2}{R_1 + R_2}u_{i1} + \frac{R_1}{R_1 + R_2}u_{i2}\right)$$

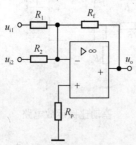

图 4-24　反相比例求和电路

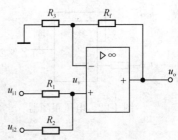

图 4-25　同相求和运算电路

当 $R_1 = R_2$ 时，$u_o = \dfrac{1}{2}\left(1 + \dfrac{R_f}{R_3}\right)(u_{i1} + u_{i2})$

例 4-3　求图 4-26 所示电路的 u_o。

解： $u_{o1} = -(10/20)(u_i + 5) = -(u_i + 5)/2$

$u_o = -(20/20)u_{o1} = -u_{o1} = (u_i + 5)/2$

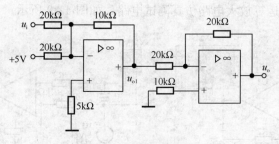

图 4-26　例题 4-3 图

除以上运放电路外，还有微分和积分运算电路，这里不再深入分析。

图 4-27 所示微分运算电路中，$u_o = -RC\dfrac{\mathrm{d}u_i}{\mathrm{d}t}$。图 4-28 所示反相积分电路中，$u_o = -\dfrac{1}{RC}\displaystyle\int u_i \mathrm{d}t$。

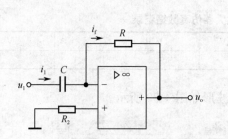

图 4-27　反相微分运算电路　　　　图 4-28　反相积分运算电路

另外，应用集成运放加上阻容器件，可构成有源滤波器（低通滤波器、高通滤波器、带通滤波器和带阻滤波器），也是集成运放的线性应用电路。

想一想

1. 集成运放的输入有哪三种方式？

2. 在同相比例运放电路中，反馈电阻将输出电压反馈到反相输入端，形成何种负反馈？

做一做

实训 1　反相比例运算放大电路的测试

1. 实训目的

加深对反相运算放大器结构的认识；学会检测运算放大电路。

2. 实训步骤和操作

（1）反相比例运算放大电路的创建

双击 EWB（Multisim 10.0）仿真软件快捷图标，进入 Multisim 10.0 工作界面，

搭建和连接反相比例运算放大电路仿真测试电路，如图 4-29 所示。

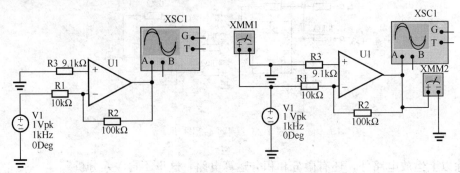

图 4-29　反相比例运算放大电路仿真测试电路

（2）反相放大电路的仿真测试

将两个万用表分别接入仿真测试电路的信号输入端和输出端。改变输入电压 u_i，观察电压表 XMM1 和 XMM2 的示值，并将 u_o 记录于表 4-1 中。

表 4-1　反相比例放大器仿真数据记录

U_i	20mV	100mV	500mV	1V	2V	5V
U_o						

交流信号源面板设置和示波器所观察的波形如图 4-30 所示。

 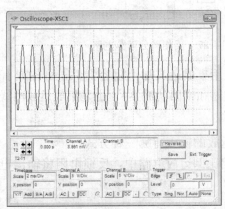

图 4-30　信号源与示波器面板

3. 实训结果及分析

将实验步骤、原理图、测试数据、图表、分析结果记录于实训报告中。

读一读

知识 5　集成运放的非线性应用

所谓非线性应用是指由运放组成的电路处于非线性状态，输出与输入的关系 $u_o =$

$f(u_i)$ 是非线性函数。

1. 限幅器

特点：电路中的运放处于线性放大状态，但外围电路有非线性元件（二极管、稳压二极管等）。

1）双向稳压管接于输出端，如图 4-31 所示。

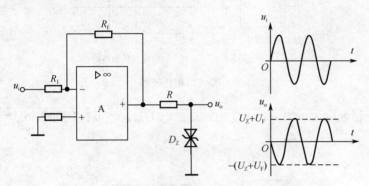

图 4-31　输出端接双向稳压管的限幅器

在反相放大电路基础上，输出端接双向稳压管（U_Z 稳压值，U_F 正向压降），输出电压幅度被钳位在 $\pm$（U_Z+U_F）之间，起限幅作用。

D_Z 为双向稳压管。R 限流电阻一般取 100Ω。

2）双向稳压管接于负反馈回路上，如图 4-32 所示。

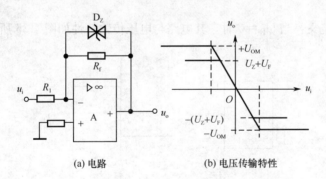

(a) 电路　　　　　(b) 电压传输特性

图 4-32　双向稳压管接于负反馈回路上的限幅器

2. 电压比较器

比较器实际上是一个高增益、宽频带放大器，其符号与运放一样，如图 4-33 所示。它与运放主要区别在于比较器的输出电压为两个离散值，通常称为高低电平。此时运放处于开环状态。

比较器就是将一个模拟量的电压信号去和一个参考电压相比较，在两者幅度相等的附近，输出电压将产生跃变。通常用于越限报警、模数转换和波形变换等场合。

图 4-33 所示同相电压比较器中，比较器的反相输入端加有电压 U_R，输入电压加到比较器的同相输入端，由电压传输特性看到，当输入电压 $u_i > U_R$（称为参考电压或门限电压）时，$u_o = +U_{om}$（高电平）；当 $u_i < U_R$ 时，$u_o = -U_{om}$（低电平）。

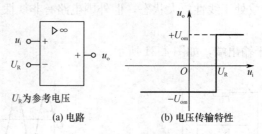

(a) 电路　　　　　　(b) 电压传输特性

图 4-33　同相比较器

若 u_i 从反相端输入，当 $u_i < U_R$ 时，$u_o = +U_{om}$；当 $u_i > U_R$ 时，$u_o = -U_{om}$，如图 4-34 所示。

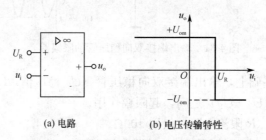

(a) 电路　　　　　　(b) 电压传输特性

图 4-34　反相比较器

过零比较器定义：当 $U_R = 0$ 时，其电路与电压传输特性如图 4-35 所示。

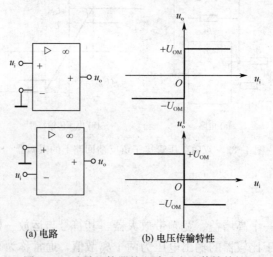

(a) 电路　　　　　　(b) 电压传输特性

图 4-35　过零比较器的电路及电压传输特性

如图 4-36 所示，过零比较器输出端接双向稳压管。电压高电平 U_{OM} 等于 $+U_Z$，输出低电平为 $-U_Z$。

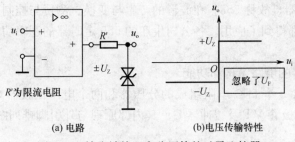

(a) 电路   (b)电压传输特性

图 4-36 输出端接双向稳压管的过零比较器

利用电压比较器将正弦波变为方波，如图 4-37 所示。

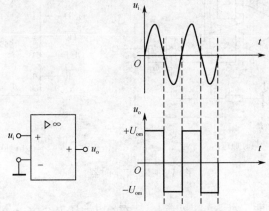

图 4-37 电压比较器的应用示例

电压比较器的另一种形式：将双向稳压管接在负反馈回路上，如图 4-38 所示，其中，$R' = R$。

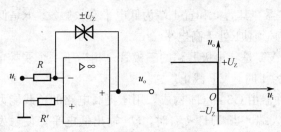

图 4-38 双向稳压管接在负反馈回路上过零比较器

想一想

1. 什么是电压放大器？它与一般放大电路有何不同？
2. 过零比较器的参考电压有何特点？

读一读

知识 6 555 时基电路及应用

555 定时器为数字—模拟混合集成电路。可产生精确的时间延迟和振荡，内部有 3

个 5kΩ 的电阻分压器，故称 555。在波形的产生与变换、测量与控制、家用电器、电子玩具等许多领域中都得到了应用。各公司生产的 555 定时器的逻辑功能与外引线排列都完全相同。

（1）555 定时器的电路结构和功能

555 定时器内含 3 个 5kΩ 电阻组成的分压器和两个电压比较器 C_1 和 C_2 以及基本 RS 触发器、放电三极管 VT 及缓冲器 G。其内部原理与外引脚排列图如图 4-39 所示。

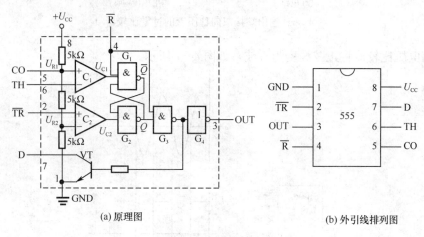

(a) 原理图　　　　　　(b) 外引线排列图

图 4-39　555 定时器

1）电压比较器的功能：$u_+ > u_-$，$u_o = 1$（代表高电平）；$u_+ < u_-$，$u_o = 0$（代表低电平）。

CO 为控制电压输入端。当 CO 悬空时，$U_{R1} = 2/3 V_{CC}$，$U_{R2} = 1/3 V_{CC}$。当 $CO = U_{CO}$（直接外加控制电压）时，$U_{R1} = U_{CO}$，$U_{R2} = 1/2 U_{CO}$。

TH 称为高触发端，$\overline{TR}$ 称为低触发端。

2）基本 RS 触发器。其置 0 和置 1 端为低电平有效触发。$\overline{R}$ 是低电平有效的复位输入端。正常工作时，必须使 $\overline{R}$ 处于高电平。

3）放电管 VT。VT 是集电极开路的三极管。相当于一个受控电子开关。输出为 0 时，VT 导通，输出为 1 时，VT 截止。

4）缓冲器。缓冲器由 G3 和 G4 构成，用于提高电路的负载能力。

TH 接至反相输入端，当 $TH > U_{R1}$ 时，U_{C1} 输出低电平，使触发器置 0，故称为高触发端（有效时置 0）；$\overline{TR}$ 接至同相输入端，当 $\overline{TR} < U_{R2}$ 时，U_{C2} 输出低电平，使触发器置 1，故称为低触发端（有效时置 1）。555 定时器的功能表如表 4-2 所示。

表 4-2　555 定时器的功能

输入			输出	
TH	$\overline{TR}$	$\overline{R}$	OUT	T
×	×	0	0	导通
$> U_{R1}$	$> U_{R2}$	1	0	导通
$< U_{R1}$	$> U_{R2}$	1	不变	不变
$< U_{R1}$	$< U_{R2}$	1	1	截止

（2）555 时基电路的应用

1）接成施密特电路。原理图如图 4-40（a）所示。施密特触发器——具有回差电压特性，能将边沿变化缓慢的电压波形整形为边沿陡峭的矩形脉冲。

设在电路的输入端输入三角波。接通电源后，输入电压 u_i 较低，使⑧脚电压 $<\frac{2}{3}U_{CC}$，②脚电压 $<\frac{1}{3}U_{CC}$，触发器置 1，输出 u_o 为高电平，放电管 VT 截止。随输入电压 u_i 的上升，当满足 $\frac{1}{3}U_{CC}<u_i<\frac{2}{3}U_{CC}$ 时，电路维持原态。当 $u_i\geqslant\frac{2}{3}U_{CC}$ 时，触发器置 0，输出 u_o 为低电平，放电管 VT 导通，电路状态翻转。可见，该施密特触发器的正向阈值电压 $U_{T+}=\frac{2}{3}U_{CC}$。

当输入电压 $u_i>\frac{2}{3}U_{CC}$，经过一段时间后，逐渐开始下降，当 $\frac{1}{3}U_{CC}<u_i<\frac{2}{3}U_{CC}$ 时，电路仍维持不变的状态，输出 u_o 为低电平。当 $u_i\leqslant\frac{1}{3}U_{CC}$ 时，触发器置 1，输出 u_o 变为高电平，放电管 VT 截止。可见，该电路负向阈值电压 $U_{T-}=\frac{1}{3}U_{CC}$，回差电压 $\Delta U=\frac{2}{3}U_{CC}-\frac{1}{3}U_{CC}=\frac{1}{3}U_{CC}$。

在以后的时间里，随输入电压反复变化，输出电压重复以上过程。工作波形如图 4-40（b）所示。另外，在控制端⑤脚上外加一控制电压 U_{CO}，就能改变内部比较器的参考电压（$U_{T+}=U_{CO}$，$U_{T-}=\frac{1}{2}U_{CO}$），达到调节回差电压的目的。

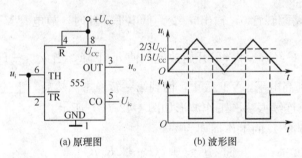

（a）原理图　（b）波形图

图 4-40　施密特触发器及工作波形

2）构成单稳态触发器。原理图及波形图如图 4-41 所示。

工作原理：当触发脉冲 u_i 为高电平时，U_{CC} 通过 R 对 C 充电，当 TH $=u_C\geqslant2/3U_{CC}$ 时，高触发端 TH 有效置 0；此时，放电管 VT 导通，C 放电，TH $=u_C=0$。稳态为 0 状态。

当触发器脉冲 u_i 下降沿到来时，低触发端 $\overline{TR}$ 有效置 1 状态，电路进入暂稳态。

此时放电管 VT 截止，U_{CC} 通过 R 对 C 充电。

当 TH $=u_C\geqslant2/3U_{CC}$ 时，使高触发端 TH 有效，置 0 状态，电路自动返回稳态，此时放电管 VT 导通。

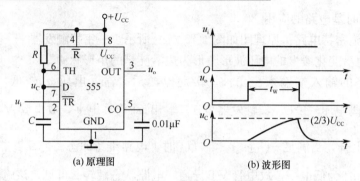

(a) 原理图　　　　　　(b) 波形图

图 4-41　单稳态触发器及工作波形

电路返回稳态后，C 通过导通的放电管 VT 放电，使电路迅速恢复到初始状态。

输出脉冲的宽度 $t_w \approx 1.1RC$。

单稳态电路可用于信号延时、改变脉冲宽度。

单稳态触发器具有下列特点：①它有一个稳定状态和一个暂稳状态；②在外来触发脉冲作用下，能够由稳定状态翻转到暂稳状态；③暂稳状态维持一段时间后，将自动返回到稳定状态，而暂稳状态时间的长短，与触发脉冲无关，仅决定于电路本身的参数。

3）构成多谐振荡器。多谐振荡器又称无稳态电路，指两个暂稳态不断地交替。

利用放电管 VT 作为一个受控电子开关，使电容充电、放电而改变 $TH = \overline{TR}$ 电压，输出则交替置 0、置 1。原理图如图 4-42（a）所示。

电源 U_{CC} 刚接通时，电容 C 上的电压 u_c 为零，电路输出 u_o 为高电平，放电管 VT 截止，处于第一暂稳态。之后 U_{CC} 经 R_1 和 R_2 对 C 充电，使 u_c 不断上升，当 u_c 上升到 $u_c \geqslant \dfrac{2}{3}U_{CC}$ 时，电路翻转置 0，输出 u_o 变为低电平，此时，放电管 VT 由截止变为导通，进入第二暂稳态。C 经 R_2 和 VT 开始放电，使 u_c 下降，当 $u_c \leqslant \dfrac{1}{3}U_{CC}$ 时，电路又翻转置 1，输出 u_o 回到高电平，VT 截止，回到第一暂稳态。然后，上述充、放电过程被再次重复，从而形成连续振荡。工作波形如图 4-42（b）所示。

振荡器输出脉冲 u_o 的工作周期为

$$T \approx 0.7(R_1 + 2R_2)C$$

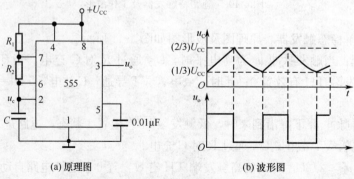

(a) 原理图　　　　　　(b) 波形图

图 4-42　多谐振荡器及工作波形

想一想

1. 利用 555 定时器，外接一些器件就能灵活地构成_____触发器、_____振荡器、_____电路以及其他应用电路。

2. 555 定时器的复位端接低电平时，定时器输出为_____电平；定时器在正常工作时复位端接_____电平。

做一做

实训 2　红外人体感应开关电路的安装与检测

红外报警开关采用国内外最流行的 PIR 人体热释电传感器作信号探测器，灵敏度高，探测距离可达 10m 以上，其俯视角可达 86°，水平视角可达 120°。因它仅对人体释放的、特定波长的红外光最敏感，因而误动作极小。

1. 实训目的

1）熟悉集成运放的反相比例运算和电压比较器应用特性。

2）掌握人体感应开关电路的安装、调试与检测。

2. 实训所需设备及材料

红外人体感应开关套件一套，电子装配工具一套。

红外人体感应开关电路元器件的参数如图 4-43 所示。

3. 实训内容与步骤

(1) 电路原理分析

当有人在红外人体感应开关探测区域内以 0.3~3Hz 的频率活动时，SD1 探头就能感应出微弱的电信号，经 U_{1A}、U_{1B} 两级反相放大后，从 U_{1B} 的⑦脚输出。当 U_{1C} 的⑨脚电压高于⑩脚电压（电位器 R_{14} 设置的电压）时，U_{1C} 输出低电平，触发 U_2（NE555）构成的单稳态触发器电路产生高电平（暂稳态），使三极管 Q_3 导通，点亮 D_2 发光二极管，说明感应开关正在工作。在 Q_3 的集电极甚至可接于继电器，控制点亮路灯等电器。

与此同时，U_{1C} 输出的低电平加到 U_{1D}（电压比较器）的⑬脚，由于该低电平低于4.5V，U_{1D} 输出高电平，点亮 D_1 发光二极管，表明现场人体感应起效果。

当人离开后，SD1 传感器输出信号消失，U_{1C} 的输出端恢复高电平，U_{1D} 输出为低电平，D_1 发光二极管熄灭。

此时，处暂稳态的 U_2 的③脚高电平通过 R_{19} 加到 Q_2 的基极，使 Q_2 导通，Q_1 导通程度减弱，电源通过 R_{20} 给 C_4 充电，U_2 的④脚复位端电平逐渐提升。

光敏电阻 RG 及三极管 Q_1 等组成光控电路，白天 RG 光阻很小（10kΩ 以下），三极管 Q_1 饱和导通，电容 C_4 上几乎无电量可存，U_2 的复位端④脚一直为低电平，U_2 的输出端为低电平，Q_3 不导通。无论 PIR 是否感应到人体移动的存在，D_2 均不亮。

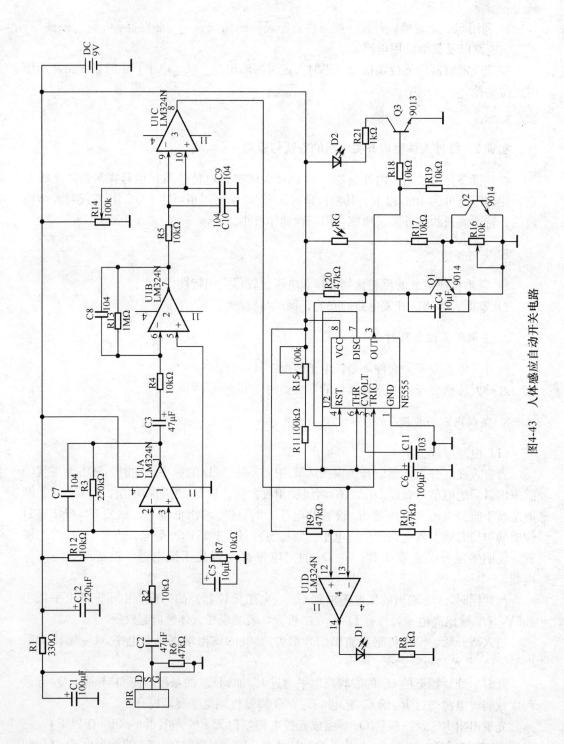

图4-43　人体感应自动开关电路

到了晚上，因光敏电阻 RG 阻值变大到几兆欧，三极管 Q_1 截止，电源通过 R_{20} 给 C_4 充电，U_2 复位端一直为高电平，一旦 PIR 接收到信号，U_2 就输出高电平。

知识链接

红外线热释电感应器 RE200B 和集成运放 LM324

普通人体会发射 $10\mu m$ 左右的特定波长红外线，用专门设计的传感器就可以有针对性地检测这种红外线的存在与否，当人体红外线照射到传感器上后，因热释电效应将向外释放电荷，后续电路经检测处理后就能产生控制信号。这种专门设计的探头只对波长为 $10\mu m$ 左右的红外辐射敏感，所以除人体以外的其他物体不会引发探头动作。探头内包含两个互相串联或并联的热释电元，而且制成的两个电极化方向正好相反，环境背景辐射对两个热释电元几乎具有相同的作用，使其产生释电效应相互抵消，于是探测器无信号输出。一旦有人侵入探测区域内，人体红外辐射通过部分镜面聚焦，并被热释电元接收，但是两片热释电元接收到的热量不同，热释电也不同，不能抵消，于是输出检测信号。红外线热释电感应器的结构与实物如图 4-44 所示。

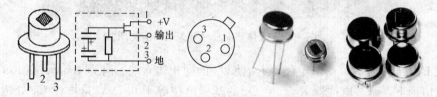

图 4-44　红外线热释电感应器 RE200B

为了增强敏感性并降低白光干扰，通常在探头的辐射照面覆盖有特殊的菲泥尔滤光透镜，菲泥尔滤光片根据性能要求不同，具有不同的焦距（感应距离），从而产生不同的监控视场，视场越多，控制越严密。菲泥尔透镜实物如图 4-45 所示。

感应器的光谱范围为 $1\sim10\mu m$，中心为 $6\mu m$，均处于红外波段，是由装在 TO-5 型金属外壳的硅窗的光学特性所决定的。

热释电红外传感器不但适用于防盗报警场所，亦适对人体伤害极为严重的高压电及 X 射线、γ 射线工业无损检测。

LM324 及其内部框图如图 4-46 所示。

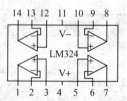

图 4-45　菲泥尔滤光片（透镜）　　　　图 4-46　LM324 实物及管脚功能图

（2）电路装配与调试

在印制板上，将电路所有元件安装完毕，装配美观、均匀、端正、整齐，不能歪斜，高矮有序。红外人体感应自动开关电路实物如图 4-47 所示。

图 4-47　人体感应自动开关电路实物图

在 PIR 无信号时，调节电位器 R_{14} 使 U_{1c} 的同相输入端⑩脚为 4.5V。在 RG 得到充足光照情形下，调节电位器 R_{16}，使 Q_1 的基极电位等于 0.7V，这样使 Q_1 处饱和导通状态。调节 R_{15}，使 555 定时器 U_2 的⑥脚电压接近于 6V。

调节电位器 R_{15}，可调整 U_2 的单稳态触发的暂稳态时间（可达近 30s）。

4. 简单故障处理

若感应开关始终不触发（D_1 不亮），可调电位器 R_{14}。
若感应开关灵敏度不够，调整电位器 R_{16}。

议一议

若想要红外人体感应开关去驱动照明电路，对三极管 Q_3 的集电极可做何种处理？

评一评

任务检测与评估

	检测项目	评分标准	分值	学生自评	教师评估
任务知识内容	差分放大电路	理解差分放大电路的结构与特点	10		
	集成运放概述	掌握集成运放主要参数含义和理想特性	10		
	负反馈放大器	掌握负反馈的种类与判别方法	10		
	集成运放的线性应用	掌握集成运放基本应用电路运算关系与特点	10		
	集成运放的非线性应用	掌握电压比较器工作特点	10		
	555 时基电路及应用	了解 555 定时器基本原理与典型应用	10		

续表

检测项目		评分标准	分值	学生自评	教师评估
任务操作技能	反相比例运算放大电路的测试	加深认识反相放大器结构	10		
	人体感应开关的安装与检测	能正确安装与调试人体感应开关电路	20		
	安全操作	安全用电、按章操作，遵守实训室管理制度	5		
	现场管理	按 6S 企业管理体系要求、进行现场管理	5		

巩固与练习

一、填空题

1. 集成运算放大器同相输入端接地时，则称反相输入端为_____端。

2. 图 4-48 所示运算放大电路的输出电压 u_o ＝_____ V。

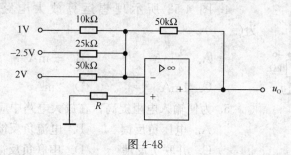

图 4-48

3. 交流负反馈有四种组态，若要求输入电阻高，输出电阻高，在放大电路中应引入_____负反馈组态。

4. 乙类互补对称功率放大电路存在交越失真，是由于晶体三极管的输入特性存在_____电压所引起的。

5. 差分放大器对差模信号有较强的放大能力，对共模信号有较强的_____能力。

6. 反相比例运算电路从反馈的角度去看，它属于_____负反馈电路。

7. 电压比较器在反相端输入 U_- 大于同相端输入 U_+ 时，其输出 U_o 极性为_____。

8. 理想运放在线性区内其同相输入端与反相输入端的输入电流为_____。

二、选择题

1. 运算放大器如图 4-49 所示，该电路的电压放大倍数为（　　）。

    A. 0　　　　　　　B. 1　　　　　　　C. 2　　　　　　　D. ∞

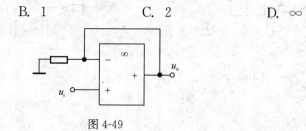

图 4-49

2. 图 4-50 所示理想运算放大器的输出电压 U_o 应为（　　）。

    A. $-6V$ B. $-4V$ C. $-2V$ D. $-1V$

3. 图 4-51 所示理想运算放大器电路中，电流 I 值为（　　）。

    A. $-1mA$ B. 0 C. $1mA$ D. 无法确定

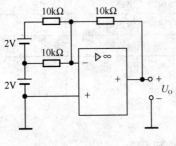

图 4-50

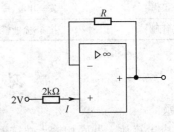

图 4-51

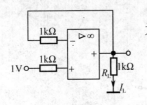

图 4-52

4. 图 4-52 所示理想运算放大电路中，负载电流 I_L 为（　　）。

    A. $\dfrac{1}{3}mA$ B. $\dfrac{1}{2}mA$

    C. $1mA$ D. $2mA$

5. 为使输入电阻提高，在放大电路中应引入交流（　　）。

    A. 电压负反馈   B. 电流负反馈

    C. 并联负反馈   D. 串联负反馈

6. 集成运放作为线性应用时，电路形式一般是（　　）。

    A. 开环   B. 正反馈   C. 开环或正反馈   D. 深度负反馈

三、简答和计算题

1. 已知图 4-53 中电路的输入电压 $u_i=5V$，$R_1=200\Omega$，$R_2=R_3=500\Omega$，$R_F=1k\Omega$，求输出电压 u_o 的值。

2. 电路如图 4-54 所示，已知 $u_o=u_{i1}-u_{i2}$。试写出 R_1 与 R_{f1}、R_2 与 R_{f2} 之间的关系。

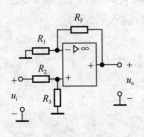

图 4-53

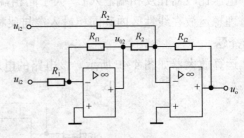

图 4-54

项目五

八路数显抢答器的制作

逻辑代数和基本逻辑门是数字电路的基础，而数字电路是现代电气设备中不可缺少的重要部分。门电路是数字电路中最基本的电路，门电路能以各种方式构成更先进、功能更强的数字电路和数字电子产品。

组合逻辑电路简称组合电路，它任何时刻的输出只由当时的输入决定，而与电路的原状态（以前的状态）无关，电路没有记忆能力。常见的组合电路有编码器、译码器、加法器、数值比较器、数据选择器和奇偶校验器等。

八路数显抢答器是使用编码器和显示译码器来实现功能的。

快乐向导

知识目标

◆ 掌握数字电路基础知识；熟悉逻辑门电路的符号和逻辑功能。

◆ 理解逻辑代数的几种表示方式及其互换；二进制、十进制及其互相转换。

◆ 掌握组合逻辑电路的分析方法。

◆ 掌握常用的编码器、译码器、数据选择器逻辑功能；了解全加器、数据选择器，数据比较器的逻辑功能。

技能目标

◆ 掌握编码器、译码器的逻辑测试方法。

◆ 根据电路图或装配图进行八路抢答器的正确安装；学会半导体七段显示数码管的使用方法。

任 务 一   门电路的测试

1. 掌握基本门、常用复合门的符号和逻辑功能。
2. 掌握逻辑代数的基本公式；理解逻辑代数的几种表示方式及其互换。
3. 学会二进制、十进制及其互相转换。
4. 了解逻辑函数的公式化简法和卡诺图化简法。

教学步骤	时间安排	教学方式(含教学内容、教学手段,如课件、举例等)
阅读教材	课余	自学、查资料、相互讨论
知识讲解	8 课时	通过生活中的一些逻辑实例,结合多媒体课件,讲述逻辑门的功能
操作技能	2 课时	通过仿真软件,达到验证理论的目的
评估检测	与课堂教学同步进行	教师与学生共同完成任务的检测与评估,并能对出现的问题进行分析与处理

读一读

知识 1   数制与码制

电子电路的信号分为两大类：模拟信号和数字信号。在时间上或数值上都是连续的信号称为模拟信号。在时间上和数量上都是离散的信号称为数字。工作在数字信号下的电子电路称为数字电路。例如：用电子电路记录从自动生产线上输出的零件数目时，每送出一个零件便给电子电路一个信号，记为 1，而平时没有零件送出时加给电子电路的信号是 0，所以不计数。可见，零件数目这个信号无论在时间上还是数量上都是不连续的，因此它是一个数字信号。

所谓"数制"，即各种进位计数制，是指用一组固定的符号和统一的规则来表示数值的方法。在计数过程中采用进位的方法，则称为进位计数制。

分类：十进制、二进制、十六进制等。

位权：指在某种进位计数制中，数位所表达数值的大小。对于一个 n 进制数（即基数为 n），若数位记作 i，则位权可记作 n^i。

1. 十进制数

有 10 个有序的数字符号：0、1、2、3、4、5、6、7、8、9；小数点符号："."；"逢十进一"的计数规则，其中"十"为进位基数，简称基数。处在不同位置的数字具有不同的"权"，并列计数法。将并列式按"权"展开为按权展开式。用后缀 D 表示或无后缀。

示例：$(139.7068)_D = 1 \times 10^2 + 3 \times 10^1 + 9 \times 10^0 + 7 \times 10^{-1} + 0 \times 10^{-2} + 6 \times 10^{-3} + 8 \times 10^{-4}$

2. 二进制数

以二为基数的计数体制。用后缀 B 表示。表示数的两个数码：0、1。遵循逢二进一的规律，可书写为

$$(N)_B = \sum_{i=-\infty}^{\infty} K_i \times 2^i$$

式中，$K^i 2^i$ 表示该位的位值，2^i 表示二进制小数位上的位权。

示例：$(1011)_B = 1 \times 2^3 + 0 \times 2^2 + 1 \times 2^1 + 1 \times 2^0 = (11)_D$

3. 八进制数和十六进制数

1）八进制数。用后缀 O 表示。基数是 8，用 0、1、2、3、4、5、6、7 来表示，逢八进一。示例：

$$(46.2)_O = 4 \times 8^1 + 6 \times 8^0 + 2 \times 8^{-1} = (38.25)_D$$

2）十六进制。用后缀 H 表示。基数是 16，计数码有：0、1、2、3、4、5、6、7、8、9、A（10）、B（11）、C（12）、D（13）、E（14）、F（15）。逢十六进一。示例：

$$(5C3)_H = 5 \times 16^2 + 12 \times 16^1 + 3 \times 16^0 = (1475)_D$$

4. 数制间的转换

（1）十进制转换为二进制、八进制和十六进制

1）十进制转换为二进制。规则：对待整数采取"除 2 取余，将余数从低到高逆序排列"；对小数采取"乘 2 取整，从高到低顺序排列"。

示例：整数部分转换过程

因此，$(25)_D = (11001)_B$。

小数部分转换过程为：进行小数部分转换时，先将十进制小数乘以 2，积的整数作为相应的二进制小数，再对积的小数部分乘以 2。以此类推，直至小数部分为 0，或按精度要求确定小数位数。第一次积的整数为二进制小数的最高有效位（MSB），最后一次积的整数为二进制小数的最低有效位（LSB）。

示例：十进制数0.1875
转换为二进制数

采用乘2取整法：

运算	整数	顺序排列
$0.1875×2 = 0.3750$	0(MSB)	
$0.3750×2 = 0.7500$	0	
$0.7500×2 = 1.5000$	1	
$0.5000×2 = 1.0000$	1(LSB)	

因此，$(0.1875)_{10} = (0.0011)_2$。

2) 十进制转换为八进制、十六进制。

将十进制数转换为八进制数时，要分别对整数和小数进行转换。进行整数部分转换时，先将十进制整数除以 8，再对每次得到的商除以 8，直至商等于 0 为止。然后将各次余数按逆序写出来，即第一次的余数为八进制整数的最低有效位，最后一次的余数为八进制整数的最高有效位，所得数值即为等值八进制整数。将十进制数转换为十六进制数的方法同理可得。

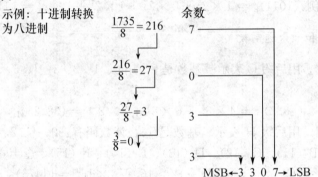

示例：十进制转换为八进制

因此，$(1735)_D = (3307)_O$。

进行小数部分转换时，先将十进制小数乘以 8，积的整数作为相应的八进制小数，再对积的小数部分乘以 8。以此类推，直至小数部分为 0，或按精度要求确定小数位数。第一次积的整数为八进制小数的最高有效位，最后一次积的整数为八进制小数的最低有效位。

示例：将 0.1875_D 转换为八进制小数

采用乘 8 取整法：

运算	整数
$0.1875×8 = 1.50$	1 (MSB)
$0.50×8 = 4.004$	4 (LSB)

因此，$(0.1875)_D$ 对应的八进制小数为 $(0.14)_O$。

(2) 二进制与八进制、十六进制间的转换

分组法：以小数点为界，对整数位采取"将二进制数自右向左每三位分成一组"；对小数位采取"自左向右每三位分成一组"，最后不是三位的用"0"补足（整数位前面补"0"；小数位后面补"0"），再把每三位二进制数对应的八进制写出即可。将二进制数转换为十六进制数的方法（每四位一组）同理可得。

5. 码制

由于计算机只能识别二进制，但计算机不仅要处理二进制数，还要处理十进制数、八进制数、十六进制数，同时还要处理各种符号、英文字母和汉字等。为了使计算机能够识别这些数、字母、符号，因此要将它们用特定的二进制代码来表示，即用二进制对

示例：

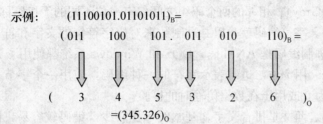

$(11100101.01101011)_B=$

$(\ 011\quad 100\quad 101\ .\ 011\quad 010\quad 110)_B=$

$(\quad 3\qquad 4\qquad 5\quad 3\qquad 2\qquad 6\quad)_O$

$=(345.326)_O$

数字和字符进行编码。数字电子技术中，常用二进制 0 和 1 来表示文字符号信息，这种特定的二进制码称为代码。建立这种代码与信息的一一对应关系称为编码。

常用的编码有二—十进制代码（又称 BCD 码）、奇偶校验码、ASCII 码以及 Gray 码等。

为了分别表示 N 个字符，需要二进制的位数 n 为：$2^n \geqslant N$。

1）BCD 码。用四位二进制数表示一位十进制数（0～9 共 10 个数码），即为 BCD 码。四位二进制数最多可以有 16 种不同组合，不同的组合便形成了一种编码。BCD 码种类主要有：8421 码（为有权码）、5421 码、2421 码、余 3 码（为无权码）等。对应关系如表 5-1 所示。

在 BCD 码中，十进制数 $(N)_D$ 与二进制编码 $(a_3a_2a_1a_0)_B$ 的关系可以表示为

$$(N)_D = W_3a_3 + W_2a_2 + W_1a_1 + W_0a_0$$

其中，$W_3 \sim W_0$ 为二进制各位的权重。所谓的 8421 码，就是指各位的权重是 8、4、2、1。

表 5-1 BCD 码间对应关系

二进制数	自然码	8421 码	2421 码	5421 码	余 3 码
0000	0	0	0	0	
0001	1	1	1	1	
0010	2	2	2	2	
0011	3	3	3	3	0
0100	4	4	4	4	1
0101	5	5		5	2
0110	6	6		6	3
0111	7	7			4
1000	8	8		5	5
1001	9	9		6	6
1010	10			7	7
1011	11		5	8	8
1100	12		6	9	9
1101	13		7		
1110	14		8		
1111	15		9		

2）格雷码（Gray）。相邻的两个码组之间仅有一位不同的无权码称为格雷码。

3）字符编码。字符编码就是以二进制数来对应字符集的文字和符号，目前用得最普遍的字符集二进制编码是 ANSI 码，DOS 和 Windows 系统都使用了 ANSI 码。

4）ASCⅡ码。用 7 位二进制表示字符的一种编码，使用一个字节表示一个特殊的字符，字节高位为 0 或用于在数据传输时的检验。

5）汉字编码。西文是拼音文字，基本符号比较少，编码较容易，因此，在一个计算机系统中，输入、内部处理、存储和输出都可以使用同一代码。汉字种类繁多，编码比拼音文字困难，因此在不同的场合要使用不同的编码。通常有四种类型的汉字编码，即输入码、国标码、机内码、字形码。

数制与码制的区别在于数制是一种数的进位方法，它表示数量的增减；码制是一种数的表示方法，它是用特定的数字符号的排列来表示十进制数的，称之为数码。

想一想

1. 十进制和十六进制数转换成二进制数的方法分别是什么？

2. 常用的计算机编码有哪些？

3. BCD 码是用_____位的二进制代码来表示_____位十进制数。常用的 BCD 码有_____、_____等。

读一读

知识 2　逻辑门电路

数字电子电路传输的信号是脉冲信号，它的信号是一种跃变的电压或电流信号，且持续时间极为短暂。图 5-1 所示的矩形脉冲中，A 称为脉冲幅度，t_P 称为脉冲宽度，T 称为脉冲重复周期，每秒交变周数 f 称为脉冲重复频率，脉冲宽度 t_P 与脉冲周期 T 之比称为占空比。脉冲开始跃变的一边称为脉冲前沿，脉冲结束时跃变的一边称为脉冲后沿。

> 逻辑代数是按一定的逻辑关系进行运算的代数。逻辑代数只有 0 和 1 两种逻辑值，有与、或、非三种基本逻辑运算，还有与或、与非、或非、异或几种复合逻辑运算。

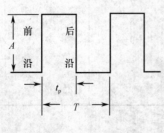

图 5-1　矩形脉冲

1. 逻辑代数中的三种基本运算

逻辑代数有与、或、非三种基本的运算。

如果把开关闭合作为条件，把灯亮作为结果，如图 5-2 所示三个电路代表三种不同的因果关系。图（a）的例子表明，只有当决定一件事情的条件全部具备之后，这件事情才会发生。这种因果关系叫与逻辑（逻辑乘运算）。记作 $L = A \cdot B$。

常量之间关系：$0 \cdot 0 = 0$，$0 \cdot 1 = 0$，$1 \cdot 0 = 0$，$1 \cdot 1 = 1$。

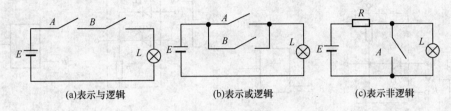

图 5-2 指示灯控制电路

图 5-2（b）的例子表明，只要当决定某一事件的条件中有一个或一个以上具备，这一事件就能发生，这种因果关系称为或逻辑（逻辑加运算）。记作 $L = A + B$。

常量之间关系：$0 + 0 = 0$、$0 + 1 = 1$、$1 + 0 = 1$、$1 + 1 = 1$。

图 5-2（c）的例子表明，当决定某一事件的条件满足时，事件不发生；反之事件发生，这种因果关系称为非逻辑（逻辑非运算）。记作 $L = \overline{A}$。常量之间关系：$\overline{0} = 1$、$\overline{1} = 0$。

若以 A、B 表示开关的状态，并以 1 表示开关闭合，以 0 表示开关打开；以 L 表示灯的状态，并以 1 表示灯亮，以 0 表示灯灭。基本逻辑关系的逻辑真值表分别如表 5-2～表 5-4 所示。

表 5-2 与运算真值表

输入		输出
A	B	Y
0	0	0
0	1	0
1	0	0
1	1	1

表 5-3 或运算真值表

输入		输出
A	B	Y
0	0	0
0	1	1
1	0	1
1	1	1

表 5-4 非运算真值表

输入	输出
A	Y
0	1
1	0

2. 门电路

（1）基本门电路

1）"与"门电路。"与"门的逻辑关系是：只有当每个输入端都有规定的信号输入时，输出端才有规定的信号输出。图 5-3（a）是用二极管组成的"与"门电路。

"与"逻辑关系又称为逻辑乘，其表达式为 $Y = A \cdot B = AB$。"与"门电路真值表如表 5-2 所示。

2）"或"门电路。"或"门的逻辑关系是：只要几个输入端中有一个输入端有规定的信号输入时，输出端就有规定的信号输出。图 5-4（a）是用二极管组成的"或"门电路。"或"门电路真值表如表 5-3 所示。

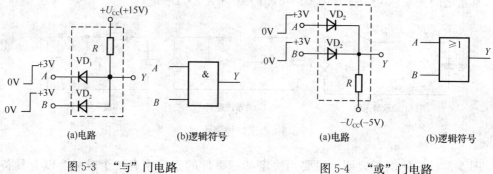

图 5-3　"与"门电路　　　　　　　图 5-4　"或"门电路

"或"逻辑关系又称逻辑加,其表达式为 $Y = A + B$。

3)"非"门电路。"非"门电路是一种单端输入、单端输出的逻辑电路。"非"门的逻辑关系是:输入低电平 0 时,输出高电平 1;输入高电平 1 时,输出低电平 0。"非"逻辑关系称逻辑"非",其表达式为 $Y = \overline{A}$。图 5-5(a)是用三极管组成的"非"门电路。"非"门电路真值表如表 5-4 所示。

(2)复合门电路

1)"与非门"电路。在一个"与"门的输出端再接一个"非"门,使"与"门的输出反相,就组成了"与非"门。"与非"门图形符号及运算真值表如图 5-6 所示。和"与"门逻辑符号不同的是在电路输出端加一个小圆圈。

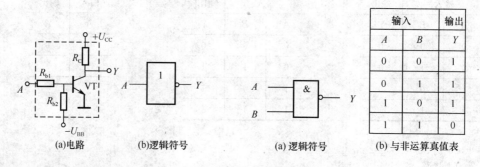

输入		输出
A	B	Y
0	0	1
0	1	1
1	0	1
1	1	0

图 5-5　"非"门电路　　　　　　图 5-6　"与非"门逻辑符号及真值表

"与非"门逻辑表达式为:$Y = \overline{AB}$。

"与非"门逻辑关系总结为:"见 0 得 1,全 1 得 0"。

2)"或非门"电路。在一个"或"门的输出端再接一个"非"门,使"或"门的输出反相,就组成了"或非"门。"或非"门图形符号及运算真值表如图 5-7 所示。

"或非"门逻辑表达式为:$Y = \overline{A + B}$。"或非"门逻辑关系总结为:"见 1 得 0,全 0 得 1"。

3)异或逻辑门。异或运算表达式 $Y = \overline{A}B + A\overline{B} = A \oplus B$。其逻辑符号及真值表如图 5-8 所示。$\oplus$ 是异或运算符号。异或运算也称模 2 加运算。

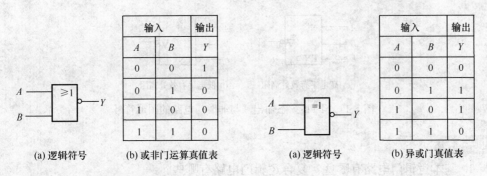

	输入	输出
A	B	Y
0	0	1
0	1	0
1	0	0
1	1	0

(a) 逻辑符号　　(b) 或非门运算真值表

	输入	输出
A	B	Y
0	0	0
0	1	1
1	0	1
1	1	0

(a) 逻辑符号　　(b) 异或门真值表

图 5-7　或非门逻辑符号及真值表　　　　图 5-8　异或门逻辑符号及真值表

4）同或逻辑门。同或逻辑与异或逻辑相反，它表示当两个输入变量相同时输出为1；相异时输出为 0。⊙是同或运算符号。其逻辑符号及真值表如图 5-9 所示。

3. 集电极开路门电路（OC 门）

两个 TTL 门的输出端不能直接并接在一起。因当一个门输出为高电平，另一个门输出低电平时，就会有一个很大的电流从截止门流到导通门，不仅会使该导通门的输出低电平抬高；且因功耗过大而损坏。为此专门设计一种输出端可相互连接的特殊 TTL 门电路——集电极开路门电路。OC 门可实现"线与"逻辑、逻辑电平的转换及总线传输。其逻辑符号如图 5-10 所示。

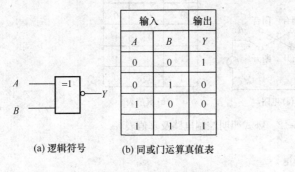

	输入	输出
A	B	Y
0	0	1
0	1	0
1	0	0
1	1	1

(a) 逻辑符号　　(b) 同或门运算真值表

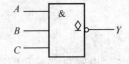

图 5-9　同或门逻辑符号及真值表　　　　图 5-10　OC 门图形符号

4. 三态输出"与非"门电路

三态输出"与非"门电路（简称三态门）是在"与非"门电路的基础上增加了控制端和控制电路而构成的。它的输出端除出现高、低电平外，还可出现第三种状态——高阻状态。

三态门最重要的一个用途是可以实现由一根总线轮流传送多个不同的数据或控制信号，还可实现数据双向传送等。其逻辑符号如图 5-11 所示。

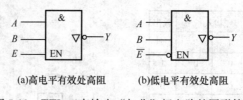

(a)高电平有效处高阻   (b)低电平有效处高阻

图 5-11   TTL 三态输出"与非"门电路的图形符号

想一想

1. 基本逻辑门电路有哪些? 复合逻辑门电路有哪些?
2. OC 门有何功能? 三态门有何作用?

读一读

知识 3   逻辑代数基础

1. 逻辑函数的表示方法

例 5-1   图 5-12 (a) 所示是控制卧室照明的电路,房门旁与床头各安装一个单刀双掷开关 A 和 B,任一个开关都可以控制卧室的灯 Y 亮与灭。试表示上述开关 A 和 B 与灯 Y 的逻辑关系。

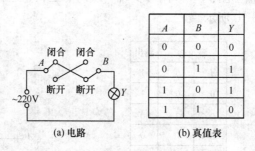

A	B	Y
0	0	0
0	1	1
1	0	1
1	1	0

(a) 电路   (b) 真值表

图 5-12   卧式照明控制电路及真值表

解:1) 设置自变量和因变量。

2) 状态赋值。对于两开关,即自变量 A、B,可设"闭合"为逻辑"1","断开"为逻辑"0"。而对于因变量 Y,可设"灯亮"为逻辑"1","灯灭"为逻辑"0"。

3) 根据题义及上述规定,列出函数的真值表,如图 5-12 (b) 所示。

4) 通过真值表写出逻辑函数。当函数值为 1 时,观察对应自变量的取值,0 为反变量,1 为原变量,将取值组合写成相应的与项;将上述与项相加,可得函数。

从上面例题的各种逻辑关系中可看出,如果以逻辑变量作为输入,以运算结果作为输出,输出与输入之间是一种函数关系。这种函数关系称为逻辑函数,写作:$Y = f(A, B, C, \cdots)$。

逻辑函数与普通代数中的函数相比较,有两个突出的特点:①逻辑变量和逻辑函数只能取两个值 0 和 1;②函数和变量之间的关系是由"与"、"或"、"非"三种基本运算决定的。

常用的逻辑函数表示方法如下。

1）真值表。将输入逻辑变量的各种可能取值和相应的函数值排列在一起而组成的表格。对逻辑状态取值时，一般用"正逻辑"体制。其对应逻辑状态如表5-5所示。

表5-5　常见的"正逻辑"下对立逻辑状态示例

一种状态	高电位	有脉冲	闭合	真	上	是	…	1
另一种状态	低电位	无脉冲	断开	假	下	非	…	0

2）函数表达式。由逻辑变量和"与"、"或"、"非"三种运算符所构成的表达式。

由真值表可以转换为函数表达式。反之，由函数表达式也可以转换成真值表。

3）逻辑图。将逻辑函数中变量之间的与、或、非等逻辑关系用逻辑符号及它们之间的连线而构成的图形。

4）波形图。反映输入和输出随时间变化规律的图形，如图5-13所示。

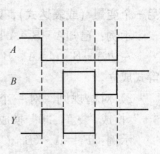

图5-13　波形图

2. 逻辑代数的基本定律

（1）基本定律

逻辑代数的基本定律如表5-6所示。

表5-6　逻辑代数的基本定律

名称	与运算	或运算
01律	$A \cdot 1 = A$　$A \cdot 0 = 0$	$A + 0 = A$　$A + 1 = 1$
互补律	$A \cdot \overline{A} = 0$	$A + \overline{A} = 1$
重叠律	$A \cdot A = A$	$A + A = A$
交换律	$A \cdot B = B \cdot A$	$A + B = B + A$
结合律	$A \cdot (B \cdot C) = (A \cdot B) \cdot C$	$A + (B + C) = (A + B) + C$
分配律	$A \cdot (B + C) = (A \cdot B) + (A \cdot C)$	$A + (B \cdot C) = (A + B) \cdot (A + C)$
反演律	$\overline{A \cdot B} = \overline{A} + B$	$\overline{A + B} = \overline{A} \cdot B$
还原律	$\overline{\overline{A}} = A$	

（2）常用公式

1）原变量的吸收：$AB + A = A$。

证明：$A + AB = A(1 + B) = A \cdot 1 = A$。

2）反变量的吸收：$AB + A\overline{B} = A$。

例如，$A + \overline{A}B = A + B$。

证明：$A + \overline{A}B = A + AB + \overline{A}B = A + B(A + \overline{A})A + B$。

3）混合变量的吸收：$AB + \overline{A}C + BC = AB + \overline{A}C$。

证明：$AB + \overline{A}C + BC$

$$=AB+\overline{A}C+(A+\overline{A})BC$$
$$=AB+\overline{A}C+ABC+\overline{A}BC$$
$$=AB+\overline{A}C$$

4) $\overline{A\oplus B}=A\odot B$。

3. 逻辑代数的基本规则

1) **代入规则。在一个逻辑等式两边出现某个变量（或表示式）的所有位置都代入另一个变量（或表达式），则等式仍然成立。**

示例：已知 $\overline{A\cdot B}=\overline{A}+\overline{B}$，如用 $B\cdot C$ 来代替等式中的 B，则等式仍成立。

左边 $\overline{A\cdot B\cdot C}=\overline{A}+\overline{B\cdot C}=\overline{A}+\overline{B}+\overline{C}$；右边 $\overline{A}+\overline{B\cdot C}=\overline{A}+\overline{B}+\overline{C}$；左边＝右边，等式成立。

2) 对偶规则。对一个逻辑函数 F 进行如下变换：将所有的"·"换成"＋"，"＋"换成"·"，"0"换成"1"，"1"换成"0"，则可得到函数 F 的对偶函数 F'。

示例：$F_1=A\cdot(B+C)$，$F_1'=A+B\cdot C$

　　　　$F_2=A\cdot B+A\cdot C$，$F_2'=(A+B)\cdot(A+C)$

如果两个函数相等，则它们的对偶函数亦相等。这就是对偶规则。

示例：已知 $A\cdot(B+C)=A\cdot B+A\cdot C$，则

$$A+B\cdot C=(A+B)\cdot(A+C)$$

3) 反演规则。对一个逻辑函数 F 进行如下变换：将所有的"·"换成"＋"，"＋"换成"·"，"0"换成"1"，"1"换成"0"，原变量换成反变量，反变量换成原变量，并保持原来的运算次序不变，则得到函数 F 的反函数。

使用反演规则时，要注意以下两点：保持原函数中逻辑运算的优先顺序；不是单个变量上的反号应保持不变。

示例：$F=(A+\overline{A}B)(C+D\overline{EF})$，则 $\overline{F}=\overline{A}B+\overline{C}(\overline{D}+EF)$。

4. 各类表达式

与或表达式：	$F=AB+AC\overline{D}$
标准与或表达式：	$F=\overline{A}BCD+AB\overline{C}D+ABCD$
或与表达式：	$F=(A+B)(A+C+\overline{D})$
标准或与表达式：	$F=(\overline{A}+\overline{B}+C+\overline{D})(A+B+C+D)(A+\overline{B}+C+\overline{D})$
与非表达式：	$F=\overline{ABCD}$
或非表达式：	$F=\overline{A+B+\overline{C}+D}$
与或非表达式：	$F=\overline{AB+CD}$

想一想

1. 逻辑函数有哪些表示方法？逻辑代数有哪些基本定律？

2. 逻辑代数有哪些基本规则？

知识 4　逻辑函数的标准表达式

1. 最小项和最大项

（1）最小项

把逻辑函数的输入、输出关系写成与、或、非等逻辑运算的组合式，即逻辑代数式，又称为逻辑函数式，通常采用"与或"的形式。如

$$F = A\overline{B}\overline{C} + \overline{A}BC + \overline{A}\,\overline{B}C + \overline{A}\,\overline{B}\overline{C} + ABC$$

在 n 变量逻辑函数中，若 m 为包含 n 个因子的乘积项，而且 n 个变量均以原变量或反变量的形式在 m 中出现一次，则称 m 为该组变量的最小项。

若两个最小项中只有一个变量以原、反状态相区别，则称它们为逻辑相邻。

两个变量 A、B 可以构成 4 个最小项；3 个变量 A、B、C 可以构成 8 个最小项，如表 5-7 所示；可见 n 个变量的最小项共有 2^n 个。

表 5-7　3 个变量最小项编号

最小项编号	m_0	m_1	m_2	m_3	m_4	m_5	m_6	m_7
二进制编码	000	001	010	011	100	101	110	111
十进制编码	0	1	2	3	4	5	6	7
最小项	$\overline{A}\overline{B}\overline{C}$	$\overline{A}\overline{B}C$	$\overline{A}B\overline{C}$	$\overline{A}BC$	$A\overline{B}\overline{C}$	$A\overline{B}C$	$AB\overline{C}$	ABC

任何一个逻辑函数都可以表示为最小项之和的形式：只要将真值表中使函数值为 1 的各个最小项相或，便可得出该函数的最小项表达式。由于任何一个函数的真值表是唯一的，因此其最小项表达式也是唯一的。

例 5-2　函数 F 的真值表如表 5-8 所示，求 F 的最小项表达式。

表 5-8　函数 F 的真值表

A	B	C	F
0	0	0	0
0	0	1	1
0	1	0	1
0	1	1	0
1	0	0	1
1	0	1	0
1	1	0	0
1	1	1	1

从真值表可知，当 A、B、C 取值分别为 001、010、100、111 时，F 为 1，因此最小项表达式由这四种组合所对应的最小项进行相或构成，即

$$F = \overline{A}\,\overline{B}C + \overline{A}B\overline{C} + A\overline{B}\overline{C} + ABC = \sum m(1,2,4,7)$$

最小项具有以下性质。

1）n 变量的全部最小项的逻辑和恒为 1，即 $\displaystyle\sum_{i=1}^{2^n-1} m_i = 1$。

2）任意两个不同的最小项的逻辑乘恒为 0，即

$$m_i \cdot m_j = 0 (i \neq j)$$

3）n 变量的每一个最小项有 n 个相邻项。例如，三变量的某一最小项 $\overline{A}\overline{B}\overline{C}$ 有 3 个最小项 $\overline{A}\overline{B}C$、$A\overline{B}\overline{C}$、$\overline{A}B\overline{C}$ 与它相邻。

（2）最大项

最大项又称为标准或项，指在含 n 个变量的逻辑函数中，如果有一个或项含有所有变量，该或项的每个变量以反变量形式或原变量形式出现并且只出现一次，该或项就是 n 个变量的最大项。对于 n 个自变量的逻辑函数，共有 2^n 个最大项。

最大项的编号则用大写 M 附下标表示。最大项编号的方法：该或项将其原变量用 0、反变量用 1 代入（与最小项的相反），将其对应的二进制数转换为十进制数作为 M 的下标。

三变量最大项编号如表 5-9 所示。

表 5-9　三变量最大项编号

最大项	$A+B+C$	$A+B+\overline{C}$	$A+\overline{B}+C$	$A+\overline{B}+\overline{C}$	$\overline{A}+B+C$	$\overline{A}+B+\overline{C}$	$\overline{A}+\overline{B}+C$	$\overline{A}+\overline{B}+\overline{C}$
二进制	000	001	010	011	100	101	110	111
十进制	0	1	2	3	4	5	6	7
编号	M_0	M_1	M_2	M_3	M_4	M_5	M_6	M_7

1）标准与-或表达式。在构成逻辑函数的与-或表达式中，如果每个与项都是最小项，称这表达式为标准与-或表达式（又称最小项表达式）。

2）标准或-与表达式。在或-与表达式中，如果每个或项都是最大项，称这表达式为标准或-与表达式（又称最大项表达式）。

3）化简的标准

函数的最简与或表达式必须满足的条件有：①与项个数最少；②与项中变量的个数最少。

函数的最简或与表达式必须满足的条件有：①或项个数最少；②或项中变量的个数最少。

常见的化简方法有公式法和卡诺图法两种。

2. 公式法化简

1）并项法。具有相邻的最小项之和可以合并为一项，并消去一个因子。

利用公式 $AB + A\overline{B} = A$ 将两项合并成一项，并消去互补因子。

示例：$F = A\overline{B}\,\overline{C} + A\overline{B}C + ABC + AB\overline{C}$

$\qquad\quad = A\overline{B}(\overline{C}+C) + AC(B+\overline{B})$

$\qquad\quad = A\overline{B} + AC = A$

2）吸收法。利用吸收律 $A + AB = A$，将多余的乘积项 AB 吸收掉。

3）消去法。利用公式 $A + \overline{A}B = A + B$ 和 $AB + \overline{A}C + BC = AB + \overline{A}C$，消去与项多余的因子。

例 5-3 求函数 $F=AB+\overline{A}C+\overline{B}C+\overline{C}D+\overline{D}$ 的最简与或表达式。

解：
$$F=AB+\overline{A}C+\overline{B}C+\overline{C}D+\overline{D}$$
$$=AB+\overline{A}C+\overline{B}C+\overline{C}+\overline{D}$$
$$=AB+\overline{A}+\overline{B}+\overline{C}+\overline{D}$$
$$=B+\overline{A}+\overline{B}+\overline{C}+\overline{D}$$
$$=1$$

4）配项法。利用重叠律 $A+A=A$、互补律 $A+\overline{A}=1$ 和吸收律 $AB+AC+BC=AB+AC$ 先配项或添加多余项，然后再逐步化简。

3. 卡诺图化简

（1）绘制变量卡诺图

任一逻辑函数均可写成最小项形式。逻辑函数的卡诺图是一个特定的方格图。图中的每一个小方格代表了逻辑函数的一个最小项，且任意两个相邻小方格所代表的最小项为相邻项，只有一个变量之差。逻辑函数的最小项的个数与其卡诺图小方格的个数相等。图形两侧标准的 0 和 1 表示使对应小方格内最小项为 1 的变量取值，处在任何一列或一行两端的最小项也具有逻辑相邻性。

卡诺图具有如下特点。

1）n 变量的卡诺图有 2^n 个方格，对应表示 2^n 个最小项。每当变量数增加一个，卡诺图的方格数就扩大一倍。

2）卡诺图中任何几何位置相邻的两个最小项，在逻辑上都是相邻的。由于变量取值的顺序按格雷码排列，保证了各相邻行（列）之间只有一个变量取值不同，从而保证画出来的最小项方格图具有这一重要特点。

所谓几何相邻，一是相接，即紧挨着；二是相对，即任意一行或一列的两头；三是相重，即对折起来位置重合。

所谓逻辑相邻，是指除了一个变量不同外其余变量都相同的两个与项，如图 5-14 所示。

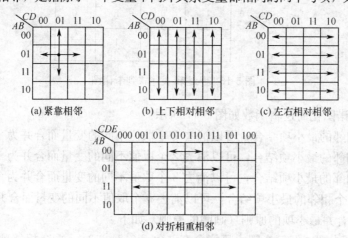

图 5-14 卡诺图中最小项相邻的几种情况

（2）用卡诺图表示逻辑函数

将 n 个输入变量的全部最小项用小方块阵列图表示，并且将逻辑相邻的最小项放在相邻的几何位置上，所得到的阵列图就是 n 变量的卡诺图。

卡诺图的每一个方块（最小项）代表一种输入组合，并且把对应的输入组合注明在阵列图的上方和左方。

例 5-4　已知某逻辑函数的真值表，用卡诺图表示该逻辑函数。

解：该函数为三变量，先画出三变量卡诺图，然后根据真值表将 8 个最小项 L 的取值 0 或者 1 填入卡诺图中对应的 8 个小方格中即可，如图 5-15 所示。

真值表

$A\ B\ C$	L
0　0　0	0
0　0　1	0
0　1　0	0
0　1　1	1
1　0　0	0
1　0　1	1
1　1　0	1
1　1　1	1

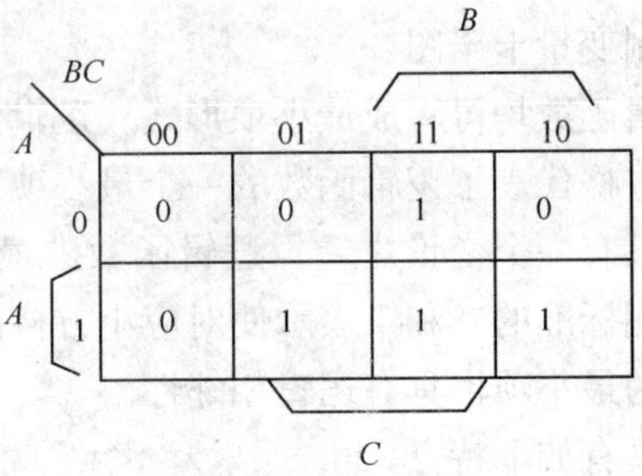

BC / A	00	01	11	10
0	0	0	1	0
1	0	1	1	1

图 5-15　从真值表到卡诺图

例 5-5　用卡诺图表示逻辑函数：$F=\overline{A}\overline{B}\overline{C}+\overline{A}BC+AB\overline{C}+ABC$。

解：写成简化形式：$F=m_0+m_3+m_6+m_7$。然后填入卡诺图中，如图 5-16 所示。

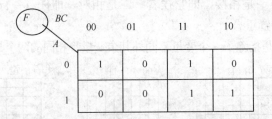

A \ BC	00	01	11	10
0	1	0	1	0
1	0	1	1	1

图 5-16　从逻辑表达式到卡诺图

（3）用卡诺图化简逻辑函数如图 5-17 所示。

1）2 个相邻的最小项结合，可以消去 1 个取值不同的变量而合并为 1 项。

2）4 个相邻的最小项结合，可以消去 2 个取值不同的变量而合并为 1 项。

3）8 个相邻的最小项结合，可以消去 3 个取值不同的变量而合并为 1 项。

总之，2^n 个相邻的最小项结合，可以消去 n 个取值不同的变量而合并为 1 项。

用卡诺图合并最小项的原则（画圈的原则）如下。

1）尽量画大圈，但每个圈内只能含有 $2^n(n=0,1,2,3,\cdots)$ 个相邻项。要特别注意对边相邻性和四角相邻性。

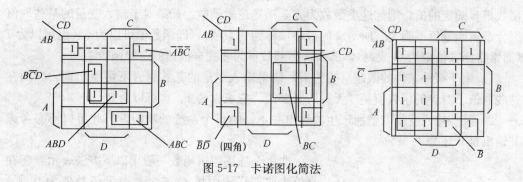

图 5-17 卡诺图化简法

2）先找面积尽量大的组合进行化简，可以减少更多的因子，同时要求圈的个数尽量少。

3）卡诺图中所有取值为 1 的方格均要被圈过，即不能漏下取值为 1 的最小项。

4）在新画的包围圈中至少要含有 1 个未被圈过的 1 方格，否则该包围圈是多余的。

用卡诺图化简逻辑函数的步骤如下。

1）画出逻辑函数的卡诺图。

2）合并相邻的最小项，即根据前述原则画圈。

3）写出化简后的表达式——每个圈对应一个与项，"去异留同"。

例 5-6 已知某逻辑函数的真值表，如图 5-18（a）所示，用卡诺图化简该函数。

解：1）.由真值表画出卡诺图。

2）画包围圈合并最小项。有两种画圈的方法，如图 5-18（b）、（c）所示。

3）由画圈法 1 写出表达式：$F = A\bar{B} + \bar{B}C + \bar{A}C$。

4）由画圈法 2 写出表达式：$F = A\bar{C} + \bar{B}C + \bar{A}B$。

由此可见，一个逻辑函数的真值表是唯一的，卡诺图也是唯一的，但化简结果有时不是唯一的。

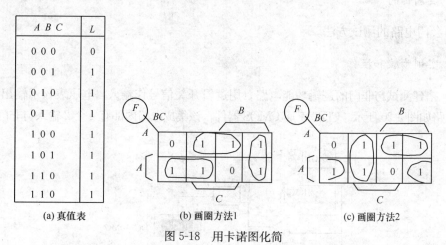

A B C	L
0 0 0	0
0 0 1	1
0 1 0	1
0 1 1	1
1 0 0	1
1 0 1	1
1 1 0	1
1 1 0	1

(a) 真值表   (b) 画圈方法1   (c) 画圈方法2

图 5-18 用卡诺图化简

（4）带有约束条件的函数的化简

逻辑问题分为完全描述和非完全描述两种。如果对于输入变量的每一组取值，逻辑函数都有确定的值，则称这类函数为完全描述逻辑函数。如果对于输入变量的某些取值组合逻辑函数值不确定（所对应的最小项称为约束项），即函数值可以为 0，也可以为 1（通常将函数值记为 ∅ 或×），那么这类函数称为非完全描述的逻辑函数。

1）由于某种条件的限制（或约束）使得输入变量的某些组合不可能出现，因而在这些取值下对应的函数值是"无关"紧要的，它可以为 1，也可以为 0。

2）某些输入变量取值所产生的输出并不影响整个系统的功能，因此可以不必考虑其输出是 0 还是 1。

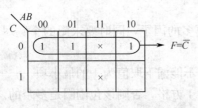

图 5-19　卡诺图化简

非完全描述逻辑函数一般用以下方法表示：①在真值表或卡诺图中填 ∅ 或×，表示函数值为 0 或 1 均可；②在逻辑表达式中用约束条件来表示。

例 5-7　化简 $F = \overline{A}BC + \overline{B}\overline{C}$，$AB = 0$ 为约束条件。

解：$AB = 0$ 即表示 A 与 B 不能同时为 1，则 $AB = 11$ 所对应的最小项，应视为无关项。其卡诺图及化简过程如图 5-19 所示。

化简函数为 $F = \overline{C}$。

想一想

1. 两个变量 A、B 可以构成几个最小项？n 个变量的最小项有几个？
2. 试简要说明卡诺图化简的步骤。

做一做

实训　与非门功能测试

1. 实训目的

学会门电路的测试方法。

2. 实训步骤和操作

1）搭建测试与非门的逻辑功能电路。用逻辑开关信号作输入，电压表显示输出信号，测试电路如图 5-20 所示。CD4011 属 CMOS 器件，该集成电路内部有 4 个 2 输入与非门。

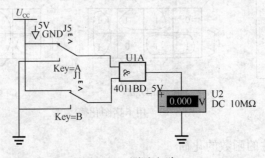

图 5-20　测试电路 1

2）从工作窗口最右边的虚拟仪器栏拖入逻辑分析仪，连接与测试电路如图 5-21 所示。双击逻辑分析仪图标，弹出面板，在面板中选取逻辑图转换成真值表功能，并单击，从面板中读取数据，与所测结果相比较，检查是否符合与非门逻辑功能。

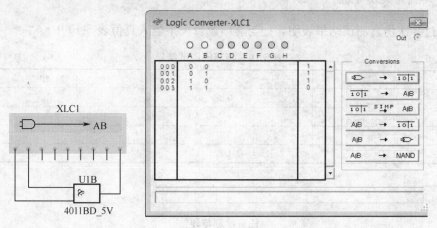

图 5-21　测试电路 2 及逻辑转换仪面板

3）搭建与非门测试电路如图 5-22 所示，图中使用字符发生器和逻辑分析仪。双击两种仪器面板，参数设置如图 5-23 所示。

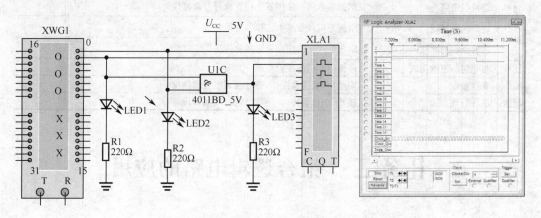

图 5-22　测试电路 3 及逻辑分析仪所得结果

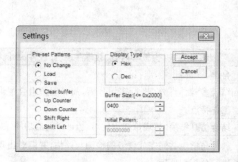
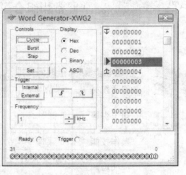

图 5-23　字符发生器面板设置

结论：逻辑分析仪的分析结果完全合乎"与非门"的真值表；从发光二极管的闪烁情况可看出"与非门"的逻辑功能。

3. 实训结果及分析

通过 3 次仿真测试结果表明，把与非门逻辑关系填入真值表 5-10 中。

表 5-10　与非门测试结果

A	B	输　出
0	0	
0	1	
1	0	
1	1	

评一评

任务检测与评估

检测项目		评分标准	分值	学生自评	教师评估
任务 知识 内容	数制与码制	掌握数制相互转换方法；理解计算机中的编码种类	20		
	逻辑门电路	掌握基本门和常用复合门逻辑符号及特性	20		
	逻辑代数基础	掌握逻辑代数基本定律和常用公式	20		
	逻辑函数的标准表达式	学会公式化简法和卡诺图化简法	10		
任务 操作 技能	与非门的逻辑测试	理解与非门的逻辑功能	20		
	安全操作	安全用电、按章操作，遵守实训室管理制度	5		
	现场管理	按 6S 企业管理体系要求、进行现场管理	5		

任务二　组合逻辑电路的应用

1. 掌握组合逻辑电路的基本分析方法。
2. 掌握常用组合逻辑器件的功能和使用方法。

教学步骤	时间安排	教学方式(含教学内容、教学手段，如课件、举例等)
阅读教材	课余	自学、查资料、相互讨论
知识讲解	6 课时	结合多媒体课件，进行实例分析，加深理解组合逻辑电路的工作特点
操作技能	6 课时	结合仿真结果，与理论知识比对，验证译码器功能
评估检测	与课堂教学 同步进行	教师与学生共同完成任务的检测与评估，并能对出现的问题进行分析与处理

读一读

知识1　组合逻辑电路的分析方法

1. 组合逻辑电路的分析方法

组合逻辑电路的分析过程如图 5-24 所示。

图 5-24　组合逻辑电路的分析过程

例 5-8　组合电路如图 5-25 所示，分析该电路的逻辑功能。

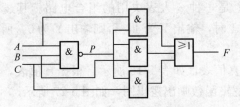

图 5-25　例 5-8 逻辑图

解：1）由逻辑图逐级写出逻辑表达式。为了写表达式方便，借助中间变量 P。

$$P = \overline{ABC}$$

$$F = AP + BP + CP$$

$$= A\,\overline{ABC} + B\,\overline{ABC} + C\,\overline{ABC}$$

2）化简与变换：$F = \overline{ABC}\,(A+B+C) = \overline{\overline{ABC}+\overline{A+B+C}} = \overline{\overline{ABC}+\overline{A}\,\overline{B}\,\overline{C}}$

3）由表达式列出真值表如表 5-11 所示。

表 5-11　真值表

A	B	C	F
0	0	0	0
0	0	1	1
0	1	0	1
0	1	1	1
1	0	0	1
1	0	1	1
1	1	0	1
1	1	1	0

4）分析逻辑功能：当 A、B、C 这 3 个变量不一致时，电路输出为 "1"，所以这个电路称为 "不一致电路"。

2. 组合逻辑电路的设计方法

组合逻辑电路的设计过程如图 5-26 所示。

实际逻辑问题 → 真值表 → 逻辑表达式 →（化简变换）→ 最简（或最合理）表达式 → 逻辑图

图 5-26　组合逻辑电路的设计过程

组合逻辑电路的设计一般应以电路简单、所用器件最少为目标，并尽量减少所用集成器件的种类，因此在设计过程中要用到前面介绍的代数法和卡诺图法来化简或转换逻辑函数。

例 5-9　设计一个三人表决电路，结果按"少数服从多数"的原则决定。

解：这个电路实际上是一种 3 人表决用的组合电路。其逻辑功能为：当输入 A、B、C 中有 2 个或 3 个为 1 时，输出 Y 为 1，否则输出 Y 为 0。所以只要有 2 票或 3 票同意，表决就通过。

根据输入/输出列出真值表，如表 5-12 所示。根据真值表，即可得到逻辑函数：$F = AB + BC + CA$。通过逻辑函数画出逻辑图，如图 5-27 所示。

表 5-12　三人表决器真值表

A	B	C	F
0	0	0	0
0	0	1	0
0	1	0	0
0	1	1	1
1	0	0	0
1	0	1	1
1	1	0	1
1	1	1	1

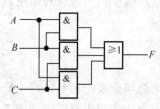

图 5-27　三人表决器逻辑图

例 5-10　设计一个楼上、楼下开关的控制逻辑电路来控制楼梯上的路灯，使之在上楼前，用楼下开关打开电灯，上楼后，用楼上开关关灭电灯；或者在下楼前，用楼上开关打开电灯，下楼后，用楼下开关关灭电灯。

解：设楼上开关为 A，楼下开关为 B，灯泡为 Y。并设 A、B 闭合时为 1，断开时为 0；灯亮时 Y 为 1，灯灭时 Y 为 0。根据逻辑要求列出真值表，如表 5-13 所示。

根据真值表，得出逻辑函数：$Y = \overline{A}B + A\overline{B}$。

把 $Y = \overline{A}B + A\overline{B}$ 变换又可得到：$Y = \overline{\overline{A}B \cdot \overline{A}\overline{B}}$ 和 $Y = A \oplus B$。可画出图 5-28 所示两种逻辑图。

表 5-13　真值表

A	B	Y
0	0	0
0	1	1
1	0	1
1	1	0

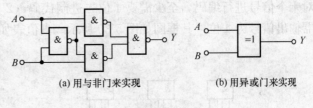

(a) 用与非门来实现　　　(b) 用异或门来实现

图 5-28　逻辑图

想一想

组合逻辑电路有何特点？简要说明组合逻辑电路的设计过程。

读一读

知识 2　编码器与译码器

1. 编码器的基本概念及工作原理

在数字电路中，经常要把输入的各种信号（例如十进制数、文字符号等）转换成若干位二进制码（如 BCD 码等），这种转换过程称为编码。编码——将字母、数字、符号等信息编成一组二进制代码。能够完成编码功能的组合逻辑电路称为编码器。常见的有二进制编码器、二—十进制编码器和优先编码器。

（1）二进制编码器

用 n 位二进制代码对 2^n 个信号进行编码的电路称为二进制编码器。

3 位二进制编码器有 8 个输入端 3 个输出端，所以常称为 8 线—3 线编码器，其功能真值表如表 5-14 所示，输入为高电平有效。

表 5-14　3 位二进制编码器真值表

输　　入								输　　出		
I_0	I_1	I_2	I_3	I_4	I_5	I_6	I_7	Y_2	Y_1	Y_0
1	0	0	0	0	0	0	0	0	0	0
0	1	0	0	0	0	0	0	0	0	1
0	0	1	0	0	0	0	0	0	1	0
0	0	0	1	0	0	0	0	0	1	1
0	0	0	0	1	0	0	0	1	0	0
0	0	0	0	0	1	0	0	1	0	1
0	0	0	0	0	0	1	0	1	1	0
0	0	0	0	0	0	0	1	1	1	1

由真值表写出各输出的逻辑表达式为

$$Y_2 = \overline{\overline{I_4}\,\overline{I_5}\,\overline{I_6}\,\overline{I_7}}, \quad Y_1 = \overline{\overline{I_2}\,\overline{I_3}\,\overline{I_6}\,\overline{I_7}}, \quad Y_0 = \overline{\overline{I_1}\,\overline{I_3}\,\overline{I_5}\,\overline{I_7}}$$

用门电路实现逻辑电路的逻辑图如图 5-29 所示。

（2）二—十进制编码器

将十进制数的 10 个数字 0～9 编成二进制代码的电路，叫做二—十进制编码器。要对十个信号进行编码，至少需要 4 位二进制代码（$2^4 = 16 > 10$），所以二—十进制编码器输出信号为 4 位，其框图如图 5-30 所示。真值表如表 5-15 所示。

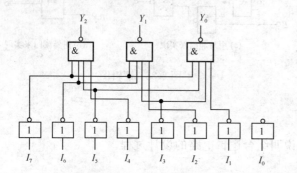

图 5-29　3 位二进制编码器

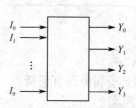

图 5-30　十进制编码器框图

表 5-15　二—十进制编码器真值表

十进制数	输入变量	输出 8421 码				十进制数	输入变量	输出 8421 码			
		Y_3	Y_2	Y_1	Y_0			Y_3	Y_2	Y_1	Y_0
0	I_0	0	0	0	0	5	I_5	0	1	0	1
1	I_1	0	0	0	1	6	I_6	0	1	1	0
2	I_2	0	0	1	0	7	I_7	0	1	1	1
3	I_3	0	0	1	1	8	I_8	1	0	0	0
4	I_4	0	1	0	0	9	I_9	1	0	0	1

（3）3 位二进制优先编码器 74LS148

集成 8 线—3 线优先编码器 74LS148 的外引脚图如图 5-31 所示。74LS148 有 $\overline{I_0} \sim \overline{I_7}$ 共 8 路输入，$\overline{Y_0} \sim \overline{Y_2}$ 共 3 路输出，输入/输出均以反码表示。即 0 表示有信号，1 表示无信号，也称为低电平有效。8 个输入信号中 $\overline{I_7}$ 的优先等级最高，只要有 $\overline{I_7}$ 输入，则 $\overline{I_0} \sim \overline{I_6}$ 都是无效输入，电路只会输出对 $\overline{I_7}$ 的编码。输入信号的优先级别从高到低依次为 $\overline{I_7}$、$\overline{I_6}$、$\overline{I_5}$、$\overline{I_4}$、$\overline{I_3}$、$\overline{I_2}$、$\overline{I_1}$、$\overline{I_0}$。其真值表如表 5-16 所示。

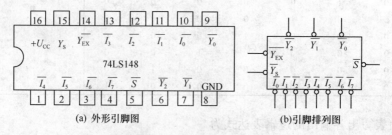

图 5-31　优先编码器 74LS148

表 5-16　74LS148 功能表

输入									输出				
$\overline{S}$	$\overline{I_0}$	$\overline{I_1}$	$\overline{I_2}$	$\overline{I_3}$	$\overline{I_4}$	$\overline{I_5}$	$\overline{I_6}$	$\overline{I_7}$	$\overline{Y_2}$	$\overline{Y_1}$	$\overline{Y_0}$	$\overline{Y_{EX}}$	$\overline{Y_S}$
1	×	×	×	×	×	×	×	×	1	1	1	1	1
0	1	1	1	1	1	1	1	1	1	1	1	1	0
0	×	×	×	×	×	×	×	0	0	0	0	0	1
0	×	×	×	×	×	×	0	1	0	0	1	0	1
0	×	×	×	×	×	0	1	1	0	1	0	0	1
0	×	×	×	×	0	1	1	1	0	1	1	0	1
0	×	×	×	0	1	1	1	1	1	0	0	0	1
0	×	×	0	1	1	1	1	1	1	0	1	0	1
0	×	0	1	1	1	1	1	1	1	1	0	0	1
0	0	1	1	1	1	1	1	1	1	1	1	0	1

注：×表示任意态。

74LS148 还有 $\overline{S}$、$\overline{Y_S}$、$\overline{Y_{EX}}$ 共 3 个控制端，$\overline{S}$ 为选通输入端，只有在 $\overline{S}=0$ 时，编码器才处于工作状态；而在 $\overline{S}=1$ 时，编码器处于禁止状态，所有输出端被封锁为高电平。$\overline{Y_S}$、$\overline{Y_{EX}}$ 分别为选通输出端和扩展输出端。从功能表可以看出，$\overline{Y_S}=0$ 时所有编码输入端都是 1（即没有编码输入），且 $\overline{S}=0$，此时表示"电路工作，但无编码输入"；$\overline{Y_{EX}}=0$ 时，每个编码输入端为 0，且 $\overline{S}=0$，此时表示"电路工作，且有编码输入"。

2. 译码器的基本概念及工作原理

译码器是编码的逆过程，它将输入代码转换成特定的输出信号。实现译码功能的电路称为译码器。

假设译码器有 n 个输入信号和 N 个输出信号，如果 $N=2^n$，就称为全译码器，常见的全译码器有 2 线—4 线译码器、3 线—8 线译码器、4 线—16 线译码器等。如果 $N<2^n$，称为部分译码器，如二—十进制译码器（也称作 4 线—10 线译码器）等。

（1）2 线—4 线译码器

2 线—4 线译码器的功能如表 5-17 所示。

表 5-17　2 线—4 线译码器功能表

输　入			输　出			
EI	A	B	Y_0	Y_1	Y_2	Y_3
1	×	×	1	1	1	1
0	0	0	0	1	1	1
0	0	1	1	0	1	1
0	1	0	1	1	0	1
0	1	1	1	1	1	0

由表 5-17 可写出各输出函数表达式：

$$Y_0=\overline{\overline{EI}\,\overline{A}\,\overline{B}}, \quad Y_1=\overline{\overline{EI}\,\overline{A}B}, \quad Y_2=\overline{\overline{EI}A\overline{B}}, \quad Y_3=\overline{\overline{EI}AB}$$

用门电路实现 2 线—4 线译码器的逻辑电路如图 5-32 所示。

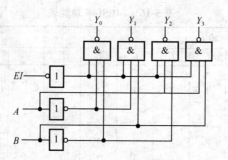

图 5-32　2 线—4 线译码器逻辑图

（2）集成二进制译码器

图 5-33（a）、（b）所示是 3 位二进制（3—8 线）译码器 74LS138 的引脚图和逻辑符号。其功能如表 5-18 所示。输入为 A_2、A_1、A_0，输出为 $\overline{Y_0} \sim \overline{Y_7}$。还有 $\overline{S_C}$、$\overline{S_B}$、SA 共 3 个选通端（也称使能控制端）。

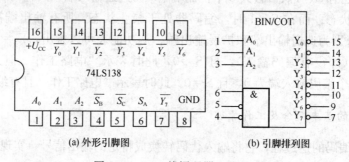

(a) 外形引脚图　　　　　　　(b) 引脚排列图

图 5-33　3—8 线译码器 74LS138

表 5-18　3—8 线译码器 74LS138 的逻辑功能

输　入					输　出							
SA	$\overline{S_B}+\overline{S_C}$	A_2	A_1	A_0	$\overline{Y_0}$	$\overline{Y_1}$	$\overline{Y_2}$	$\overline{Y_3}$	$\overline{Y_4}$	$\overline{Y_5}$	$\overline{Y_6}$	$\overline{Y_7}$
×	1	×	×	×	1	1	1	1	1	1	1	1
0	×	×	×	×	1	1	1	1	1	1	1	1
1	0	0	0	0	0	1	1	1	1	1	1	1
1	0	0	0	1	1	0	1	1	1	1	1	1
1	0	0	1	0	1	1	0	1	1	1	1	1
1	0	0	1	1	1	1	1	0	1	1	1	1
1	0	1	0	0	1	1	1	1	0	1	1	1
1	0	1	0	1	1	1	1	1	1	0	1	1
1	0	1	1	0	1	1	1	1	1	1	0	1
1	0	1	1	1	1	1	1	1	1	1	1	0

（3）十进制显示译码器

在数字仪器仪表、计算机和其他数字系统中，常常需要把测量数据和运算结果用十进制数来显示。这就需用译码显示器把二—十进制代码转换成能显示的十进制数。数字显示译码器能把数字量翻译成数字显示器所能识别的信号。

常用的显示器件有半导体数码管、液晶数码管和荧光数码管等。

常用的数字显示器有多种类型。若按显示方式分，有字型重叠式、点阵式、分段式等。若按发光物质分，有半导体显示器，又称发光二极管（LED）显示器，荧光显示器、液晶显示器、气体放电管显示器等。目前应用最广泛的是由发光二极管构成的七段数字显示器。

1）七段数字显示器。七段数字显示器就是将 7 个发光二极管（加小数点为 8 个）按一定的方式排列起来，七段 a、b、c、d、e、f、g 和小数点 DP 各对应一个发光二极管，利用不同发光段的组合，显示不同的阿拉伯数字，如图 5-34 所示。

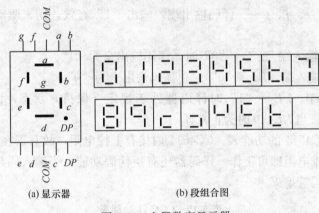

(a) 显示器　　　　　　　　(b) 段组合图

图 5-34　七段数字显示器

按内部连接方式不同，七段数字显示器分为共阴极和共阳极两种，如图 5-35（a）、(b) 所示。共阴极数码管中，当某一段接高电平时，该段发光；共阳极数码管中，当某一段接低电平时，该段发光。因此使用哪种数码管一定要与使用的七段译码显示器相配合。

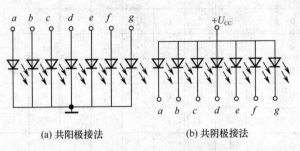

(a) 共阳极接法　　　　　　　(b) 共阴极接法

图 5-35　半导体数码管两种接法

半导体显示器的优点是工作电压较低（1.5～3V）、体积小、寿命长、亮度高、响应速度快、工作可靠性高。缺点是工作电流大，每个字段的工作电流约为 10mA 左右。

2）集成 CMOS 显示译码器。图 5-36 所示为 CC4511 集成显示译码器。

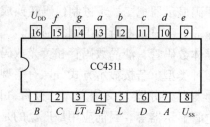

图 5-36　CC4511 外引线排列图

CC4511 是一块含 BCD—7 段锁存/译码/驱动电路于一体的集成电路，CC4511 引脚功能说明如下。

A、B、C、D——BCD 码输入端。

a、b、c、d、e、f、g——译码输出端，输出"1"有效，用来驱动共阴极 LED 数码管。

$\overline{LT}$——测试输入端，$\overline{LT}$="0"时，译码输出全为"1"。

$\overline{BI}$——消隐输入端，$\overline{BI}$="0"时，译码输出全为"0"。

LE——锁定端，LE="1"时译码器处于锁定（保持）状态，译码输出保持在 LE=0 时的数值；当 LE=0 时为正常译码。

表 5-19 为 CC4511 的功能表。CC4511 内接有上拉电阻，故只需在输出端与数码管笔段之间串入限流电阻即可工作。译码器还有拒伪码功能，当输入码超过 1001 时，输出全为"0"，数码管熄灭。

表 5-19　CC4511 功能表

输　　入							输　　出							
LE	$\overline{BI}$	$\overline{LT}$	D	C	B	A	a	b	c	d	e	f	g	显示字形
×	×	0	×	×	×	×	1	1	1	1	1	1	1	8
×	0	1	×	×	×	×	0	0	0	0	0	0	0	消隐
0	1	1	0	0	0	0	1	1	1	1	1	1	0	0
0	1	1	0	0	0	1	0	1	1	0	0	0	0	1
0	1	1	0	0	1	0	1	1	0	1	1	0	1	2
0	1	1	0	0	1	1	1	1	1	1	0	0	1	3
0	1	1	0	1	0	0	0	1	1	0	0	1	1	4
0	1	1	0	1	0	1	1	0	1	1	0	1	1	5
0	1	1	0	1	1	0	0	0	1	1	1	1	1	6
0	1	1	0	1	1	1	1	1	1	0	0	0	0	7
0	1	1	1	0	0	0	1	1	1	1	1	1	1	8
0	1	1	1	0	0	1	1	1	1	0	0	1	1	9
0	1	1	1	0	1	0	0	0	0	0	0	0	0	消隐

续表

输 入							输 出							
0	1	1	1	0	1	1	0	0	0	0	0	0	0	消隐
0	1	1	1	1	0	0	0	0	0	0	0	0	0	消隐
0	1	1	1	1	0	1	0	0	0	0	0	0	0	消隐
0	1	1	1	1	1	0	0	0	0	0	0	0	0	消隐
0	1	1	1	1	1	1	0	0	0	0	0	0	0	消隐
1	1	1	×	×	×	×	锁定在上一个 $LE=0$ 时的数据							锁存

说明：分段显示译码器与译码器有着本质的区别。严格地讲，把这种电路叫代码变换器更加确切些。但习惯上都把它叫做显示译码器。

CC4511 常用于驱动共阴极 LED 数码管，工作时一定要加限流电阻。

想一想

1. 常见的编码器有_____编码器、_____编码器（BCD 编码器）和_____编码器。

2. 编码时，1 位二进制数只有_____个状态，它可对两个输入信号编码。3 位二进制数有_____个状态，可对_____个输入信号编码。

3. 半导体数码管内部的发光二极管接线方法有_____和_____两种。采用共阴极方式时，译码器输出_____电平驱动相应的二极管发光。

做一做

实训 1　译码器的应用研究

1. 实训目的

了解译码器的工作原理及其逻辑功能；学会仿真检测译码器。

2. 实训步骤和操作

1）如图 5-37 所示，74LS139 是一个双 2—4 线译码器，将实训结果记录于表 5-20 中。

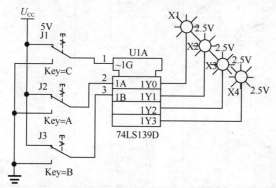

图 5-37　2—4 线译码器

表 5-20 2—4 线译码器功能表

输　　入			输　　出			
控制	信号					
G	B	A	Y_0	Y_1	Y_2	Y_3
H	×	×				
L	L	L				
L	L	H				
L	H	L				
L	H	H				

2）图 5-38 所示是 3—8 线译码器，将结果记录于表 5-21 中。

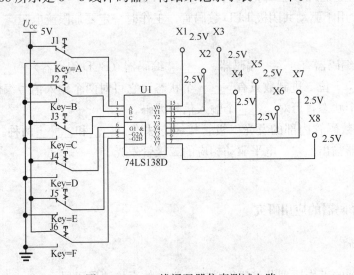

图 5-38 3—8 线译码器仿真测试电路

表 5-21 3—8 线译码器仿真测试功能表

输　　入						输　　出							
控制			信号										
G_1	$\overline{G_{2A}}$	$\overline{G_{2B}}$	A_2	A_1	A_0	$\overline{Y_0}$	$\overline{Y_1}$	$\overline{Y_2}$	$\overline{Y_3}$	$\overline{Y_4}$	$\overline{Y_5}$	$\overline{Y_6}$	$\overline{Y_7}$
×	1	1	×	×	×								
L	×	×	×	×	×								
H	L	L											
H	L	L											
H	L	L											
H	L	L											
H	L	L											
H	L	L											
H	L	L											
H	L	L											

3）如图 5-39 所示，74LS47 是 BCD 码译码器，是驱动共阳数码管的译码驱动器，电路中用逻辑电平开关来代替 BCD 码；调整开关 J_1、J_2、J_3、J_4 的状态，可以得到不同的 BCD 码组合；运行仿真，自行设计表格，"拨动开关"并观察数码管的的显示结果，记录于表 5-22 中。电阻 R_1 在实际应用电路中是一个限流电阻，如果没有这只电阻，数码管极易损坏。

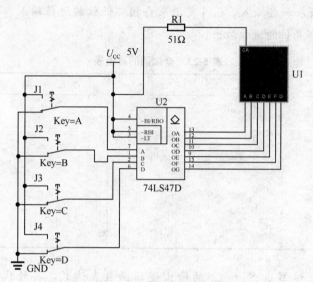

图 5-39　BCD 译码器的仿真测试电路

表 5-22　74LS47BCD 译码器

输　入							输　出							显示结果
$\overline{LT}$	$\overline{BI}$	D	C	B	A	$\overline{BI/BO}$	a	b	c	d	e	f	g	
1	1	0	0	0	0	0	1	1	1	1	1	1	0	
1	×	0	0	0	1	1	0	1	1	0	0	0	0	
1	×	0	0	1	0	1	1	1	0	1	1	0	1	
1	×	0	0	1	1	1	1	1	1	1	0	0	1	
1	×	0	1	0	0	1	0	1	1	0	0	1	1	
1	×	0	1	0	1	1	1	0	1	1	0	1	1	
1	×	0	1	1	0	1	1	0	1	1	1	1	1	
1	×	0	1	1	1	1	1	1	1	0	0	0	0	
1	×	1	0	0	0	1	1	1	1	1	1	1	1	
1	×	1	0	0	1	1	1	1	1	0	0	1	1	
0	×	×	×	×	×	1	1	1	1	1	1	1	1	
×	×	×	×	×	×	1	0	0	0	0	0	0	0	
1	0	0	0	0	0	0	0	0	0	0	0	0	0	

3. 实训结果及分析

图 5-38 所示的仿真电路中，G_1、$\overline{G_{2A}}$、$\overline{G_{2B}}$ 分别对应于如图 5-36 所示芯片的哪些管脚？

知识拓展

常用中规模组合逻辑部件

1）全加器。在多位数加法运算时，除最低位外，其他各位都需要考虑低位送来的进位。全加器就具有这种功能。全加器的逻辑功能如表 5-23 所示。A_i 和 B_i 分别表示被加数和加数输入，C_{i-1} 表示来自相邻低位的进位输入。S_i 为本位和输出，C_i 为向相邻高位的进位输出。

表 5-23　全加器的真值表

输　入			输　出	
A_i	B_i	C_{i-1}	S_i	C_i
0	0	0	0	0
0	0	1	1	0
0	1	0	1	0
0	1	1	0	1
1	0	0	1	0
1	0	1	0	1
1	1	0	0	1
1	1	1	1	1

由真值表直接写出 S_i 和 C_i 的输出逻辑函数表达式，再经代数法化简和转换得：

$$S_i = \overline{A_i}\,\overline{B_i}C_{i-1} + \overline{A_i}B_i\,\overline{C_{i-1}} + A_i\,\overline{B_i}\,\overline{C_{i-1}} + A_iB_iC_{i-1}$$
$$= \overline{(A_i \oplus B_i)}C_{i-1} + (A_i \oplus B_i)\,\overline{C_{i-1}} = A_i \oplus B_i \oplus C_{i-1}$$
$$C_i = \overline{A_i}B_iC_{i-1} + A_i\,\overline{B_i}C_{i-1} + A_iB_i\,\overline{C_{i-1}} + A_iB_iC_{i-1}$$
$$= A_iB_i + (A_i \oplus B_i)C_{i-1}$$

画出全加器的逻辑电路如图 5-40（a）所示。图 5-40（b）所示为全加器的逻辑符号。

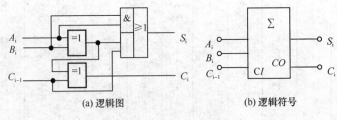

(a) 逻辑图　　　　　　　　(b) 逻辑符号

图 5-40　一位二进制全加器

2）数据选择器。在数字信号的传送过程中，有时需要从很多个数字信号中将其中一个需要的信号挑选出来，这就要用到选择数据的逻辑电路，叫数据选择器。

图 5-41（a）、（b）是 8 选 1 数据选择器/多路转换器 74LS151 的引脚图和逻辑符号图。

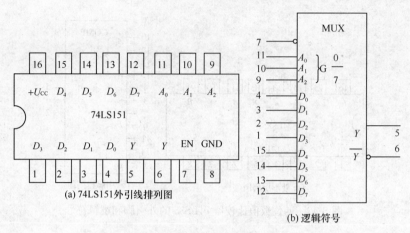

(a) 74LS151外引线排列图

(b) 逻辑符号

图 5-41　8 选 1 数据选择器 74LS151

8 选 1 数据选择器/多路转换器功能如表 5-24 所示。

表 5-24　8 选 1 数据选择器/多路转换器 74LS151 的逻辑功能

使能	输　　入			输　　出	
$\overline{\text{EN}}$	A_2	A_1	A_0	Y	$\overline{Y}$
1	×	×	×	0	1
0	0	0	0	D_0	$\overline{D_0}$
0	0	0	1	D_1	$\overline{D_1}$
0	0	1	0	D_2	$\overline{D_2}$
0	0	1	1	D_3	$\overline{D_3}$
0	1	0	0	D_4	$\overline{D_4}$
0	1	0	1	D_5	$\overline{D_5}$
0	1	1	0	D_6	$\overline{D_6}$
0	1	1	1	D_7	$\overline{D_7}$

3) 数字比较器。在一些数字系统，特别是计算机中经常需要比较两个数字的大小或者是否相等。完成这一功能所设计的逻辑电路称为数字比较器。

两个一位数 A 和 B 相比较有以下三种结果。

① $A>B$：只有当 $A=1$、$B=0$ 时，语句 $A>B$ 才为真（即 $A\overline{B}=1$），可用与门来实现。

② $A<B$：只有当 $A=0$、$B=1$ 时，语句 $A<B$ 才为真（即 $\overline{A}B=1$），也可用与门来实现。

③ $A=B$：只有当 $A=B=0$ 或 $A=B=1$ 时，$A=B$ 才为真（即 $A=B=1$），所以可用同或门或者异或非门来实现。

如果要比较两个多位二进制数 A 和 B，则必须自高向低逐位比较。下面讨论四位数字比较器 74LS85，其引脚图和逻辑符号如图 5-42 所示。其逻辑功能如表 5-25所示。

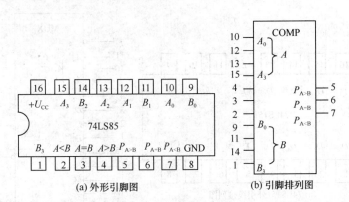

图 5-42　四位数值比较器 74LS85 的外引脚和逻辑符号

表 5-25　四位数字比较器 74LS85 简化真值表

比较输入				级联输入			输出		
$A_3 B_3$	$A_2 B_2$	$A_1 B_1$	$A_0 B_0$	$A>B$	$A<B$	$A=B$	$P_{A>B}$	$P_{A<B}$	$P_{A=B}$
1　0	× ×	× ×	× ×	×	×	×	1	0	0
0　1	× ×	× ×	× ×	×	×	×	0	1	0
$A_3=B_3$	1　0	× ×	× ×	×	×	×	1	0	0
$A_3=B_3$	0　1	× ×	× ×	×	×	×	0	1	0
$A_3=B_3$	$A_2=B_2$	1　0	× ×	×	×	×	1	0	0
$A_3=B_3$	$A_2=B_2$	0　1	× ×	×	×	×	0	1	0
$A_3=B_3$	$A_2=B_2$	$A_1=B_1$	1　0	×	×	×	1	0	0
$A_3=B_3$	$A_2=B_2$	$A_1=B_1$	0　1	×	×	×	0	1	0
$A_3=B_3$	$A_2=B_2$	$A_1=B_1$	$A_0=B_0$	1	0	0	1	0	0
$A_3=B_3$	$A_2=B_2$	$A_1=B_1$	$A_0=B_0$	0	1	0	0	1	0
$A_3=B_3$	$A_2=B_2$	$A_1=B_1$	$A_0=B_0$	0	0	1	0	0	1

做一做

实训 2　八路数显抢答器的安装与检测

本次实训安装一款采用 CD4511 数字集成电路制成的数字显示八路抢答器，它利用数字集成电路的锁存特性，实现优先抢答和数字显示功能。

1. 实训目的

熟悉译码/显示驱动电路的工作特点；学会安装与调试八路数显示抢答器。

2. 实训所需设备及材料

八路数显抢答器套件一套、电子装配工具一套。
八路数显抢答器电路元器件的参数如图 4-43 所示。

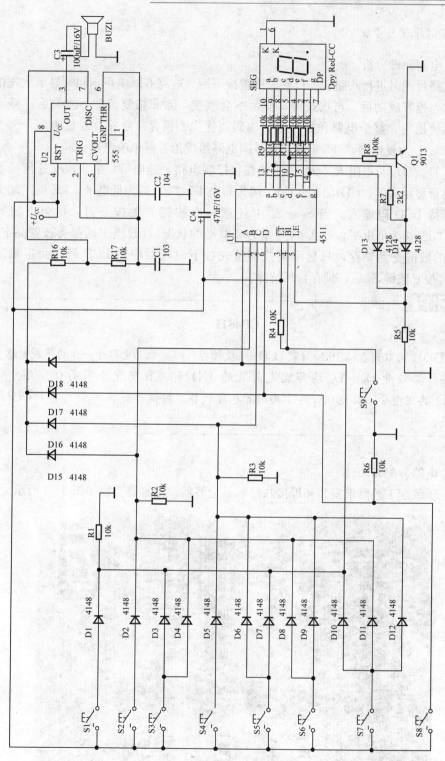

图5-43　八路数显抢答器电路

3. 实训原理与步骤

(1) 电路原理分析

该电路可同时进行八路优先抢答。按键按下后，电路有蜂鸣声，同时显示优先抢答者的号数，抢答成功后，再按按键，显示不会改变，除非按复位键。复位后，显示清零，可继续抢答。整个电路包括抢答、编码、优先、锁存、数显及复位电路，$S_1 \sim S_8$ 为抢答键，S_9 为复位键。555 定时器及外围电路组成抢答器讯响电路。

Q_1、D_{13}、D_{14} 与电阻 R_7、R_8 等组成锁存控制电路。通电后，由于没有任何按键按下，数码管显示 "0"。CD4511 的 "d" 端为高电平，"g" 端为低电平，LE 锁定端为低电平，等待 BCD 码输入。当 $S_1 \sim S_8$ 中任意一个按键开关按下时，则会出现要么 CD4511 "d" 端为低电平，要么 "g" 端为高电平的状况，LE 锁定端都会被置高电平，CD4511 的数据受到锁存，只显示某按键抢先按下时所对应的 BCD 码，而拒绝后续 BCD 码。按复位键 S_9 后，锁存自然解除。

> **知识链接**
>
> ### CD4511
>
> CD4511 为双列直插 16 脚封装 BCD—7 段锁存/译码/驱动电路于一体的集成电路。
>
> 晶体二极管 $D_1 \sim D_{18}$ 均为玻壳封装的 1N4148。数码管为字高 0.5 英寸的 LC5011 共阴型管，其他 0.5 英寸共阴管也可代替。按键开关 $S_1 \sim S_9$ 为各种小型按钮开关。

(2) 电路装配与调试

按电子装配工艺要求安装和焊接八路数显抢答器。抢答器实物如图 5-44 所示。

图 5-44　八路数显抢答器电路实物

（3）简单故障处理

若数码管出现显示数字列缺不全时，要检测从 CD4511 到数码管及限流电阻的连接是否完好。若某按键无效，应检查该按键所对应的二极管是否装反。

议一议

1. 三极管 Q_1 在电路中起什么作用？二极管 $D_{15} \sim D_{18}$ 起什么作用？

2. 要产生不同的讯响音，能否使用音乐芯片？该怎样安装？

评一评

任务检测与评估

	检测项目	评分标准	分值	学生自评	教师评估
任务 知识 内容	组合逻辑电路的分析方法	学会组合逻辑电路的分析方法	20		
	编码器和译码器	掌握编码器的原理功能 掌握译码器的原理功能	30		
任务 操作 技能	译码器的应用研究	掌握常用译码器的逻辑功能	10		
	八路数显抢答器的安装	能正确安装、检测八路数显抢答器	30		
	安全操作	安全用电、按章操作，遵守实训室管理制度	5		
	现场管理	按 6S 企业管理体系要求，进行现场管理	5		

巩固与练习

一、填空题

1. $(10101111)_2 =$ _____ $_{16}$；$(8B3)_{16} =$ _____ $_2$。

2. $(14)_{10} =$ _____ $_2$；$(3AE)_{16} =$ _____ $_{10}$。

3. 图 5-45 所示电路中，输入 A 与输出 F 的逻辑关系式为 _____。

4. 组合逻辑电路当前的输出变量状态仅由输入变量的组合状态来决定，与原来状态 _____。

5. 门电路如图 5-46 所示，当输入端 $A=1$、$B=1$、$C=0$ 时，输出端 F 应为 _____。

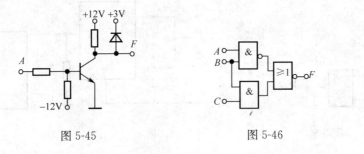

图 5-45　　　　　　　　　　　图 5-46

6. 逻辑函数的表示形式有四种：逻辑函数式、_____、卡诺图和逻辑图。

7. 将一组输入代码翻译成需要的特定输出信号的电路称为 _____。

8. 十进制数"93"用"8421BCD"码表示为 _____。

二、选择题

1. 以下逻辑电路中能使 F 恒为逻辑 1 的逻辑门是（   ）。

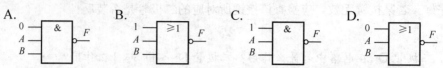

2. 逻辑电路如图 5-47 所示，已知输入波形 A 为脉冲信号，则输出 F 的波形为（   ）。

    A. 与 A 相同的脉冲信号　　　　　　B. 与 A 反相的脉冲信号

    C. 低电平 0　　　　　　　　　　　　D. 高电平 1

3. 图 5-48 所示逻辑电路的输出状态为（   ）。

    A. 1　　　　　　　B. 0　　　　　　　C. 高阻　　　　　　D. 不能确定

4. 图 5-49 所示电路中，$U_A=3V$，$U_B=0V$，若二极管的正向压降忽略不计，则 U_F 为（   ）。

    A. $-12V$　　　　　B. $-9V$　　　　　C. $0V$　　　　　D. $3V$

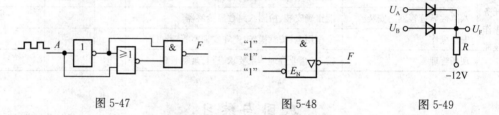

图 5-47　　　　　　　　　　　图 5-48　　　　　　　　　图 5-49

5. 逻辑电路如图 5-50 所示，其对应的逻辑表达式为（   ）。

    A. $F=\overline{A \cdot B}$　　　B. $F=A \cdot B$　　　C. $F=A+B$　　　D. $F=\overline{A+B}$

6. 设逻辑表达式 $F=\overline{A+B}+C=0$，则 A、B、C 分别为（   ）。

    A. 0、0、0　　　　B. 1、0、0　　　　C. 0、1、1　　　　D. 1、0、1

7. CMOS 型门电路组成的逻辑电路如图 5-51 所示，其输出函数 F 与 A、B、C 间的逻辑关系式为（   ）。

    A. $F=AB+C$　　　B. $F=A\bar{B}+C$　　　C. $F=0$　　　　D. $F=1$

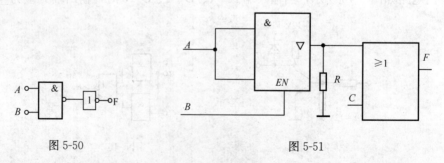

图 5-50　　　　　　　　　　　　　　图 5-51

8. 十六进制数 $(3D.B)_{16}$ 所对应的二进制数为（   ）。

    A. $(00111101.1011)_2$　　　　　　B. $(00111001.1011)_2$

    C. $(00111101.1001)_2$　　　　　　D. $(00111001.1001)_2$

9. 逻辑函数 $F(A,B,C)=\overline{A}BC+AC+\overline{B}C$ 的最小项表达式为（　　）。

A. $F=\sum(0,2,4,6)$　　　　B. $F=\sum(1,3,5,7)$

C. $F=\sum(0,3,5,7)$　　　　D. $F=\sum(1,3,6,7)$

A	B	F
0	0	1
0	1	1
1	0	0
1	1	0

图 5-52

10. 某逻辑电路真值表如图 5-52 所示，其函数 F 的表达式是（　　）。

A. $F=\overline{B}$　　　　　　B. $F=\overline{A}$

C. $F=A$　　　　　　　D. $F=B$

11. 卡诺图中，把 8 个相邻项合并，能够消除的变量数为（　　）。

A. 1 个　　　　B. 2 个　　　　C. 3 个　　　　D. 4 个

12. 以下逻辑电路中，使输出 $F=1$ 的电路是（　　）。

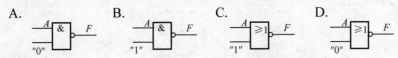

13. $A\oplus B=$（　　）。

A. $\overline{A}B+A\overline{B}$　　B. $\overline{A}B+AB$　　C. $\overline{AB}$　　D. AB

三、简答题

1. 画出逻辑函数 $F=\overline{A}\overline{B}C+ABC+\overline{A}C$ 的卡诺图。

2. 门电路及输入信号 A、B、C 的波形如图 5-53 所示，试画出输出端 F 的波形。

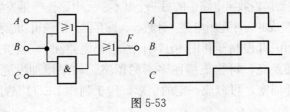

图 5-53

3. 图 5-54（a）所示门电路输入端 A、B、C 的波形如图 5-54（b）所示，试画出 G 端与 F 端的波形。

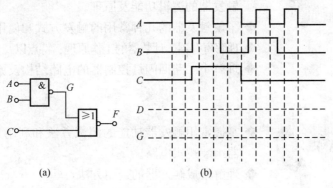

（a）　　　　　　（b）

图 5-54

项目六

十二路回闪灯控制器的制作

时序逻辑电路简称为时序电路，它是一种具有记忆功能的电路。时序逻辑电路是由组合逻辑电路与记忆电路（又称存储电路）组合而成的。常见的时序逻辑电路有触发器、寄存器和计数器。

本项目主要讨论数字电路中的另一个基本单元电路——触发器（RS、JK、D）和由它们组成的时序逻辑电路（计数器、寄存器）的逻辑功能和应用。

十二路回闪灯控制器利用 4017 计数/译码电路和 555 定时器完成发光二极管的循环点亮，可构成绚丽多彩的图案。如果增加发光二极管的数量，排列设计周密，可形成一定的字形，用于制作 LED 广告牌。

- ◆ 了解计时器和触发器的功能。
- ◆ 掌握基本 RS 触发器、D 触发器、JK 触发器和 T 触发器的逻辑功能及原理。
- ◆ 了解触发器的几种常用的触发方式和使用常识。
- ◆ 理解寄存器、计数器的工作原理、特点以及分析方法。
- ◆ 理解十二路回闪灯控制器的电路结构及原理。

- ◆ 掌握常用触发器功能的测试方法和利用集成触发器组装逻辑电路。
- ◆ 理解集成触发器的选用方法。
- ◆ 掌握集成计数器的测试；学会用集成计数器构成 N 进制计数器。
- ◆ 学会十二路控制灯的安装与检测。

任 务 一　触发器的测试

1. 掌握基本 RS 触发器、D 触发器、JK 触发器和 T 触发器的逻辑功能和符号。

2. 了解触发器的几种常用的触发方式和使用常识。

教学步骤	时间安排	教学方式(含教学内容、教学手段,如课件、举例等)
阅读教材	课余	自学、查资料、相互讨论
知识讲解	6课时	逐步深入地讲解同步 RS 触发器特性,列举与基本 RS 触发器不同之处;对 JK 和 D 触发器只要掌握其逻辑功能、符号及特性方程即可
操作技能	2课时	理解各类集成触发器的端口功能含义。特别提醒注意触发器触发方式的区别
评估检测	与课堂教学同步进行	教师与学生共同完成任务的检测与评估,并能对出现的问题进行分析与处理

读一读

知识1　触发器

在数字系统中,为了能实现按一定程序进行运算,需要"记忆"功能。但门电路及其组成的组合逻辑电路中,输出状态完全由当时输入状态的组合来决定,而与原来的状态无关,不具有"记忆"功能。而触发器及其组成的时序逻辑电路就具有"记忆"功能。它的输出状态不仅决定于当时的输入状态,而且还与原来的状态有关,即具有"记忆"功能。

触发器属于双稳态电路。任何具有两个稳定状态且可以通过适当的信号注入方式使其从一个稳定状态转换到另一个稳定状态的电路都称为触发器。所有触发器都具有两个稳定状态,但使输出状态从一个稳定状态翻转到另一个稳定状态的方法却有多种,由此构成了具有各种功能的触发器。

1. RS 触发器

(1) 基本 RS 触发器

图 6-1 (a) 所示是基本 RS 触发器的逻辑电路,它由两个"与非"门 G_1、G_2 互相交叉耦合组成,$\overline{R_D}$、$\overline{S_D}$ 是两个直接触发输入端,Q、$\overline{Q}$ 是基本 RS 触发器的两个互补输出端,一个为"1"另一个为"0"。规定"与非"门 G_2 输出端 Q 的状态为触发器的状态。

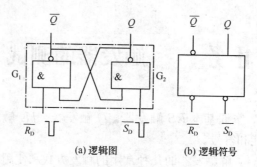

(a) 逻辑图　　　　　　(b) 逻辑符号

图 6-1　基本 RS 触发器

基本 RS 触发器输出与输入的逻辑关系如下。

1) $\overline{R_D}=1$，$\overline{S_D}=1$。

触发器的输出将与原来状态有关，如果原状态为 $Q=1(\overline{Q}=0)$，则 G_1 门输入全为 "1"，故输出 $\overline{Q}=0$，使 $Q=1$；如果原状态为 $Q=0(\overline{Q}=1)$，则 G2 门输入全为 "1"，故 $Q=0$，使 $\overline{Q}=1$。由此可见，触发器具有两种稳定状态，体现了触发器的 "记忆" 功能。

2) $\overline{R_D}=0$，$\overline{S_D}=1$。

$\overline{S_D}=1$，就是将 $\overline{S_D}$ 端悬空；$\overline{R_D}=0$，就是在 R_D 端加一负脉冲。由于 G_1 门的一个输入端为 "0"，故 G_1 门的输出端 $\overline{Q}=1$；而 G_2 门的输入端全是 "1"，故输出 $Q=0$。说明当 $\overline{R_D}$ 端加负脉冲时，触发器处于 "0" 状态。这种状态称为置 "0" 和复位。

3) $\overline{R_D}=1$，$\overline{S_D}=0$。

因 G_2 门中有一个输入端为 "0"，故 $Q=1$，而 G_1 门输入端全是 "1"，故 $\overline{R_D}=0$。说明当 $\overline{S_D}$ 端加负脉冲时，触发器处于 "1" 状态。这种状态称为置 "1" 或置位。

4) $\overline{R_D}=0$，$\overline{S_D}=0$。

G_1、G_2 两门都有为 "0" 的输入端，所以它们的输出 $\overline{Q}=1$、$Q=1$。这就达不到 Q 与 $\overline{Q}$ 的状态互补的逻辑要求。不满足双稳态条件，一旦 $\overline{R_D}$、$\overline{S_D}$ 同时变为 "1" 时，触发器的状态将取决于偶然因素。因此，这种情况在使用中应禁止出现。

基本 RS 触发器逻辑符号如图 6-1 (b) 所示，图中 $\overline{R_D}$、$\overline{S_D}$ 下标的 D 表示直接输入，非号表示触发信号为 0 时对电路有效，$\overline{R_D}$ 故称直接置 "0"（直接复位）端，$\overline{S_D}$ 称直接置 "1"（直接置位）端，逻辑符号中的小圆圈 "o" 表示非号，在 $\overline{Q}$ 端同样加 "o"。

基本 RS 触发器的逻辑功能如表 6-1 所示。

表 6-1　基本 RS 触发器的逻辑功能表

输　　入		输　　出	
$\overline{R_D}$	$\overline{S_D}$	Q	功能说明
1	1	Q	保持不变
1	0	1	置 "1"
0	1	0	置 "0"
0	0	×	禁止

使用基本 RS 触发器时，$\overline{R_D}$、$\overline{S_D}$ 平时都应接在高电平"1"上（或悬空）。需要将触发器设定为某一状态时，可在 $\overline{R_D}$（或 $\overline{S_D}$）端加一低电平"0"，使触发器置"0"或置"1"。

（2）同步 RS 触发器

图 6-2（a）所示是同步 RS 触发器的逻辑电路，它在基本 RS 触发器前加入两个"与非"门 G_3、G_4 作导引门。R、S 端为信号（数据）输入端，CP 端称时钟脉冲控制端。电路输出状态由 R、S 决定，但必须在 CP 的作用下，才能使触发器翻转，即触发器与时钟脉冲同步地工作，故称同步（钟控）RS 触发器。

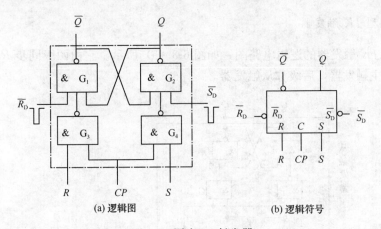

(a) 逻辑图　　　　(b) 逻辑符号

图 6-2　同步 RS 触发器

同步 RS 触发器的 CP 一般采用正脉冲，它在 $CP=0$ 时，G_3、G_4 门的输出都为"1"，不受 R、S 的影响，触发器维持原状态（用 Q^n 表示）。即 $CP=0$ 时间内，R、S 的状态改变不影响 G_3、G_4 门的输出，称导引门被封锁。当在时钟脉冲作用期间（$CP=1$）导引门畅通，将 R、S 的状态导引至基本 RS 触发器，这时触发器的状态由 R、S 来决定。

同步 RS 触发器的逻辑符号如图 6-2（b）所示。逻辑功能如表 6-2 所示。

表 6-2　同步 RS 触发器逻辑功能

输　　入		输　　出	
R	S	Q^{n+1}	功能说明
0	1	1	置"1"
1	0	0	置"0"
0	0	Q^n	保持
1	1	$\times$	禁止

表中 Q^n 表示 CP 作用前触发器的状态，称初态；Q^{n+1} 表示 CP 作用后触发器的新状态，称次态。特性方程：$Q^{n+1}=S+R Q^n$；$SR=0$（约束条件）。

由表 6-2 可见，R、S 全是"1"的输入组合是应当禁止的，因为当 $CP=1$ 时，若

$R=S=1$，则导引门 G_3、G_4 均输出"0"态，致使 $Q=\overline{Q}=1$，当时钟脉冲过去之后，触发器恢复成何种稳态是随机的。在同步 RS 触发器中，通常仍设有 $\overline{R_D}$ 和 $\overline{S_D}$，它们只允许在时钟脉冲的间歇期内使用，采用负脉冲使触发器置"1"或置"0"，以实现清零或置数，使之具有指定的初始状态。不用时"悬空"，即高电平。R、S 端称同步输入端，触发器的状态由 CP 脉冲来决定。

同步 RS 触发器结构简单，但存在两个严重缺点：一是会出现不确定状态；二是触发器在 CP 持续期间，当 R、S 的输入状态变化时，会造成触发器翻转，造成误动作，导致触发器的最后状态无法确定。

2. 主从型 JK 触发器

主从型 JK 触发器的逻辑电路图，如图 6-3（a）所示。它由两级同步 RS 触发器组成，前级称主触发器，后级称从触发器。

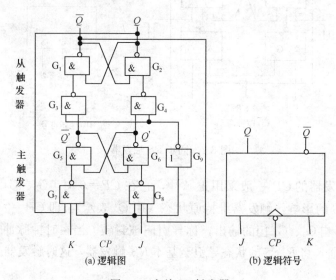

(a) 逻辑图　　　(b) 逻辑符号

图 6-3　主从 JK 触发器

在两个同步 RS 触发器的 CP 之间接一个 G_9"非"门，其作用是使主从触发器的 CP 极性相反。CP 为触发器时钟输入端，J、K 为控制输入端。

CP 作用期间，$CP=1$，$\overline{CP}=0$，主触发器输入暂存，此时，从触发器封锁，保持原状态。即 Q 在脉冲作用期间不变；当 CP 过去后，CP 由 1 变为 0 时（时钟后沿出现），$CP=0$，$\overline{CP}=1$，从触发器接收主触发器信号而主触发器被封锁。主从 JK 触发器的逻辑符号如图 6-3（b）所示，功能表如表 6-3 所示。

主从型 JK 触发器在 CP 上升沿时接收 J、K 信息，Q 不变化；在 CP 下降沿时，根据接收到的 J、K 信息，Q 才变化。但因此时 CP 为"0"，主触发器被封锁，Q 不变，解决了多次翻转问题。

JK 触发器的特性方程：$Q^{n+1}=J\overline{Q^n}+\overline{K}Q^n$。

表 6-3　主从 JK 触发器的逻辑功能

输　　入		输　　出	
K	J	Q^{n+1}	功能说明
0	1	1	置"1"
1	0	0	置"0"
0	0	Q^n	保持
1	1	$\overline{Q^n}$	翻转(计数)

例 6-1　已知主从 JK 触发器 J、K 的波形如图 6-4 所示，画出输出 Q 的波形图（设初始状态为 0）。

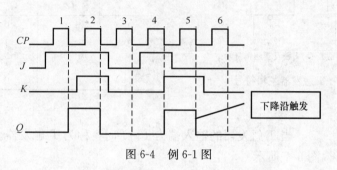

图 6-4　例 6-1 图

❋ 注 意

判断触发器次态的依据是时钟脉冲下降沿前一瞬间输入端的状态。

3. 边沿型 JK 触发器

边沿触发器是利用电路内部速度差来克服"空翻"现象的时钟触发器。它的触发方式为边沿触发，通常为下降沿触发方式，即输入数据仅在时钟脉冲的下降沿这一"瞬间"起作用。在图 6-5（b）所示的逻辑符号中，CP 输入端用小圆圈表示低电平有效，而加一三角来表示边沿触发，则 CP 表示为下降沿触发。

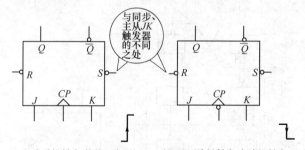

(a)CP上升沿触发(维持阻塞型)　　(b)CP下降沿触发(负边沿触发)

图 6-5　边沿 JK 触发器

JK 触发器是应用最广的基本"记忆"部件，用它可以组成多种具有其他功能的触发器和数字器件。集成 JK 触发器有各种型号和规格，常用的有 74LS76、74LS78、

74LS112 等 TTL 触发器；CC4027 等 CMOS 触发器。

图 6-5 中，R 为复位端，S 为置位端。当 $R=0$、$S=1$ 时，$Q=0$；$R=1$、$S=0$ 时，$Q=1$。正常工作时，$R=S=1$。

将 JK 触发器的 J 和 K 相连作为 T 输入端就构成了 T 触发器，如图 6-6 所示。T 触发器的逻辑功能表如表 6-4 所示。

T 触发器特性方程：$Q^{n+1}=T\overline{Q^n}+\overline{T}Q^n$。

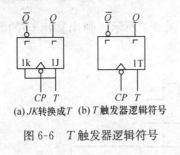

(a) JK 转换成 T　(b) T 触发器逻辑符号

图 6-6　T 触发器逻辑符号

表 6-4　T 触发器的功能表

T	Q^n	Q^{n+1}	功能
0	0	0	$Q^{n+1}=Q^n$
0	1	1	
1	0	1	$Q^{n+1}=\overline{Q^n}$
1	1	0	

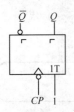

图 6-7　T' 触发器
逻辑符号

当 T 触发器的输入端为 $T=1$ 时，称为 T' 触发器。其逻辑符号如图 6-7 所示。

T' 触发器的特性方程：$Q^{n+1}=\overline{Q^n}$。

4. D 触发器

JK 触发器有两个信号输入端，需要两个控制信号。而有时为了某种用途，只要一个控制信号的输入端即可实现触发器的触发翻转功能。它可以在 JK 触发器的输入端增加一些门电路来实现，将控制信号直接加到 J 端，并同时通过"非"门电路加到 K 端，时钟脉冲 CP 经"非"门加到 JK 触发器的 CP 端，就组成了上升沿触发的 D 触发器，如图 6-8（a）所示，它也是一种应用很广的触发器。

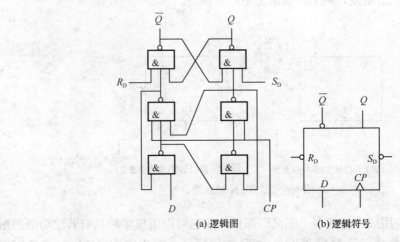

(a) 逻辑图　　　　　　(b) 逻辑符号

图 6-8　维持—阻塞边沿 D 触发器

D 触发器的逻辑功能是：当 $D=0$，即 $J=1$，$K=0$，CP 上升沿到来时，不论触发器的原状态如何，$Q=0$；当 $D=1$ 时，CP 触发后，$Q=1$。可见，D 触发器在 CP 时钟脉冲上升沿到来时，其输出端 Q 的状态将由输入端 D 的状态决定，其逻辑功能如表 6-5 所示。故逻辑符号如图 6-8（b）所示，CP 输入端处无小圆圈，为上升沿触发。

表 6-5 D 触发器逻辑功能

输　入	输　出	功能说明
D^n	D^{n+1}	
0	0	置 0
1	1	置 1

实际应用的 D 触发器采用维持阻塞型，内部结构虽然与 JK 触发器有所不同，但同样解决了多次翻转问题和不确定状态。D 触发器的状态只取决于 CP 到来之前 D 输入端的状态，它必须等到 CP 脉冲上升沿到来时，才能传送到触发器的输出端。这表明 D 触发器具有延迟作用，故 D 触发器也称延迟触发器。

集成 D 触发器一般都是在 CP 上升沿触发。也有采用下降沿触发的 D 触发器，其逻辑符号如图 6-9 所示，在 CP 输入端与 JK 触发器相同。

D 触发器特性方程为 $Q^{n+1}=D$。

例 6-2　D 触发器的输入端波形，如图 6-10（a）所示。其 $\overline{R_D}=\overline{S_D}=1$，求 D 触发器输出端 Q 的波形（初始状态 $Q=0$）。

解：根据 D 触发器真值表。确定时钟脉冲 CP 由低电平上升到高电平时，输入端 D 的状态，将传送到 Q 端，故 Q 端的波形如图 6-10（b）所示。

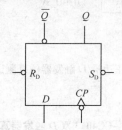

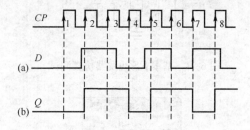

图 6-9　下降沿触发的 D 触发器逻辑符号

图 6-10　例 6-2 图

想一想

1. 触发器是具有＿＿＿＿＿＿功能的基本逻辑单元，它有＿＿＿＿＿＿稳定状态，分别用＿＿＿＿＿＿和＿＿＿＿＿＿表示。在基本 RS 触发器中，$\overline{R_D}$ 端称为＿＿＿＿＿端，$\overline{S_D}$ 端称为＿＿＿＿＿端。

2. 边沿 JK 触发器分为＿＿＿＿＿＿触发和＿＿＿＿＿＿触发两种。

3. 试分别写出 RS、JK、D、T 触发器的特性方程和功能表。

做一做

实训　触发器的测试

1. 实训目的

加深对基本 RS 触发器、集成 JK 和集成 D 触发器结构与特性的理解。

2. 实训步骤和操作

1）用二输入端与非门搭建基本 RS 触发器，电路如图 6-11 所示。按动 A 和 B 键去改变双刀双掷开关 J_1 和 J_2 位置时，观察探针的变化，并自制表格记录逻辑功能。

2）从元件库中调用 CC4013CMOS 集成双 D 触发器，该器件属正边沿触发。连接 D 触发器测试电路如图 6-12 所示。图中，$\overline{S_D}$（SD）端为置位端，$\overline{C_D}$（CD）端为复位端，也就是说，$\overline{S_D}$ 为"1"时，输出端 Q 为"1"，$\overline{C_D}$ 为"1"时，输出端 Q 为"0"。信号发生器面板参数设置如图 6-13 所示。按表 6-6 所示，按动 A、B、C 键，去改变双刀双掷开关 J_1、J_2、J_3 位置时，观察探针的变化，并记录高低电平的变化值于真值表中。

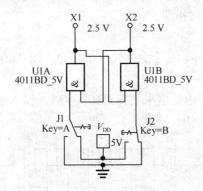

图 6-11　基本 RS 触发器仿真测试

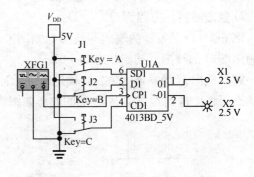

图 6-12　正边沿 D 触发器仿真测试

图 6-13　信号发生器
面板参数设置

表 6-6　CC4013 双 D 触发器真值表

$\overline{S_D}$	$\overline{C_D}$	CP	D	Q	$\overline{Q}$
1	0		×		
0	1		×		
1	1	×	×		
0	0	↑	0		
0	0	↑	1		

3）从元件库中调用 CC4027 集成双 JK 触发器，连接 JK 触发器测试电路如图 6-14 所示。图中，$\overline{S_D}$ 和 $\overline{C_D}$ 端的功能与 D 触发器相同。信号发生器面板参数同 D 触发器测试

电路。依据表 6-7 所示，改变 J1、J2、J3、J4 开关的位置，观察 J、K 及时钟输入端 CP 与 Q 输出端之间的关系，将数据填入表中。

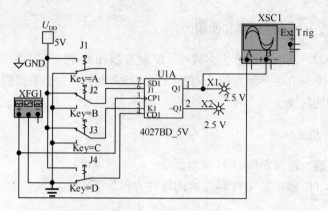

图 6-14 JK 触发器测试电路

表 6-7 CC4027 双 JK 触发器真值表

S_D	C_D	C_P	J	K	Q	$\bar{Q}$
1	0	×	×	×		
0	1	×	×	×		
1	1	×	×	×		
0	0	↑	0	0	保持	
0	0	↑	1	0		
0	0	↑	0	1		
0	0	↑	1	1	翻转	

当 $S_D = C_D = 0$，$J = K = 1$ 时，通过示波器面板（图 6-15 所示），观察 Q 端波形变化。

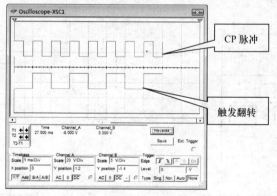

图 6-15 示波器面板中的波形

3. 实训结果及分析

1）将 3 个测试电路所得的数据与基本 RS、边沿 JK、边沿 D 触发器逻辑功能真值表相比较，看看是否一致？

2) 从示波器面板的波形判断 CC4027 双 JK 触发器属何种边沿触发器？

读一读

知识 2　触发器的功能转换和使用

在集成触发器产品中，通常大多数是 JK 触发器和 D 触发器两种。在实际应用中，有时会遇到手头上只有一种触发器，而电路设计却需要另一种触发器的情况，这就需要进行触发器的功能转换。

1. 触发器的相互转换

(1) 用 JK 触发器转换成 D 触发器。

先分别写出 JK 触发器和 D 触发器的特性方程如下：

$$Q^{r+1} = J\,\overline{Q^n} + \overline{K}Q^n$$

$$Q^{r+1} = D = D(\overline{Q^n} + Q^n) = D\overline{Q^n} + DQ^n$$

然后比较以上两式得：$J = D$，$K = \overline{D}$。可画出逻辑图如图 6-16 所示。

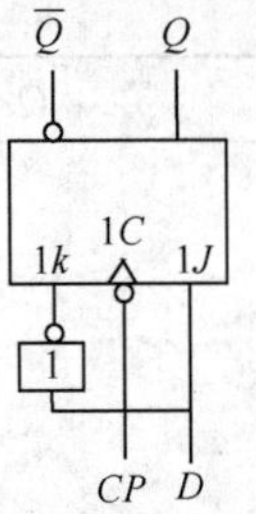

JK 触发器转换成 $T\,(T')$ 触发器原理和内容前面已有介绍，这里不再赘述。

(2) 用 D 触发器转换成其他功能的触发器

D 触发器转换成 JK 触发器时，将 D 触发器和 JK 触发器的特性方程相比较，得

$$D = J\,\overline{Q^n} + \overline{K}Q^n$$

因此，画出逻辑图如图 6-17 所示。另外，D 触发器转换成 $T\,(T')$ 触发器如图 6-18 所示。

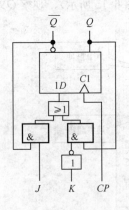

图 6-16　JK 转换成 D

图 6-17　D 转换成 JK

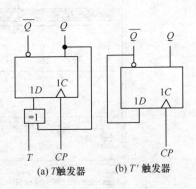

(a) T 触发器　　(b) T' 触发器

图 6-18　D 转换成 T 或 T'

2. 触发器使用时注意事项

1) 根据触发器的型号认清置 0 端和置 1 端是低电平还是高电平有效；所用触发器是否有时钟脉冲 CP 输入端，且 CP 是上升沿触发还是下降沿触发。

触发器功能转换以后触发方式保持不变，如上升沿触发的 D 触发器转换成 T 触发器后，还是上升沿触发。

2）同一功能的触发器可以有不同的电路结构形式，如 D 触发器有同步型、主从型、边沿触发型等几种电路结构，CP 脉冲触发形式各异，使用时要注意 CP 的作用时刻。尽量不要混用不同型号的触发器。

3）有些触发器设有输入允许控制端（使能端）或输出允许控制端，使用时应注意利用，加适当电平。

想一想

触发器的功能转换就是将已有触发器通过外接一定的_____电路后，转换成具有另一种_____的触发器，触发器功能转换以后_____保持不变。

评一评

任务检测与评估

检测项目		评分标准	分值	学生自评	教师评估
任务知识内容	触发器	掌握基本 RS、JK、D 触发器的逻辑功能	40		
	触发器的功能转换	掌握触发器功能转换原则	20		
任务操作技能	触发器的功能测试	掌握集成触发器逻辑功能测试方法	30		
	安全操作	安全用电、按章操作,遵守实训室管理制度	5		
	现场管理	按 6S 企业管理体系要求、进行现场管理	5		

任务二 时序电路的应用

1. 掌握寄存器的使用；能够实现任何进制的计数器。
2. 了解寄存器的种类和对应集成电路的运用。
3. 了解计数器的种类和对应集成电路的运用。

教学步骤	时间安排	教学方式(含教学内容、教学手段,如课件、举例等)
阅读教材	课余	自学、查资料、相互讨论
知识讲解	6 课时	利用课件重点讲解异步二进制加法计数器的电路结构及逻辑功能
操作技能	6 课时	将二进制与十进制异步计数器的电路结构进行比对,总结出各自特点
评估检测	与课堂教学同步进行	教师与学生共同完成任务的检测与评估,并能对出现的问题进行分析与处理

知识 1　寄存器

寄存器是用来暂时存放参与运算的数据和运算结果的逻辑电路。一个触发器只能寄存一位二进制数，n 个触发器可以存放 n 位二进制代码。常用的有四位、八位、十六位等寄存器。

寄存器存放数码的方式有并行和串行两种。并行方式就是数码各位从各对应位同时输入到寄存器中，并行存取速度快；串行方式就是数码从一个输入端逐位输入到寄存器中，串行传送数据线少。寄存器常分为数码寄存器和移位寄存器两种，区别在于有无移位功能。

1. 数码寄存器

数码寄存器是存储二进制数码的时序电路组件，有单拍接收和双拍接收两种。D 触发器常作为寄存位。图 6-19 所示电路是由 D 触发器（上升沿触发）组成的四位数码寄存器。

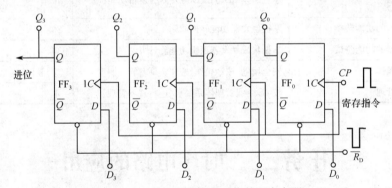

图 6-19　D 触发器组成的四位数码寄存器

4 个触发器的时钟脉冲输入端连在一起，作为接收数码的控制端。$D_0 \sim D_3$ 为寄存器的数码输入端，$Q_0 \sim Q_3$ 是数码输出端。各触发器的复位端连在一起，作为寄存器的总清零端 $\overline{R_D}$，低电平有效。

数码寄存器的工作过程如下。

1）清零。当 $\overline{R_D} = 0$，寄存器清除原有数码，$Q_0 \sim Q_3$ 均为 0 态。清零后，$\overline{R_D} = 1$。

2）寄存数码。若要存放的数码为 1001，将数码 1001 加到对应的数码输入端 $D_3 = 1$、$D_2 = 0$、$D_1 = 0$、$D_0 = 1$ 时，根据 D 触发器的特性，当接收指令脉冲 CP 的下降沿一到，各触发器的状态与输入端状态相同，即 $Q_3 Q_2 Q_1 Q_0 = 1001$，于是四位数码 1001 便存放到寄存器中。

3）保存数码。$\overline{R_D} = 1$，CP 脉冲消失后（$CP = 0$），各触发器都处于保持状态。

由于该寄存器能同时输入各位数码，同时输出各位数码，故又称并行输入、并行输出数码寄存器。

2. 移位寄存器

移位寄存器不但可以寄存数码，而且在移位脉冲作用下，寄存器中的数码可根据需要向左或向右移动1位。移位寄存器分为单向移位寄存器和双向移位寄存器。

（1）单向移位寄存器

在移位脉冲作用下，所存数码只能向某一方向移动的寄存器叫单向移位寄存器。又有左移寄存器和右移寄存器之分。

图6-20所示电路是用D触发器组成四位右移寄存器的逻辑图。其中最低位触发器FF_0的输入端D_0为数码输入端，每个低位触发器的输出端Q与高一位触发器的输入端D相连，各个触发器的CP端连在一起作为移位脉冲的控制端，受同一CP脉冲控制。

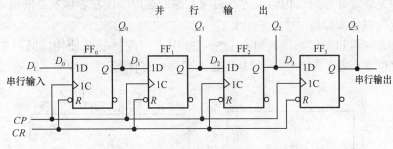

图 6-20　四位右移寄存器的逻辑图

设移位寄存器的初始状态为0000，串行输入数码$D_1=1101$，按移位脉冲的工作节拍，从高位到低位依次输入。其状态表如表6-8所示。

表 6-8　右移寄存器状态表

移位脉冲	输入数码	输　　出			
CP	D_1	Q_0	Q_1	Q_2	Q_3
0		0	0	0	0
1	1	1	0	0	0
2	1	1	1	0	0
3	0	0	1	1	0
4	1	1	0	1	1

当第一个CP脉冲的上升沿到来后，第一位数码1移入FF_0，$D_0=1$，此时寄存器的状态为$Q_3Q_2Q_1Q_0=0001$。第二个CP的上升沿到来后，第二位数码1移入FF_0，$D_0=1$，同时原FF_0中的数码1移入FF_1中，$D_1=1$，寄存器的状态$Q_3Q_2Q_1Q_0=0011$。以此类推，在4个CP作用下，输入的4位串行数码1101由高位到低位依次存入了寄存器中。这种方式称为串行输入方式。由于右移寄存器移位的方向为$D_1 \rightarrow Q_0 \rightarrow Q_1 \rightarrow Q_2 \rightarrow Q_3$，所以又称为上移寄存器。

从4个触发器的Q端同时得到数码输出，称并行输出。因此该电路是串行输入、并行输出的右移寄存器。如果再经过4个移位脉冲，则所寄存的"1011"逐位从Q_3端输出，称串行输出。串行信号波形如图6-21所示。

从图6-21可看出，右移寄存器的结构特点是左边触发器的输出端接右邻触发器的

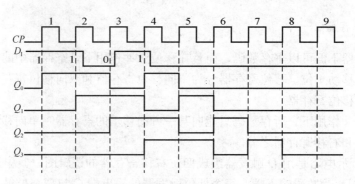

图 6-21　右移寄存器串行输出波形图

输入端。而左移寄存器的结构特点为右边触发器的输出端接左邻触发器的输入端。

（2）双向移位寄存器

将右移寄存器和左移寄存器组合起来，并引入一控制端 S 便构成既可左移又可右移的双向移位寄存器。图 6-22 所示是四位双向移位寄存器 74194。

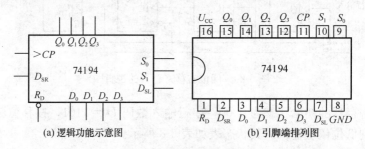

(a) 逻辑功能示意图　　　　　　(b) 引脚端排列图

图 6-22　四位双向移位寄存器 74194

74194 的逻辑功能如下。

1）清零功能。当 $R_D=0$ 时，双向移位，寄存器异步清零。

2）当 $R_D=1$ 时，若 $CP=0$ 或 $S_1=S_0=0$，则双向移位寄存器状态保持不变，称保持功能。

3）并行输入数据功能。当 $R_D=1$ 时，$S_1=S_0=1$ 时，CP 上升沿来临，可将加在并行输入端 $D_0 \sim D_3$ 的数据 $D_0 \sim D_3$ 送入寄存器中存储。

D_{SL} 和 D_{SR} 分别是左移和右移串行输入。D_0、D_1、D_2 和 D_3 是并行输入端。

Q_0 和 Q_3 分别是左移和右移时的串行输出端，Q_0、Q_1、Q_2 和 Q_3 为并行输出端。

74194 的功能表如表 6-9 所示。常用的移位寄存器有 74HC91、74HC95、74HC164、74HC165、74HC166 等 TTL 型和 CC4014、CC4015、CC4021 等 CMOS 型集成电路。

想一想

1. 具有存放_____和使数码在 CP 脉冲作用下_____或_____的电路称为移位寄存器。

2. 在移位脉冲作用下，右移寄存器的数据是由_____位向_____位移动的，左移寄存器中的数据是由_____位向_____位移动的。

表 6-9　74194 的功能表

输　入										输　出				工作模式
清零	控制		串行输入		时钟	并行输入								
R_D	S_1	S_0	D_{SL}	D_{SR}	CP	D_0	D_1	D_2	D_3	Q_0	Q_1	Q_2	Q_3	
0	×	×	×	×	×	×	×	×	×	0	0	0	0	异步清零
1	0	0	×	×	×	×	×	×	×	Q_0^n	Q_1^n	Q_2^n	Q_3^n	保持
1	0	1	×	1	↑	×	×	×	×	1	Q_0^n	Q_1^n	Q_2^n	右移
1	0	1	×	0	↑	×	×	×	×	0	Q_0^n	Q_1^n	Q_2^n	右移
1	1	0	1	×	↑	×	×	×	×	Q_1^n	Q_2^n	Q_3^n	1	左移
1	1	0	0	×	↑	×	×	×	×	Q_1^n	Q_2^n	Q_3^n	0	左移
1	1	1	×	×	↑	D_0	D_1	D_2	D_3	D_0	D_1	D_2	D_3	并行置数

读一读

知识 2　计数器

在电子计算机和数字逻辑系统中，计数器是重要的基本部件，它能累计和寄存输入脉冲的数目。它不仅可用来计数，还可用作数字系统中的定时电路、分频电路、产生节拍脉冲和执行数字运算等。

计数器的种类很多，按计数器中触发器的翻转情况，分为同步式和异步式两种；按运算方法分为加法计数器、减法计数器和可逆计数器；按进位制分为二进制计数器、二-十进制计数器、N 进制计数器等。

同步计数器即在时钟脉冲作用下，各级触发器同时翻转；异步计数器是触发器接收前级的输出，在时钟脉冲作用下按顺序翻转。

由于双稳态触发器有"1"和"0"两个状态，所以一个双稳态触发器可以表示一位二进制数。如果要表示 N 位二进制数，就得用 N 个触发器。

1. 二进制计数器

（1）异步二进制加法计数器

图 6-23 所示电路是由 JK 触发器组成的四位异步二进制加法计数器。图中，各触发器的 J、K 端均悬空，$J=K=1$ 为计数状态，实质已成 T 触发器。各低触发器 Q 送高触发器 CP。FF_3 的 Q 作进位信号。当 CP 下降沿到来时，触发器就要翻转一次，即由 0 翻转为 1（或由 1 翻转为 0）。

假设 4 个 JK 触发器前，在 $\overline{R_D}$ 端加入一负脉冲，则各触发器初态均为 0，计数器为 0000 状态。

第一个计数脉冲结束下降沿到来时，触发器 FF_0 的 Q_0 由 0 翻转为 1，因 $Q_0=CP_1$，CP_1 出现上升沿，故 FF_1 状态不变，计数器状态为 0001。第二个计数脉冲结束时，FF_0 由 1 翻转为 0，Q_0 输出由 1 翻转为 0，即作为第二个 JK 触发器的 CP 脉冲，使 FF_1 转

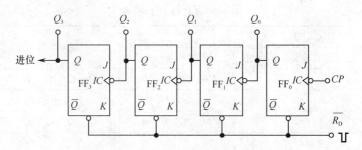

图 6-23　JK 触发器组成的四位二进制计数器

为 1。Q_1 由 0 翻转为 1，不会引起触发器 FF_2 翻转；触发器 FF_3 也不会翻转。计数器状态为 0010。第三个脉冲结束时，FF_0 翻转为 1，FF_1、FF_2、FF_3 都不翻转。计数器状态为 0011。第四个脉冲结束时，FF_0 翻转为 0，使 FF_1 也翻转。FF_1 翻成 0 后又使 FF_2 翻成 1。FF_3 不翻转。计数器状态为"0100"……

　　如果计数器从 0000 状态开始计数，在第八个计数脉冲输入后，计数器又重新回到 0000 状态，完成了一次计数循环。所以该计数器称为模 16 加法计数器。对于 N 个触发器组成的 N 位二进制计数器，初始状态为 0，能统计的脉冲个数最多为 2^N-1 个。

　　四位二进制计数器波形图如图 6-24 所示。从图中可看出，高位的进位是在低位翻转之后才翻转的，整个计数器从低到高依次进行翻转，所以是异步计数器。如果计数脉冲 CP 的频率为 f_0，那么 Q_0 输出波形的频率为 $1/2f_0$，Q_1 输出波形的频率为 $1/4\ f_0$，Q_2 输出波形的频率为 $1/8\ f_0$。这说明计数器除具有计数功能外，还具有分频的功能。每经过一级 JK 触发器，叫做二分频，依次可以有四分频、八分频、十六分频。四位二进制加法计数器的状态转换表如表 6-10 所示。

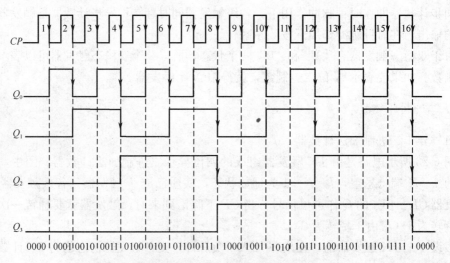

图 6-24　四位二进制计数器波形图

表 6-10　四位二进制加法计数器的状态转换表

计数脉冲数	CP	二进制数				十进制数
		Q_3	Q_2	Q_1	Q_0	
0		0	0	0	0	0
1	↓	0	0	0	1	1
2	↓	0	0	1	0	2
3	↓	0	0	1	1	3
4	↓	0	1	0	0	4
5	↓	0	1	0	1	5
6	↓	0	1	1	0	6
7	↓	0	1	1	1	7
8	↓	1	0	0	0	8
9	↓	1	0	0	1	9
10	↓	1	0	1	0	10
11	↓	1	0	1	1	11
12	↓	1	1	0	0	12
13	↓	1	1	0	1	13
14	↓	1	1	1	0	14
15	↓	1	1	1	1	15
16	↓	0	0	0	0	0

（2）异步二进制减法计数器

组成二进制减法计数器时，各触发器应当满足：①每输入一个计数脉冲，触发器应当翻转一次（即用 T' 触发器）；②当低位触发器由 0 变为 1 时，应输出一个借位信号加到相邻高位触发器的计数输入端。

JK 触发器组成的四位异步二进制减法计数器（用 CP 脉冲下降沿触发）如图 6-25 所示。

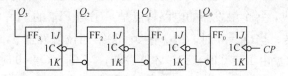

图 6-25　JK 触发器组成的异步二进制减法计数器

四位二进制减法计数器波形图如图 6-26 所示。

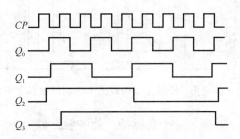

图 6-26　四位二进制减法计数器波形图

从二进制加法和减法计数器电路可以看出，若触发器是下降沿触发的，加法计数器就是把 Q 端连接到高位，而减法计数器则把 $\overline{Q}$ 端连接到高位；若触发器是上升沿触发的，加法计数器就是把 $\overline{Q}$ 端连接到高位，而减法计数器则把 Q 端连接到高位。

2. 十进制加法计数器

在数字式仪表中，为了显示读数的方便，常采用十进制计数器。

用二进制代码表示十进制数的方法，称为二—十进制代码，也称 BCD 代码。BCD 码中最常用的一种是 8421BCD 代码，简称 8421 码，它可由四位二进制代码来实现。

四位二进制计数器可计 16 个脉冲数，即有 16 个稳定的电路状态，但十进制只需要 10 个电路状态，因此在四位二进制计数器的基础上，需要设法去掉 6 个电路状态，就可满足要求。表 6-11 所示为十进制加法计数器的真值表。

表 6-11   二—十进制 8421 码加法计数器的真值表

二进制数	脉冲数	8421 码（电路状态）				十进制数
		Q_3	Q_2	Q_1	Q_0	
0000	0	0	0	0	0	0
0001	1	0	0	0	1	1
0010	2	0	0	1	0	2
0011	3	0	0	1	1	3
0100	4	0	1	0	0	4
0101	5	0	1	0	1	5
0110	6	0	1	1	0	6
0111	7	0	1	1	1	7
1000	8	1	0	0	0	8
1001	9	1	0	0	1	9
0000	10	0	0	0	0	10

图 6-27 是用 JK 触发器构成的 8421BCD 码十进制加法计数器的逻辑图。它由 4 个主从 JK 触发器组成，每个触发器的电路特点是：①当 FF$_1$ 的 $J_1=\overline{Q_3}=1$ 时，在 Q_0 由 1 变 0 时，FF$_1$ 翻转；当 $\overline{Q_3}=0$ 时，FF$_1$ 置 0；②第四位触发器 $J_3=Q_1Q_2$，$CP_3=Q_0$，当 $Q_1=Q_2=1$，且 Q_0 由 1 变 0 时，FF$_3$ 才能翻转；当 $Q_1=Q_2=0$ 时，FF$_3$ 置 0。

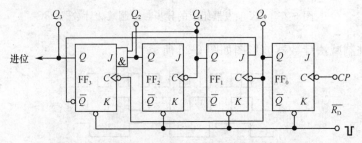

图 6-27   由 JK 触发器构成的十进制计数器逻辑图

工作原理：计数前在 $\overline{R_D}$ 端加一个负脉冲，使各触发器为 0000 状态。在 FF$_3$ 翻转之前（即计数到"8"以前），FF$_2$、FF$_1$、FF$_0$ 三级触发器都处于计数触发状态。其工作原理与二进制计数器相同。

当第八个 CP 脉冲到来后，FF_0 由 1 变 0，Q_0 输出的负跳变使 FF_1 由 1 变 0；Q_1 的负跳变又使 Q_2 也由 1 变 0，Q_2 的负跳变又使 Q_3 也由 1 变 0；在 Q_0 输出的负跳变时，因 $J_3 = Q_1Q_2 = 1$，故使 Q_3 由 0 变 1，这时计数器变成 1000 状态。

第九个 CP 脉冲使 FF_0 翻转，计数器为 1001 状态。第十个 CP 脉冲输入后，Q_0 由 1 翻转到 0，并送给 FF_1、FF_3 的 CP 端为一个下降沿信号。FF_1 因 $J_1 = \overline{Q_3} = 0$，故 FF_1 置 0 而状态不变；FF_3 则因 $K_3 = 1$，$J_3 = Q_1Q_2 = 0$，Q_3 由 1 翻转到 0。于是计数器由 1001 回到 0000 状态。实现了二—十进制的计数。此时 Q_3 输出一个由 1 变 0 的下降沿进位时钟脉冲。

这种通过反馈线和门电路来控制二进制计数器中某些触发器的输入端，以消去多余状态（无效状态）来构成十进制（包括任意进制）计数器的方法，叫阻塞反馈法。

想一想

1. 计数器由＿＿＿＿和＿＿＿＿组成。

2. 一个触发器可以构成＿＿＿＿位二进制计数器，它有＿＿＿＿种工作状态，若需要表示 n 位二进制数，则需要＿＿＿＿个触发器。

知识拓展

N 进制加法计数器

74HC161 集成计数器是四位二进制计数器（图 6-28），也就是模 $M = 16$ 的计数器，运用这个芯片也可构成任意进制计数器，其方法有两种：反馈复位法和反馈预置法。74HC161 的功能表如表 6-12 所示。

图 6-28　74HC161 四位二进制同步计数器引脚

表 6-12　74HC161 的功能表

状态	输入									输出			
功能	$\overline{CR}$	$\overline{LD}$	T	P	CP	D_3	D_2	D_1	D_0	Q_3^{n+1}	Q_2^{n+1}	Q_1^{n+1}	Q_0^{n+1}
清零	0	×	×	×	×	×	×	×	×	0	0	0	0
置数	1	0	×	×	↑	d_3	d_2	d_1	d_0	d_3	d_2	d_1	d_0
计数	1	1	1	1	↑	×	×	×	×	计数			
保持	1	1	0	×	×	×	×	×	×	保持			
	1	1	×	0	×	×	×	×	×				

（1）复位法

所谓复位法，就是利用集成计数器的置0功能来构成任意进制的计数器。当计数器从0开始计数，如果到第N个CP脉冲后，通过反馈电路控制计数器的异步置0端，使之强制回零，则即可构成N进制计数器。

利用74HC161的"异步清零"功能，使计数器在按自然态序计数的过程中"异步清零"，跳过无效状态，就可构成任意进制计数器。

例6-3　运用"复位法"，用74161构成五进制计数器。

解：因为五进制计数器的有效状态为0000、0001、0010、0011、0100，如果能设法使输出为0101时让计数器回到0000状态，就构成了五进制计数器。

图6-29所示为用"反馈复位法"构成的五进制计数器电路图。图中，$P=T=\overline{LD}=1$，是74HC161进入计数状态的必要条件，D_0、D_1、D_2、D_3预置数据输入端对电路工作没有影响，可接任意值。计数器从0000开始计数，直到0100时，$\overline{CR}=1$，因此计数器可以正常计数。当计数器计到0101时，$\overline{CR}=0$，计数器输出被立即清"0"，又从0000开始计数。

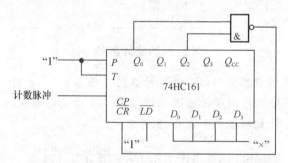

图6-29　用复位法构成的五进制计数器逻辑图

特别要注意的是，由于是"异步清零"，0101这个状态是一闪而过，不是一个有效状态，只能算是一个干扰。

结论：用复位法可以构成任意进制计数器，如构成的计数器为N进制计数器，只需在出现N这个数字时对计数器"异步清零"即可。"异步清零"的方法是把N这个数字的二进制表示形式中为"1"所对应的输出经过"与非"门后与异步清零端相连。

（2）反馈预置法

置位法是利用集成计数器的置数控制端$\overline{LD}$的置位作用（"同步预置"功能）来改变计数器回零周期的，由前所述当$\overline{LD}=0$，且有CP时钟脉冲上升沿时，74LS161可将输入端的数据并行置入到输出端。

例6-4　运用"预置法"，用741HC61构成五进制计数器。

解：因为五进制计数器的有效状态为0000、0001、0010、0011、0100，如果能设法使输出为0100时让计数器回到0000状态，就构成了五进制计数器。

　　用"预置法"构成的五进制计数器电路图如图 6-30 所示。图中，$P = T = \overline{LD} = 1$，是 74HC161 进入计数状态的必要条件，$D_3$、$D_2$、$D_1$、$D_0$ 预置为 0000。计数器从 0000 开始计数，直到 0011，$\overline{LD}$ 始终为 "1"，因此计数器可以正常计数。当计数器计到 0100 时，$\overline{LD} = 0$，当又一个 CP 脉冲到来时，输出被置为 0000，又开始从 0000 计数。

　　特别注意，与"异步清零"不同，当 $\overline{LD} = 0$，预置操作并不立即进行，而是要再来一个 CP 脉冲才进行，因此"0100"这个状态是一个有效状态，用"预置法"构成的计数器没有干扰输出。

　　用"预置法"可以构成任意进制计数器。如构成的计数器为 N 进制计数器，在预置端 $D_3 = D_2 = D_1 = D_0 = 0$ 的情况下，只需在出现 $N-1$ 这个数字时对计数器"同步预置"即可。"同步预置"的方法是把 $N-1$ 这个数字的二进制表示形式中为"1"所对应的输出经过"与非"门后与端相连。

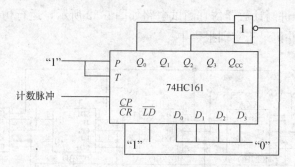

图 6-30　用反馈预置法构成的五进制计数器逻辑图

实训1　计数器的研究

1. 实训目的

1) 学习常用时序电路的分析、设计及测试方法。
2) 掌握逻辑分析仪的使用方法。

2. 实训步骤和操作

1) 异步二进制计数器的仿真测试电路如图 6-31 所示。电路是一个二进制减法计数器，运行仿真，观察电路的工作状态；将电路中的脉冲源用电平开关（像 J1）代替，"拨动"开关，观察并分析实训结果；分析电路，将它改为减法计数器，并将电路图及实训结果记录于实训报告中。CC4027 为双 JK 触发器（上升沿触发）。SD 为置位端，

CD 为清零端（高电平有效）。

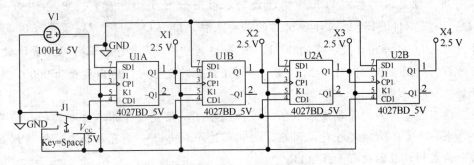

图 6-31　异步二进制计数器

☀ 注 意

为便于更好观察每位触发器 Q 端电平的变化，可适当调整脉冲源的频率。

2）异步二—十进制计数器仿真测试电路如图 6-32 所示，运行仿真，观察电路的工作状态；分析结果并记录于实训报告中。

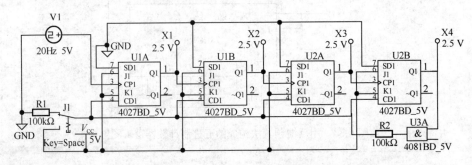

图 6-32　异步二—十进制计数器

3. 实训结果及分析

1）图 6-31 所示仿真电路中，若将低位触发器的 $\overline{Q}$ 接高一位触发器的 CP 端，将会变成何种类型的计数器？试试看。

2）图 6-32 所示电路使用何种方法使二进制计数器构建成二—十进制计数器？图 6-32 所示电路中，R_1、R_2 起什么作用？

做一做

实训 2　十二路回闪灯的安装与检测

1. 实训目的

掌握计数/译码电路的实际应用电路特点；学会安装十二路回闪灯电路。

2. 所需设备及材料

十二路回闪灯套件、电子装配工具一套。

3. 实训内容及步骤

（1）电路原理

十二路回闪灯电路如图 6-33 所示。

CC4017 流水灯由 555（U1）组成的多谐振荡器和 CC4017（U2）十进制计数/译码电路组成。改变 R_3 的大小，可改变振荡周期，即灯组流动速度。$Q_1 \sim Q_6$ 这 6 个三极管起驱动作用，驱动六组发光管，当第一个脉冲到来时，U2 的③脚输出高电平，DS1～DS2 点亮，第二个脉冲到来时，U2 的②脚输出高电平，DS3～DS4 亮……当计数脉冲达 U2 的①脚时，DS1～DS12 正向闪亮一遍，随之逆向点亮，直到 U2 的⑪脚输出高电平，完成一个循环，接着又从 U2 的③脚开始，DS1～DS2 点亮……

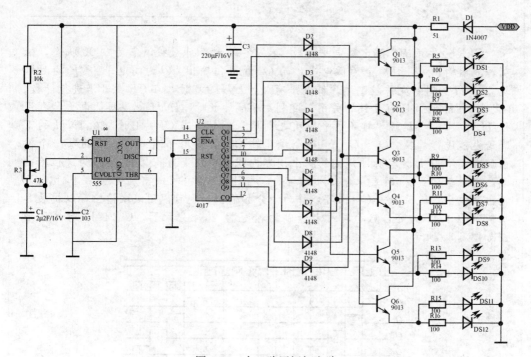

图 6-33 十二路回闪灯电路

知识拓展

CC4017

图 6-34 是同步十进制约翰逊码计数器/脉冲分配器 CC4017 芯片。内部由 5 个触发器和一些门电路构成的译码器组成。CC4017 芯片功能表如表 6-13 所示。

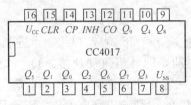

图 6-34 CC4017 同步十进制约翰逊
码计数器/脉冲分配器

表 6-13 CC4017 功能表

输入			输出	
CLR	CP	INH	$Q_0 \sim Q_9$	CO
1	$\times$	$\times$	$Q_0 = 1$	——
0	$\uparrow$	0	计数	$Q_0 \sim Q_4 = 1$ 时,$CO = 1$;
0	1	$\downarrow$		
0	0	$\times$	保持	$Q_5 \sim Q_9 = 1$ 时,$CO = 0$
0	$\times$	1		
0	$\downarrow$	$\times$		
0	$\times$	$\uparrow$		

CLR 为异步清零端,高电平有效,$CLR = 1$ 时,计数被清零为 0000 状态,强制译码器输出 $Q_1 \sim Q_9$ 全为低电平,而 Q_0 和进位输出 CO 为高电平。CP 为时钟端。INH 为时钟允许控制端,低电平有效,$INH = 0$ 时,在 CP 上升沿进行计数。CP 和 INH 之间还有互锁的关系,即利用 CP 计数时,INH 端要接低电平;利用 INH 计数时,CP 端要接高电平。反之则形成互锁。当 $CP = 1$ 时,在 INH 的下降沿也能进行计数。$Q_0 \sim Q_9$ 是 10 个译码输出端,高电平有效,其中的每一个输出仅在 10 个 CP 计数脉冲周期的一个周期内能有序地变为高电平。CO 为进位输出端,当计数到 $5 \sim 9$ 时 CO 输出为低电平,当计数到 $0 \sim 4$ 或者在 $CLR = 1$ 时,CO 输出高电平,进位输出 CO 可以作为十分频输出,也可以用级联输出,以扩展其功能。CC4017 为可自启的同步十进制约翰逊器/脉冲分配器。CC 4017 时序波形图如图 6-35 所示。

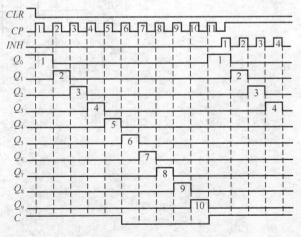

图 6-35 CC 4017 时序波形图

（2）电路装配与调试

按电子装配工艺要求安装和焊接十二路回闪灯电路。回闪灯电路实物如图 6-36 所示。

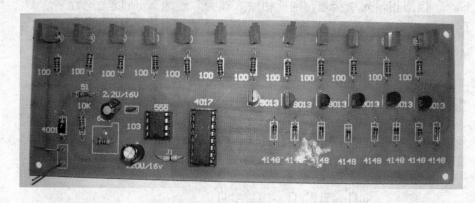

图 6-36 十二路回闪灯电路安装实物

（3）简单故障处理

若出现发光管不回闪现象，检查 CC4017 与 NE555 是否插接完好。若发光管全不亮，U1 的⑧脚和 U2 的 1616（供电端）是检查重点。调整 R3 电位器，可调节流水灯闪速度（若 NE555 的振荡频率太高，各发光管像是每一时刻均是全亮的）。

议一议

555 定时器在十二路回闪灯电路中起什么作用？

读一读

知识3 数/模与模/数转换

1. 数/模转换和模/数转换基本概念

数字电路和计算机只能处理数字信号，不能处理模拟信号。若要对它们处理，必须将它们转换为相应的模拟信号，才能处理。处理完毕，有的需要恢复它们的模拟特性，有的需要转换为模拟信号后控制执行元件。

将数字信号转换为相应的模拟信号称为数/模转换（简称 D/A 转换）；将模拟信号转换为相应的数字信号称为模/数转换（简称 A/D）。

2. 数/模转换电路

数/模转换器的种类很多，但无论何种形式的转换，其原理都是先把输入的二进制码转换成与其成正比例的电压或电流，然后相加得到与输入的数字信息成正比的模拟量。

按转换方式可分为权电阻网络型、T 形电阻网络、倒 T 形电阻网络、权电流型网络和权电容型网络等；按数字量输入位数可分为 8 位、10 位、12 位等。

(1) 数/模转换器的工作原理

图 6-37 所示电路为倒 T 形电阻网络 D/A 转换器，它包括由数码控制的双掷开关和由电阻构成的分流网络两部分。为了建立输出电流，在电阻分流网络的输入端接入参考电压 U_{REF}。因同相输入端接地，则反相输入端为"虚地"，所以无论数字量 D_0、D_1、D_2、D_3 控制开关 S_i 是接地还是虚地，流过各个支路的电流都保持不变。

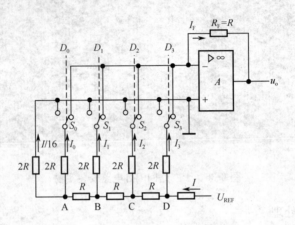

图 6-37   四位倒 T 形电阻网络 DAC 原理图

从 A、B、C、D 这 4 个节点向左看，电阻均为 $2R$，且对地等效电阻均为 R。因 D 点对地等效电阻为 R，从 U_{REF} 流出的电流：$I=U_{REF}/R$。因此，每经过一个节点，电流被分流一半，即 $I_3=I/2$，$I_2=I/4$，$I_1=I/8$，$I_0=I/16$。假设所有开关都接通右触点，则运放的反相端的电流 I_F 为

$$I_F = D_3 I_3 + D_2 I_2 + D_1 I_1 + D_0 I_0 = \frac{U_{REF}}{R}(2^{-1}D_3 - 2^{-2}D_2 + 2^{-3}D_1 + 2^{-4}D_0)$$

$$= \frac{U_{REF}}{2^4 R}(2^3 D_3 + 2^2 D_2 + 2^1 D_1 + 2^0 D_0)$$

而运放的输出模拟电压为

$$u_O = -I_F R_F = \frac{U_{REF}}{2^4}(2^3 D_3 + 2^2 D_2 + 2^1 D_1 + 2^0 D_0)$$

(2) 数/模转换的主要技术指标

1) 分辨率。分辨率是表示 D/A 转换器在理论上可达到的精度，常用最小输出电压与最大输出电压之比值来表示。分辨率取决于 D/A 转换器的位数。位数越多，能够分辨的最小输出电压变化量就越小，分辨率就越高。

对于 n 位 D/A 转换器，分辨率可表示为 $\frac{1}{2^n-1}$。

例如，对于一个 8 位 D/A 转换器，其分辨率为 $1/(2^8-1)=1/255 \approx 0.00392=0.392\%$。

2) 转换精度。转换精度是指输出模拟电压实际值与理论值之差，即最大静态误差。转换精度与 D/A 转换器的分辨率、非线性转换误差、比例系数误差和温度系数等

参数有关。这些参数与基准电压 U_{REF} 的稳定、运放的零漂、模拟电子开关的导通压降、导通电阻和电阻网络中电阻的误差等因素有关。

3）温度系数。在输入不变的情况下，输出模拟电压随温度变化而变化的量，称为 DAC 的温度系数。一般用满刻度的百分数表示温度每升高一度输出电压变化的值。

4）建立时间。完成一次 D/A 转换所需时间。一般小于 $1\mu s$。

5）非线性误差。通常把 D/A 转换器输出电压值与理想输出电压值之间偏差的最大值定义为非线性误差。D/A 转换器的非线性误差主要由模拟开关以及运算放大器的非线性引起。

（3）典型 D/A 芯片 DAC0832

DAC0832 是一种 8 位 D/A 电路。内部含有两个缓冲数字寄存器（即输入寄存器和 D/A 转换寄存器）和一个 D/A 转换器，它们均采用标准 CMOS 数字电路设计。8 位待转换的输入数据由 13～16 端及 4～7 端送入第一级缓冲寄存器，其输出数据送 D/A 转换寄存器。

DAC0832 引脚和逻辑框图如图 6-38（b）所示。

原理：输入寄存器由、ILE 及 $\overline{WR_1}$ 这 3 个信号控制，当 $\overline{CS}=0$，$ILE=1$，$\overline{WR_1}=0$ 时，数据进入寄存器。当 $ILE=0$ 或 $\overline{WR_1}=1$ 时，数据锁存在输入寄存器中。

D/A 转换寄存器由 $\overline{XFER}$、$\overline{WR_2}$ 两信号控制。当 $\overline{XFER}=0$，$\overline{WR_2}=0$ 时，输入寄存器的数据送入 D/A 转换寄存器，并送 D/A 转换译码网络进行 D/A 转换。当 $\overline{XFER}$ 由"0"跳到"1"，或 $\overline{WR_2}$ 由"0"跳到"1"时，数据锁存 D/A 寄存器，转换结果也保持 D/A 转换器模拟输出端。DAC0832 芯片为电流输出型 D/A 转换器，要获得模拟电压输出还需外接运放。

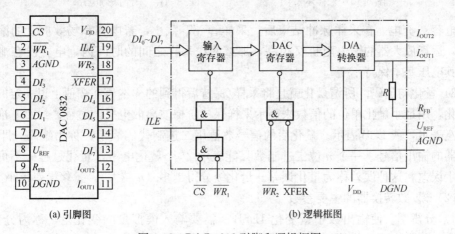

(a) 引脚图　　　　　(b) 逻辑框图

图 6-38　DAC 0832 引脚和逻辑框图

3. 模/数转换电路

（1）模/数转换器的组成

模/数转换通常需要经过采样、保持、量化、编码 4 个过程。其组成如图 6-39

所示。

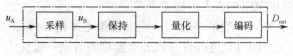

图 6-39 模/数转换器的组成

1）采样。采样的作用是把时间上连续的输入模拟信号转换成在时间上是断续的信号，输出脉冲波的波形仍反映输入信号幅度的大小。采样示意图如图 6-40 所示。

根据采样定理，需满足 $f_S \geqslant 2f_{Imax}$。一般取 $f_S = (3 \sim 5)\, f_{Imax}$。其中 f_S 是采样脉冲频率，f_{Imax} 是输入模拟信号频率中的最高频率。

2）保持。保持是把每次采样取得的模拟信号存储一段时间，直到下一个采样脉冲的到来，这样就便于采样后信号的量化和编码。图 6-41 中，利用电容器 C 的存储作用完成这一功能。当采样脉冲 u_s 到来后，采样管 VT 导通，输入的模拟信号 u_A 经过 VT

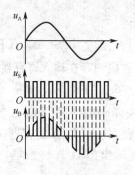

图 6-40 采样示意图

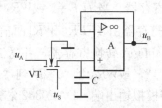

图 6-41 采样保持电路

管向电容 C 充电。在采样脉冲结束后，采样管 VT 截止，若电容和场效应管的漏电都很小，运算放大器的输入阻抗又很高，那么两次采样之间的时间内，电容没有泄漏电荷，其电压基本保持不变。

3）量化与编码。所谓量化就是将采样/保持后得到的样本值在幅值上以一定的级数离散化，用最小量化单位的倍数来表示采样保持阶梯波离散电平的过程。最小基准单位量用△表示，或 LSB 表示。量化后的信号数值用二进制代码表示，称为编码。即 A/D 转换器的输出信号。一个 n 位二进制数只能表示 2^n 个量化电平，量化过程中不可避免会产生误差，这种误差称为量化误差。量化级分得越多（n 越大），量化误差越小。

（2）模/数转换器的主要参数

1）分辨率。使输出数字量变化 1LSB 所需要输入模拟量的变化量，称为分辨率。通常仍用位数表示，位数越多，分辨率越高。

2）转换误差。转换误差表示 A/D 转换器实际输出的数字量与理论上的输出数字量之间的差别。通常以输出误差的最大值形式给出。例如某 ADC 的相对精度为 ±（1/2）LSB，这说明理论上应输出的数字量与实际输出的数字量之间的误差不大于最低位的一半。

3）转换精度。转换精度是一种综合性误差，与模/数转换器的分辨率、量化误差、非线性误差等有关。主要因素是分辨率，因此位数越多，转换精度越高。

4）转换时间。完成一次模/数所需的时间称为转换时间。各类模/数转换器的转换时间有很大差别，取决于模/数转换的类型和转换位数。速度最快的达到纳秒级，慢的约几百毫秒。

直接型模/数转换进度快，间接型模/数转换进度慢。并联比较型模/数最快，约几十纳秒；逐次渐近式模/数其次，约几十微秒；双积分型 A/D 最慢，约几十～几百毫秒。

（3）模/数转换器的分类

按信号转换形式可分为直接型模/数和间接型模/数。间接型模/数是先将模拟信号转换为其他形式信号，然后再转换为数字信号。直接型模/数有并联比较型、反馈比较型、逐次渐近比较型，其中逐次渐近比较型应用较广泛。间接型 A/D 有单积分型、双积分型和 V-F 变换型，其中以双积分型应用较为广泛。模/数转换后数字信号的输出形式，可分为并行模/数和串行模/数。近年来，在微机控制系统中，串行模/数逐渐占据主导地位。

（4）模/数转换器的工作原理

1）逐次渐近比较型模/数转换器逻辑框图如图 6-42 所示。

比较过程相当于用天平去称量一个未知量，每次使用的砝码一个比一个重量少一半。多了，最轻的砝码换一个重量少一半的砝码；少了，再加一个重量比最轻的砝码少一半的砝码。逐次渐近比较，最后得到一个最接近未知量的近似值。

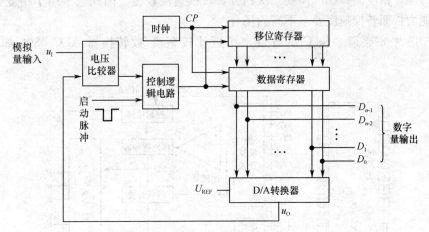

图 6-42　逐次比较型模/数逻辑框图

特点：转换速度快、转换精度高。

2）双积分型模/数转换器逻辑框图如图 6-43 所示。

基本原理：对输入模拟电压 u_1 和基准电压 $-U_{REF}$ 分别进行积分，将输入电压平均值变换成与之成正比的时间间隔 T_2，然后在这个时间间隔里对固定频率的时钟脉冲计数，计数结果 N 就是正比于输入模拟信号的数字量信号。原理示意图如图 6-44 所示。

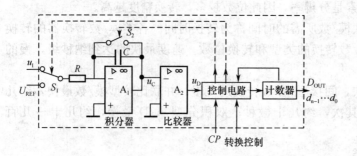 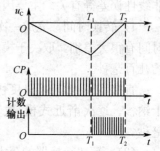

图 6-43 双积分型 A/D 转换器逻辑框图　　图 6-44 A/D 积分原理示意图

第一次积分：$u_{C1} = -\dfrac{1}{RC}\displaystyle\int_0^{T_1} u_1 dt = -\dfrac{T_1}{RC}u_1$

第二次积分：$u_{C2} = -\dfrac{1}{RC}\displaystyle\int_{T_1}^{T_2} -U_{REF} dt = \dfrac{T_2-T_1}{RC}U_{REF}$

两次积分之和为 0，即 $u_{C1}+u_{C2}=0$，$\dfrac{T_1}{RC}u_1 = \dfrac{T_2-T_1}{RC}U_{REF}$，$u_1 = \dfrac{T_2-T_1}{T_1}U_{REF}$，其中 $T_1 = 2^n \cdot T_{CP}$，$T_2-T_1 = N \cdot T_{CP}$。代入得

$N = \dfrac{2^n u_1}{U_{REF}}$，$N$ 即为 u_1 模/数转换后的输出数字量。

特点：①不需要数/模转换器，电路结构简单；②转换不受 RC 参数精度影响，抗干扰能力强，精度高；③因需要二次积分，转换速度较慢。因此它多用于精度要求高、抗干扰能力强而转换速度要求不高的场合。

典型芯片 8 通道 8 位 CMOS 逐次渐近比较型模/数转换器 ADC 0809 如图 6-45 所示。

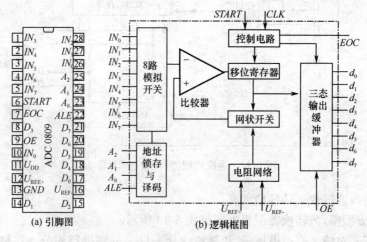

图 6-45 ADC 0809 引脚图和逻辑框图

ADC0809 内部主要由多路模拟转换开关、地址锁存译码、三态输出锁存器和 A/D 转换器组成。一般用于有单片机控制的模/数转换。

各管脚的功能说明如下。

$IN_0 \sim IN_7$：8 路模拟输入端。

$START$：启动信号输入端，应在此脚施加正脉冲，当上升沿到达时，内部逐次逼近寄存器复位，在下降沿到达后，开始 A/D 转换过程。

EOC：转换结束输出信号（转换结束标志），当完成 A/D 转换时发出一个高电平信号，表示转换结束。

A_2、A_1、A_0：模拟通道选择器地址输入端，根据其值选择 8 路模拟信号中的一路进行 A/D 转换。

ALE：地址锁存信号，高电平有效，当 $ALE=1$ 时，选中 $A_2A_1A_0$ 选择的一路，并将其代表的模拟信号接入 A/D 转换器之中。

$D_0 \sim D_7$：8 路数字信号输出端。

$U_{REF(+)}$、$U_{REF(-)}$：基准电压端，提供 D/A 转换器权电阻的标准电平，一般 $U_{REF(+)}$ 端接 +5 V 电源，$U_{REF(-)}$ 端接地。

OE：允许输出控制端，高电平有效。

CLK：时钟信号输入端，外接时钟频率一般为 100kHz。

U_{DD}：+5V 电源。

GND：接地端。

其实，在计算机系统中，还涉及存储器等重要数字电路。由于篇幅所限，这里不再叙述。

想一想

1. D/A 转换器的功能是什么？有一个 10 位 DAC 电路满值输出电压为 10V，其能分辨的最小电压是多大？

2. 用二进制码表示指定离散电平的过程为_____。

评一评

任务检测与评估

	检测项目	评分标准	分值	学生自评	教师评估
任务知识内容	寄存器	掌握寄存器的种类及应用特点	20		
	计数器	掌握计数器的种类及应用特点	20		
	模/数与数/模转换	掌握 A/D 和 D/A 转换的基本概念；理解 T 形电阻网络 DAC 的电路形式和逐次逼近型 ADC 的转换电路模型	10		
任务操作技能	计数器的研究	了解计数器的设计方法；理解时序逻辑电路的工作特点	10		
	十二路回闪灯的制作	学会时序逻辑电路的应用	30		
	安全操作	安全用电、按章操作，遵守实训室管理制度	5		
	现场管理	按 6S 企业管理体系要求、进行现场管理	5		

巩固与练习

一、填空题

1. JK 触发器的特性方程为_____。

2. 由与非门组成的基本 RS 触发器输入端 $\overline{R}=1$，$\overline{S}=0$，该触发器输出 Q 为_____。

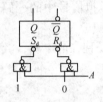

图 6-46

3. 基本 RS 触发器的两个输入端都接高电平时，触发器的状态为_____。

4. 图 6-46 所示逻辑电路，当 A 端加一正脉冲时，触发器状态为_____。

5. 由五级触发器组成的计数器，其最大进制（模）数 $N=$____。

二、选择题

1. 图 6-47 所示各触发器的初态为逻辑 0，在 C 脉冲到来后，Q 的状态仍保持不变的是（　　）。

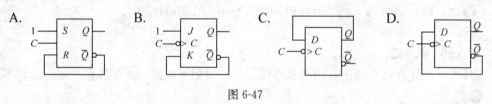

图 6-47

2. 逻辑电路如图 6-48 所示，已知 Q_2 端输出脉冲的频率为 f_2，则输入时钟脉冲 CP 的频率为（　　）。

    A. $\frac{1}{4}f_2$ B. $\frac{1}{2}f_2$ C. $2f_2$ D. $4f_2$

3. 设图 6-49 所示触发器当前的状态为 Q^n，则时钟脉冲到来后，触发器的状态 Q^{n+1} 将为（　　）。

    A. 0   B. 1   C. Q^n D. $\overline{Q^n}$

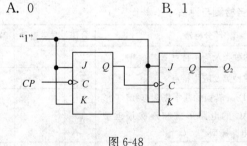

图 6-48   图 6-49

4. 无论 JK 触发器原来状态如何，当输入端 $J=1$、$K=0$ 时，在时钟脉冲作用下，其输出端 Q 的状态为（　　）。

    A. 0   B. 1   C. 保持不变   D. 不能确定

5. 设触发器的初始状态为 0，已知时钟脉冲 CP 波形如图 6-50 所示，则 Q 端的波形为（　　）。

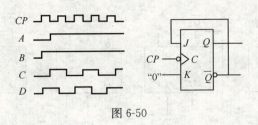

图 6-50

6. 图 6-51（a）所示 JK 触发器，其时钟脉冲 CP 及 J、K 输入波形如图 6-51（b）所示，其 Q 端的输出波形为（　　）。

7. 逻辑电路如图 6-52 所示，$A=0$ 时，C 脉冲来到后 D 触发器（　　）。

  A. 具有计数器功能   B. 置"0"   C. 置"1"   D. 不一定

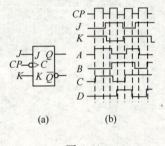

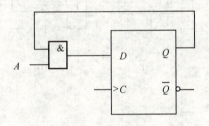

    图 6-51   图 6-52

8. 某计数器最大输入脉冲数为 15，组成该计数器所需最少的触发器个数为（　　）。

  A. 2   B. 3   C. 4   D. 15

9. 主从 JK 触发器的触发时刻为（　　）

  A. $CP=1$ 期间   B. $CP=0$ 期间 C. CP 上升沿 D. CP 下降沿

10. 用 4 个触发器构成一个十进制计数器，无效状态的个数为（　　）。

  A. 2 个   B. 4 个   C. 6 个   D. 10 个

三、简答题

1. 设主从 JK 触发器的初始状态为 0，CP、J、K 信号如图 6-53 所示，试画出触发器 Q 端的波形。

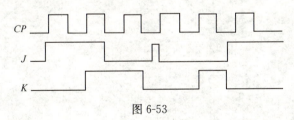

图 6-53

2. 电路如图 6-54 所示，设各触发器的初态为 0，画出在 CP 脉冲作用下 Q 端的波形。

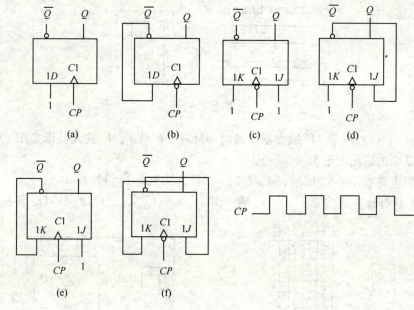

图 6-54

参 考 文 献

蔡杏山. 2006. 零起步轻松学电子技术. 北京：人民邮电出版社.

李良雄. 2004. 现代电子设计技术. 北京：机械工业出版社.

顾晓峰. 2000. 电子技术基础. 北京：中国劳动社会保障出版社.